不確定情況下的決策／

DECISION MAKING UNDER UNCERTAINTY

David E . BeII・Arthur Schleifer, Jr. / 著

李茂興、劉原彰 / 譯

弘智文化事業有限公司

序言

本書是「管理決策分析系列」中的一本。這個系列共有四本書，是我們（指作者倆人）與哈佛商學院合作進行長期發展計畫，花了數年時間，帶領選修管理經濟的 800 名一年級新生所獲得的成果。我們把所有的情節依據下列條件分為兩類：一、在所有條件都屬已知的情況下，如何做成管理決策；二、在某些狀況未知的情況下，如何做成管理決策。前者是「確定情況下的決策」，後者則是本書一「不確定情況下的決策」一包括決策樹分析、模擬、存貨管理、以及有關協商與競標等商業個案。

筆者二人目前都開出選修課程，對象為二年級的 MBA 學生。Schleifer 發展了一套探討分析、預測的課程，是我們的第三本書「決策資料的分析、迴歸與預測」之基礎。Bell 發展了另一套課程，敘述如何整合所有在危機下進行決策的方法，是我們的第四本書一「風險管理」。

因此，把這四本書匯集起來，我們提供了前所未有的內容，涵蓋了管理領域中重要的課題、概念、以及分析等技術，稱為「管理決策百寶箱」也不為過。然而，每本書都自成一獨立的體系，可以當作單獨的教材在一個學期內傳授（我們在自己的課堂上是如此規劃的），或可當作傳統教科書的輔助利器，啓發學生如何在現實生活「應用」決策理論與分析模式。

對某些人來說，從個案中學習一些概念與技巧也許是一種嶄新的經驗，因為必須花一些時間才能瞭解案情；許多決策問題的答案並非顯而易見，這時就要花較多的時間去分析與融入才能進入真正的解題程序，這相當符合真實世界的情形，也就是說，我們面臨的決策問題往往無法輕而易舉地套數學公式或分析模式就能得到解答。我們相信本管理決策系列的內容已將決策的精髓抽離出來，除了可協助未來的管理人才熟練地分析資料之外，對於精打細算的消費者也頗有研讀價值。（以下致謝詞謹略）

David E. Bell
Arthur Schleifer, Jr.

目錄

內容簡介

人們都有一種傾向，認爲這個世界比實際上要確定得多。研究證據顯示，人們不切實際地對於預測未來相當有信心；特別是他們通常都會罔顧事實，而一昧相信自己的判斷力。這種特性不僅出現在社會上的賭博現象，甚至企業界的經理人也往往認爲他們「知道」競爭者（或顧客、供應商）將會做些什麼。認爲可以忽略事情的不確定性，其實是非常愚蠢的；許多棘手的決策都根源於未來的不確定性。基於不確定性是如此重要，我們需要利用一些方法來研究它。

本書－「不確定情況下的決策」－探討有系統的處理方式，可幫助學生糾正思考中龐雜無益的想法。亦即以架構問題的思考方式獲取不確定性中的清楚效益，並可斟酌決策過程中存在於不確定性中的正確度。

本書分爲兩部份。第一部份敘述決策過程遭逢外來的不確定性時，可使用的工具與術語。這些不確定性包括天氣、主要競爭者的回應，此等決策顯然都不會顧及我們的立場。本書第二部份探討的不確定性，其結果也決定於我們的作法，例如我們的定價會影響競爭者的定價。

第一章 決策樹

第一章「決策樹」介紹有系統的分析方式，將不確定性以機率值表達，並以決策樹作爲分析問題的架構。

第一個個案聖地牙哥號，描述出在不確定狀態下，未經架構的決策問題之特色。一艘西班牙大帆船 250 年前沈沒在印度洋的某處；它也許藏有（也許沒有）黃金和珍貴的珠寶。你是否該聯合一些投資者，試著尋找船的殘骸？本個案之目的是爲了討論如何架構包含不確定性的決策問題，並檢視爲了完成分析應需要哪些數據。本個案之後接著闡述決策樹分析的技巧。

飛馬葡萄酒廠之個案所描述的問題爲，一個葡萄園的主人正在觀望氣象報導中提到暴風雨可能會侵襲納帕山谷。暴風雨可能會嚴重損害他的葡萄園，但是葡萄尚未完全成熟，他該採收這些葡萄或賭暴風雨不會來呢？

在飛馬葡萄酒廠的個案中，描繪出許多可能的其他選擇，而在萬特隆工程公司的個案中要求一些創造力以作出適當的選擇。萬特隆工程公司與政府訂定直升機合約，幫其製造推進器機翼。雖然這是經常性的工作，但是工程師建議這也許可提供公司發展新製造技術的機會。管理者擔心如果發展新技術，工作可能無法及時完成。這其中所考慮的選擇包括變更零件製造的順序，甚至平行進行發展。

利可酋公司是一家小公司，正考慮改變撰寫教科書的收費方式。出版社與利可酋公司的配合方式，一般都是以固定費用付費。利可會公司現在考慮採取版稅率的方式。因此，此問題中所欲建立的公平版稅比例將會相當複雜，因爲版稅將在數年間支付，預計將會面對此書市場成功與否的不確定因素。何種版稅率才能使新的和舊的付費方式同樣吸引人呢？

本章的最後一個個案將檢視一個複雜的議題，其結果將不是以「元」或「分」能概論的。雖然環保署負責管制殺蟲劑，但是當利益大大超過環境成本的情況下，有時他們還是會允許使用先前禁用的殺蟲劑。此個案即描述此種狀況。

第二章　庫存決策

第二章將檢視在不確定性下做決策的一項特殊類別；即決定庫存的相關事項。在第一個個案中，聯合碳化物公司十分關切某家工廠的丁烷氣體供應，是否會因爲海上的暴風雨侵襲而告中斷。他們該儲存多少丁烷氣體，以避免因暴風雨來臨所造成的短缺？當然，儲存丁烷的成本將會超過一般輸送情況下的成本。此個案中許多問題的特徵即是管理者面臨的情況：多大的儲存量才足夠？

在此個案之後是兩段解說。第一段爲解決此種庫存問題之巧妙處理的概論：我們稱之爲臨界分位數法(critical

fractile method)。第二段解說描述機率分配(probability distribution)的圖形要如何運用在此類問題中。(此段解說在解決下一章的個案上也相當有用)運用到這兩項技巧的個案包括:聯盟紙業公司,它將儲存一些木材以因應即將來臨的冬天;歐托雜誌社事營廣告刊登,每個星期由配銷回收將近 30%的發行數量:它們印太多了嗎?最後,里昂繽郵購公司的個案則透視知名郵購公司的商品預測和存貨問題。

第三章 模擬

第三章係探討在不確定下進行決策的另一項工具:模擬。此章中的每一個個案均可畫出適當的決策樹,並能以試算表模擬狀況。一個合理的試算表將包含某些不確定性的參數。一再重複評估此試算表,或使用具經濟效益的模擬軟體,將可看出不同參數下的結果。這就是基本的模擬技巧。

此章的第一個個案,探討漢納福兄弟批發公司的庫存訂貨問題。這其中存在兩項不確定性需要考慮:供應商的卡車多久才會抵達,以及在這段時間內庫存物品的消耗量。

馬許馬克里曼公司係描述東方航空公司所面臨的問

題：要如何為旗下的飛機保險。此公司的保險經紀人正在檢視兩項相當不同的投保計畫。這兩項計畫的經濟效益與東方航空公司未來三年的實際損失有相當密切的關係。模擬可用來檢視這兩項計畫在不同的代表情節中所產生的費用。

DMA 是一家新成立的公司，面對了新進投資者的兩難困境。它們該自行行銷新產品，還是委託代理商？問題因為包含的變數而變得十分複雜。代理商行銷此產品時會有多困難？此項產品何時會被淘汰？以及其他等等問題。

大西方鋼鐵公司面對了一長串典型的分析問題：如果他們建造了額外的卸貨碼頭，可節省多少運送時間？進行各種模擬之後，求其平均將可得到最接近正確答案的解答。

捷肯多孚公司想在曼哈頓建造一幢摩天大樓。他們想要向銀行貸款五千萬美元，但對於一般利率潛在的變動感到十分不安。他們的銀行已經提供許多腹案將利率鎖定在可接受的範圍，但是每種腹案均有變數。捷肯多孚公司該如何找出最佳方案？請記住，直覺不是最好的指標，使用模擬會有絕佳的助力。

第四章 資訊的價值

第四章探討了決策樹這個方法的重要應用，尤其是如何決定資訊的價值。最初的詳細解說之後。接下來的練習題依資訊獲得的方式分為兩組：獲得正確（完美）資訊的個案；獲得不盡正確（不完美）資訊的個案。雖然本章沒有具體的個案，但是將決策樹應用來評估資訊是很重要的一環。太多公司浪費時間和金錢在從未使用過的資訊搜尋上，或者因希望等待不會出現的資訊而延遲決策。

第五章 競標

第五章「競標」檢視一種常見的狀況，即在拍賣會中選擇出價的決策。當然在傳統的拍賣會中，人們會逐漸抬高價錢，直至物品賣出，所以必須對於拍賣商品作出公平價格的分析。但是在許多拍賣中，還需要考慮某些競標者。波特司茂斯造紙公司和庫寧號運輸船的個案都在於探討如何將決策樹的方法應用在競標的情況中。在這些個案裡，決策者必須估計競爭者在不同情節下出價的機率。

還有一些個案的情況不是如此清楚簡單，因為包含了策略性的「放出謠言」。在墨斯哥公司和康比特公司的個案中，一個出價者知道某個區域含有石油，而其他地區沒有。這項能產生優勢的資訊如何善用來出價呢？

最後的個案，RCA 異頻雷達收發機拍賣描述了一個獨特的情況：有七個相同的物品將連續拿來拍賣。沒有一個出價者的購買數量會超過一個以上。如此該使用何種適當的出價策略？

第六章　契約與誘因

第六章「契約與誘因」顯示如何釐清協商與交易過程中受到曲解的誘因。我們可以爲有興趣參與的合夥人畫出決策樹，以檢視各項合作要件。庫利基公司是遭到專利侵權控告的典型個案；此個案在決定出此公司確實感興趣的部份之分析十分有用。在博克威寇特出版公司與從政經驗輝煌的老議員協商出書合約的個案中，此議員對於版稅有相當高的期望，但是他能交出書稿嗎？以何種方式簽約最合理？

第七章 談判

第七章所探討的談判，與契約和誘因的議題有相當重要的關聯。因爲每種個案都描述兩種立場，允許（其實是鼓勵）學生之間進行徹底的討論。

第一個個案描述了 1987 年全美橄欖球聯盟集體罷工的詳情，可作爲協商分析的討論基礎。經過簡述協商概念後，一個關於 NFL 罷工的練習題告訴我們要看出一個行動與其反制行動之間蘊涵的意義是很困難的。在瓊米契爾公司與布朗肯尼不動產開發公司的個案中，描述了出租賣場的多種議題協商。當學生在上課前使用這些教材進行協商，很容易可以看出何種協商策略可以得到最佳的運作結果。RCI 公司與東南電力公司的個案描述垃圾場發電後售電的協商過程。在這兩個個案中，基於考量討論的逼真性，資訊並沒有列於本書。(譯注：希望老師能夠在這兩個個案中自行設定一些假設性資料讓學生們可以思考與討論)

第八章 策略性決策

第八章「策略性決策」探討短兵相接的兵法。一系列的練習題（其中之一描述著名的囚犯兩難）之後爲三個個案。第一個是喬治雅公司和道譜特公司的個案，顯示價格戰爭可起因於無策略涵義的思考；亦顯示最初的情況對於最終結果影響甚鉅。在領導廠商和打算進入市場的非主流競爭者之間的策略性互動關係中，可檢視在一個大市場中，一個小企業經營者所擁有的策略選擇。本書的最後一個個案福拉克公司與賽捷爾公司，描述了當供應商操弄價格以增加收益時，顧客所遭遇的困境。

本書鼓勵你在決策過程中，若遭遇不確定性時可使用你的直覺和本書中所介紹的分析技巧。如你所知，直覺的信念將壓過理性——而且可能導致不切實際的結論——所以你不能僅信賴直覺。藉由運用本書所提供的技巧，你可以發展出客觀的數據以導引你作出決策。無論如何，你的直覺可幫助你判斷是否正確地使用決策樹分析、機率分配、模擬、或爲作出有效決策所需獲得的其他資訊。

給學生

本書中所描述的技巧和方法摘自許多傳統的教科書。本書所收集的個案十分清楚地闡明了世界趨勢，這些個案並都經過精心挑選以便將討論集中在章節所探討的議題。由於這些個案均經過設計，所以比起其他課程，本書的學習過程將充滿愉悅。爲了獲致最大的學習效果，你應仔細地閱讀個案，然後花時間思考當你面對同樣的問題，並身爲個案中的主角時，你會如何因應。

第一章

決策樹

你希望(a)富有且快樂或(b)貧窮且病痛呢？這顯然是個開玩笑的問題，因爲如此簡單的抉擇，絕不會在生活中發生。在生活中，我們能否順利地做出明確的抉擇，往往取決於遠非我們所能控制的不確定因素。有時你作對了，你便可從中學習到東西，有時則無法。但是我們所能得到的這些經驗回饋卻非常不規律。試著想像一下，當你學習幾何學時，如果老師只偶爾告訴你答案，有時你甚至連解答問題的正確方式都會受到誤導。我們就是這樣學習如何在不確定性下作出決策的，無怪乎我們需要協助！

在本章中，你將會學習如何以系統化的方式思考決策問題。在這方面，學習如何建構決策樹是很重要的，但比這更重要的事情是，說服你自己說，它們是思考決策問題的正確方法。我們（指作者）真的如此認爲。

個案　聖地牙哥號

馬達加斯加海峽，1585 年 10 月

聖地牙哥號是航行於馬達加斯加與莫三比克之間的小型商業船隊之領導船隻。當繞過好望角，在這個船隻從里斯本出發經過近三個月的航程時，停靠在歌雅(Goa)。在這個印度半島西海岸的港口，聖地牙哥號的船長打算購買一些胡椒和辛香料，以便帶著這些珍貴的貨物回葡萄牙家鄉。葡萄牙掌控了這些賺錢的東方調味料市場之貿易。因爲調味料在歐洲的價格一直居高不下，葡萄牙人與他們的企業也因此變得愈來愈賺錢。威尼斯也許仍是地中海主要的海上貿易強權，但葡萄牙早已封鎖了非洲南端到印度洋群島的貿易路線。

在 10 月的一個晚上，海面上很平靜。聖地牙哥號的船員似乎都睡著了。導航員喀斯巴(Gaspar Gozalves)負責掌舵。他曾經到過這裡很多次，所以對於這裡的海域相當熟悉。他絕不能容忍任何業餘人士前來干擾他的職責。提到業餘人士，沒有人比船長曼陀迦(Mendoca)更適合此一稱號了。他應該多注意自己的專業才是……。

此時位於聖地牙哥號之航線上的巴沙斯（Bassas）暗礁，正好位於水面下。在低潮時，舵手恰可看到浪花打在淺礁上，但在這個致命的夜晚，潮水高漲蓋住了礁石。在沒有任何預警的情況下，聖地牙哥號撞上了暗礁，船身在水面下破了一個大洞。混亂中，船長、牧師和有錢的商人

拿走了聖地牙哥號的救生艇，留下其他船員和乘客。船不久後就被大海吞噬了。

聖地牙哥號的倖存者後來設法到了馬達加斯加，然後再回到里斯本，在那裡他們向負責此次航行的公司詳細報告了他們這次死亡冒險的歷程。

波士頓，1986 年 6 月

克里弗邀請赫菲茲至位於花園廣場飯店的房間。在房間裡等他們的是瑟考夫男爵、法國檔案保管人麥可和克里弗的律師。瑟考夫手中握有由法國當局發出關於發生於巴沙斯暗礁的船難之調查許可。此一船難處於法國管轄的海域內。

克里弗解釋這艘於西元 1500 年代晚期罹難的西班牙商船，價值約在五千萬至一億美元之間。如果得到瑟考夫的許可及赫菲茲的財力支持，則他們可以像現在正在打撈的懷達號(Whydah)一樣，打撈起聖地牙哥號。赫菲茲是否會有興趣出資，支援此次尋找聖地牙哥號，以換取尋寶行動中的斬獲呢？

尋寶事業

尋寶從來就不是什麼主流事業，更沒有悠久的傳統，僅有盜墓者曾出現在埃及早期的歷史記載中。直到 1980 年代，梅爾費許在佛羅里達海岸發現兩艘遇上海難的西班牙商船，尋寶事業才露出一線曙光。而梅爾費許搜尋亞多加號(Atocha)的行動正是眾多尋寶者的典型之一。

亞多加號和瑪加利達號於西元1622年，在由哈瓦那往西班牙的航線上，遇到強烈暴風雨，沉沒在西威(Key West)。為了船上的黃金，梅爾費許花了十六年尋找這兩艘船的殘骸。1985年7月20日，他終於在距離西威四十海哩的外海，找到位於海面下五十英呎、深埋在四英呎厚砂中這兩艘船的位置。先拋開那些大砲和歷史性的古董，光計算這兩艘船上的金條和金、銀幣，根據梅爾費許的估計大約價值四億美元。其他消息來源更指出，實際上的數字可能還要加上四千萬至一億美元。

梅爾費許發明了一些很有創意的方式來銷售這些寶藏。這些寶藏從亞多加號和它的姊妹艦上挖掘上來做記錄，然後大量地分配給曾經善意支持梅爾費許挖寶的贊助者，這使得正確評估這些海難寶藏的價值變得很困難。

1988年6月，世界知名的紐約拍賣公司克麗斯汀為這兩艘船上的四百件貨品，舉辦了一次拍賣會。這些物品大約佔當時被打撈出來的總數之8%，賣方估計最低價值大約為三至五百萬美元。經過一個行銷公司的強力促銷，包含產品介紹錄影帶的分發，以及舉辦一些拍賣物品的巡迴展示，後來仍有三分之一的拍賣品未能賣出。

梅爾費許發現，同樣是十七世紀的西班牙古錢幣，從船難現場挖掘出來的會比從不確定出處挖掘出來的要值錢。在他位於佛羅里達的禮品店裡，古錢幣的售價從一百八十美元至一千二百美元不等，端視品質而定。事實上，專業的古幣店裡也販售早期由亞多加號上取得的古錢幣，價錢卻只要八十五美元。[1]

赫菲茲

自從 1985 年開始，赫菲茲就開始認真地考慮投入尋寶事業。赫菲茲成長於麻州的春田鎮。他回憶道：「當我從哈佛管理學院畢業，接著從哥倫比亞大學取得法律學士(LLB)和企業管理碩士(MBA)學位後，我就在南美洲的開發中國家進行高風險計畫的投資。後來當我回到美國，便進入美林證券公司，參與他們剛合併成立的新部門。如同在南美所進行的高風險投資計畫一樣，投資公司基本上是屬於專案或交易導向的團體。當第一次石油危機時，我參與了 1970 年代中期，在華爾街進行的各項併購計畫。我專業地將小型而獨立的石油探勘公司合併爲大型的石油財團。」

當他離開美林之後，赫菲茲開展了他自己的石油事業。他說道：「回頭來學習石油和天然氣事業，我等於爲一大群獨立的石油人上了一小節的財務課程。」1983 年，他成立了一家獨立的投資公司——赫菲茲能源管理公司。該公司負責處理他個人及其他投資者在石油和天然氣上的投資。

1984 年，當石油價格猛跌時，赫菲茲的事業移到了一個新的領域一考古學。

---

[1] 1985 年 9 月，*Money*，「The Curious Deals behind the Key West Treasure」。

這件事的開端是，有一次他的石油事業正處於低潮時，他偕同妻子前往埃及旅行。當他在國王谷中參觀圖坦克哈曼(Tutankhamen)墓時，當地導遊表示，如果美國人連圖坦克哈曼王的墓都感到如此驚奇，那麼他們更無法想像其他更偉大的法老王墓被打開時的情況，因爲還有很多的陵墓仍未發現。此時赫菲茲突然向妻子說道：「我認識一些在波士頓的人，他們可以在很短的時間內找到其他的墓。」

幾天之後，當赫菲茲正驚嘆於開羅博物館裡從圖坦克哈曼墓中挖掘出來的古董時，另一個導遊在一旁宣稱那些未被挖掘出來的古物將數倍於此。赫菲茲忍不住又向妻子炫耀他所認識的那位有本事將古墓搜尋出來的波士頓人。他的妻子對他說：「別光只是說，真的去做才算數。」於是他真的著手進行。

回到紐約後，赫菲茲接觸了一位麻州的地質學家—玫森墨菲。赫菲茲回憶道：「當我回國後通知墨菲，他立刻就去了趟埃及，並且認同了我先前的想法。」事實上，是在他們兩個會面後的兩個星期，墨菲才帶著科學裝置去埃及。

赫菲茲在 1980 年遇見墨菲完全是個偶然。墨菲是大波士頓地區一家小型地質探勘公司—威士敦地質分析公司(Weston Geophysical)的創立者之一。這家公司的專長是探索和分析地底下數百英呎處的地質。赫菲茲解釋：「石油公司大多採用聲波所產生的震波來探測石油砂，有時甚至深達地底數百英呎深。而墨菲的公司則利用無線電波、聲波、電磁波來探測地底下的異常之處。墨菲所成立的這家卓越的公司，曾經成功地協助建造路基、發電廠、橋樑及水壩，並且訂出廢棄物丟棄場和有害化學品儲藏區的地下水滲透度。他所使用的工具包括雷達、地震儀、磁力計和側邊掃描聲納。該公司的專業經驗無論在地面上或地面下都非常有用。」

在墨菲抵達埃及幾天內，他已經利用地震儀、雷達和磁力計等技術，發現了兩個有不尋常電磁波活動的地區，而這可能代表著地底下就是古墓。經過挖掘後發現，其中一個只是一個普通的洞穴，另一個地區卻顯示可能是埋葬比拉馬士(Ramses)二世更早去世的十二個兒子之墓地。根據負責現場挖掘的加州柏克萊大學考古學教授肯特維克斯的說法，這個墓地是繼 1922 年打開圖坦克哈曼墓後，埃及考古學上的重大發現。[2]

懷達號

1985 年，就在古墓成功挖掘後不久，克里弗這位尋寶者找上了赫菲茲。他需要財力的支援以繼續探索那艘沉沒於鱈魚角海岸的十八世紀奴隸船─懷達號。

就像梅爾費許尋找亞多加號一樣，克里弗花了許多年在他的夢想─懷達號上。他把事業重心放在發現這艘船的殘骸和取出寶藏上。根據他所收集的報紙，懷達號沉沒於

[2] 1987 年 2 月 24 日，*New York Times*，「Technology Opens Ancient Doors」。

1717 年。經由多方面拼湊的資料，他相信他找到了船難最後的位置，而懷達號上的貨品價值估計約有數億美元。

1985 年，克里弗由私人的管道盡可能集資了六百萬美元，此資金大部份來自於一個大型的投資公司—休頓(E. F. Hutton)。這些資金將在考古學家的監督下，用來打撈殘骸上的貨品。克里弗希望赫菲茲能成爲他另一個資金的來源。最後，赫菲茲決定投資 8%的股份在這個不尋常的冒險事業上。

懷達號的歷史

懷達號隸屬於大英北非公司。1717 年，它於巴部達思（Barbados）將所載的奴隸賣掉後，載滿了甜酒返航。半途中，它發現有三艘海盜船盯上它，於是馬上轉向逃跑。一般而言，如懷達號這般等級的船隻要想逃離海盜的追擊並不困難；但每到晚上，當懷達號下錨後，海盜總是能再找到它。到了第三個早上，懷達號的船長在驚慌和失望之餘，決定向海盜黑山姆投降。黑山姆決定將懷達號當作他的座船，於是將他的船員和從五十艘船搶來的戰利品一併移至懷達號上（黑山姆將他自己的船和不幸的懷達號船長交換，後來這艘船安全返抵英國，並接受了另一項任務）。然後黑山姆向北駛往鱈魚角，傳說他在那兒有一位女友。在一次猛烈的暴風雨中，懷達號撞上了麻州維佛力特(Wellfleet)外的沙洲，沉沒於汪洋大海中。從中生還的船員後來接受了審判並處以吊刑。在審判的過程中，他們說出了懷達號的故事。記錄中記載了船難發生的數星期後，有一些殘骸被沖上岸，但船上大部份的貨品則已經沉沒於厚砂中。

在刻有船名的船鐘被發現後，已有足夠的證據證明發現了懷達號，這項挖掘工作將在馬里泰明(Maritime)挖掘公司的名下進行。進行挖掘的成果將分給該公司的三個股東：休頓、克里弗和赫菲茲（麻州宣稱他們握有懷達號 25%的所有權，但在 1987 年最高法院駁回了麻州所宣稱的這項權利）。

在鱈魚角，同時設立了一個專門保存和處理從懷達號上取下之考古藝品的實驗室。身爲第一艘在美國水域出土的海盜船，這艘殘骸的考古價值益形重要。

1987 年，懷達號的挖掘工作進展得愈來愈順利。但從這艘沉船挖掘出來之古董的正確市場價值仍是不確定數。一家著名的拍賣商曾估計一個銀幣的價值爲二千五百美元，另一家則估計爲八百美元。1987 年末期，好幾百個此種銀幣被挖掘出來。一般相信，約有三至四噸類似的銀幣仍待挖掘。

由於這次對於懷達號的投資，引起了赫菲茲對尋寶事業的興趣。事實上，石油和尋寶事業兩者也有類似的地方，一個是事先投下金錢去挖掘探勘井，而另一個則是找出殘骸的位置，這兩者多多少少都可能會無功而返（赫菲茲回憶，十年前，他曾經連續挖掘了二十六個乾井後才終於成功）。一旦發現石油，則必須投入更多的金錢來開發，當然此時風險就小多了。套用石油業的說法，懷達號是一個開發井；聖地牙哥號則是一個探險井。

赫菲茲想得愈多，就愈覺得尋寶事業和石油事業是同一個硬幣的兩面。如果擁有所需要的專門技術，尋寶事業的經濟效益將會更吸引人。事實上，聖地牙哥號是此種投資的第一條長弦，由此他可能奏出凱旋曲。你不會只挖掘一個油井，而且兩者類似之處也不僅止於此。赫菲茲可以說出尋寶事業的瓶頸是什麼：拿到挖掘許可及資金的調度。他認爲，成功的關鍵在於掌理這些瓶頸。爲了避免受到資金短缺的影響，在剛開始的幾年，開銷要控制好。接著在太多競爭者進入此一領域前，必須努力拿到更多的開發許可及貸款。赫菲茲非常熟悉其中的策略，因爲這正是他在 1950 年代從石油事業所獲得的經驗。

聖地牙哥號的冒險

在花園廣場旅館的會談中，大家對於聖地牙哥號在巴沙斯暗礁確實的沉沒地點仍有小小的爭論。麥可所持有的文件上記載了當時的情況。麥可在希佛利(Seville)西班牙海運檔案室擔任研究員時，曾協助克里弗尋找文藝復興時期的西班牙帆船。他並且將克里弗介紹給瑟考夫，後者同樣醉心於沉在水中的寶藏。

克里弗當然也認識赫菲茲，他們從 1985 年，馬里泰明(Maritime)挖掘投資公司成立來挖掘懷達號時便認識了。克里弗的心中其實是一個尋寶獵人。赫菲茲不僅對於他的這種想法感到惺惺相惜，對於他擁有的相關技術，及指揮團隊的強烈忠誠度也感到十分敬佩。

在花園廣場旅館中，克里弗介紹瑟考夫是一位「印度洋的沉船專家」。赫菲茲回憶時表示，對於他竟給予這位尋寶對手溫暖的背書感到十分訝異。過去，克里弗曾不只一次表示，他認爲大部份的尋寶者都是無賴和江湖郎中。但他對於瑟考夫的評價卻是個例外。

瑟考夫是知名的法國海盜羅伯特瑟考夫(Robert Surcouf)之曾曾姪孫。羅伯特瑟考夫曾於 1700 年代末期控制了整個印度洋。瑟考夫年輕時在巴黎從事廣告業，他對於古代沉船的興趣開始於他在牛津的研究，那是一艘英國海盜亨利莫根(Henry Morgan)的船艦，1699 年，它在一夜狂飲歡樂後沈沒於海地。在研究過沉船位置後，瑟考夫不得不放棄挖掘的希望。因爲這艘船埋得如此之深，以致於對瑟考夫和他的贊助者（法國珠寶商卡第爾）而言，打撈的利潤將不足以支付龐大的開銷。

1987 年 6 月，瑟考夫轉向赫菲茲尋求第二次的機會。沉沒於巴沙斯暗礁的聖地牙哥號之價值，任何人只要能將其抬出水面，保證都能因此致富。瑟考夫並沒有資金，但他卻握有第二項佔優勢的要素：法國文化部所發出的許可證，有了這張許可證，他便能於巴沙斯暗礁的海域，對於所有他能發現的十六、十七和十八世紀沉船進行挖掘。這張許可證的有效期限爲七年。根據協定，法國擁有 60%的利潤，而剩餘的 40%則歸瑟考夫所有，這提供了他尋找投資者的有利武器。

瑟考夫解釋給赫菲茲聽：「巴沙斯暗礁是一個環狀珊瑚礁島，原先爲火山島，十二公里長，大約是從馬達加斯加到莫三比克之間距離的一半。在退潮時，環礁高出水面三英呎；滿潮時，水深達三英呎。」

1960 年，馬達加斯加的主要島嶼從法國的管轄中獨立出來，其他環繞著馬達加斯加較小的島嶼—包括巴沙斯暗礁—則仍在法國的管轄之內。瑟考夫並沒有巴沙斯暗礁這個環礁的地形圖，其實也不存在這張地圖。因為沉在海底下的時間很長，所以巴沙斯暗礁被認為是一個航行障礙，而不是一個島。在大部份的地圖裡，它只是莫三比克和馬達加斯加之間、緯度 20 度的一個小點。

後來，赫菲茲回想起紐約時報披露了關於國王谷遠征的一篇報導。文中提到他們曾和密西根環境研究機構（ERIM）接觸，這是一家擅長於衛星攝影的公司。當時他對此並不感興趣，但現在他想到也許密西根環境研究機構可以幫助他描繪巴沙斯暗礁的外型，以及也許衛星攝影科技可以提供詳細的珊瑚礁地形圖。

赫菲茲發問：「你對這艘船了解多少？」瑟考夫回答：「當聖地牙哥號沉沒時，它正載滿著黃金和銀子前往東印度群島，準備購買西方市場所需要的胡椒。聖地牙哥號上的貴重金屬和錢幣之確實數量是一個不確定數。但一般來說，一艘駛向外國的標準胡椒船，據估計其金銀幣的價值約在五千萬至一億美元的範圍內。」

靜默一會兒後，他繼續表示：「事實上，我們還知道同樣沉沒在巴沙斯暗礁、另一艘較不重要的船隻，它是屬於東印度公司的舒莎克斯號，它正要返回英國，攜帶了英國市場所需要的貨品，大部份是瓷器。」赫菲茲回想起有一艘沉沒於南海的南京號，從其上起出的瓷器最近剛由克麗絲汀以二千萬美元賣出，這個價錢是那些無法標明來源之類似商品的十倍價錢。最後他聽到瑟考夫作出結論：「一個世紀以來，超過一百艘船曾經沉沒在這珊瑚礁附近。」

投入四十萬美元

赫菲茲考量著自己 是否必須支付四十萬美元對此環礁進行勘查。這個數字大約就是他原先估計對聖地牙哥號進行科學研究所需的費用。交換此次全力探勘巴沙斯暗礁的資金援助，赫菲茲獲得此次投資 10%的股份，是瑟考夫最初股份的四分之一。瑟考夫已經把另一個四分之一給了克里弗。

赫菲茲對他未來的合夥人表示：「所以基本上我是冒著 100%的財務風險，來換得此次行動的 10%利潤。」

當然他自己也考慮過結果，雖然不確定性仍居大部份，甚至這或許是個大災難。他認爲他比克里弗和瑟考夫等人更具科技優勢，他可不要像梅爾費許那樣大海撈針。不，赫菲茲不是梅爾費許，他的操作方法是不同的。如果他決定資助這項投資，他絕不需要花二十年。他有墨菲幫他的忙，可以找到任何東西。只要船真的在那兒，赫菲茲覺得他一定可以找到它。

懷達號帶領赫菲茲進入這個他所謂的「考古圖利」行業，對他而言是一個好的開始，即使當初所定的合約較有利於休頓那一方。但是他提醒自己，聖地牙哥號和懷達號的挖掘，投資的形式是不同的。懷達號是當他加入合夥時，確切的地點已經找到了。而這次在巴沙斯暗礁的聖地牙哥號，他的資金是用在搜尋沉船的位置。比起懷達號，這次的投資存在著太多不確定數了。對於懷達號而言，最不確定的是其古藝品的價值和麻州宣稱擁有 25%的所有權。而聖地牙哥號則是連確實的地點都是不確定數，更別提貨品的估價以及對那些古董的維護了。

一想到這次投資的風險性時，赫菲茲不禁懷疑瑟考夫所提的是不是一個夠吸引人的投資機會。

「如何呢？」他自己問自己。

決策分析

經理人常會發現很難下決定。其中一個原因就是，大部份的重大決策裡面，常常存在著不確定性。舉例來說，一個產品經理必須決定什麼時間該推出新產品，即使他不確定市場的大小、競爭者的訂價及產品的成本。第二個原因是，決策者也必須評估各種不同的情況，或在互相衝突的方針中找出平衡。這使得只靠直覺來下決定是十分困難的，有條理的分析有其絕對的必要。

決策分析是指藉著邏輯和系統性的方法來分析決策問題。這是採取「拆解和逐一克服」的方式來作出決策，可分爲幾個步驟：

示圖 1

馬達加斯加和印度群島的地圖

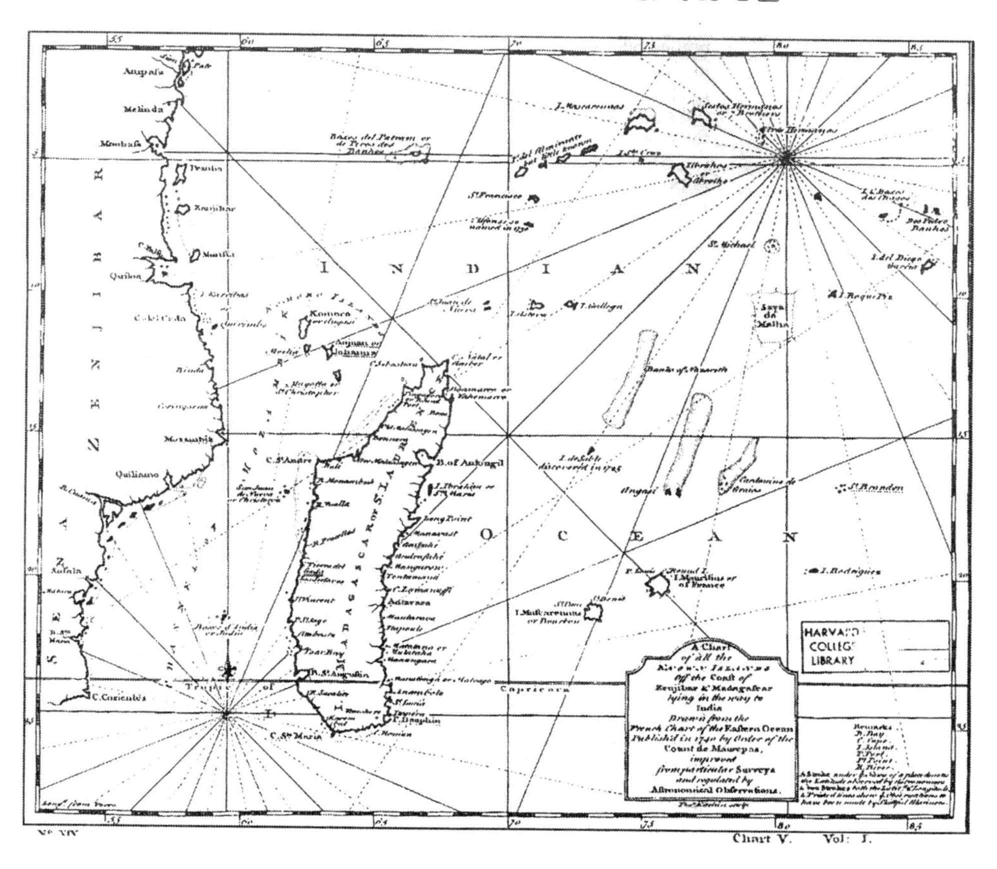

示圖 2

從 Diogo de Couto 的《Da Asia》第 7 冊摘錄的第 1 至第 3 章

As in this year 1585 the pepper contract came to an end that King Sebastian had established for three years [...], King Philip ordered a new contract for a duration of five years [...] with the following conditions:

That the contractors be obliged to send to India each year [buyers and] capital to purchase 30,000 quintals of pepper; [...]; that the contractors give the King the pepper [...] for 12 cruzados a quintal; that the King pay 4 cruzados a quintal for freight and 2.5% for losses.

[...] Since the shipping contract had been awarded to him, Manuel Caldeira quickly dispatched five vessels to India that same year [...], under fleet commander Fernão de Mendoça; and on April 10 they set sail, Commander [de Mendoça] on the ship *Sant-Iago*, and the other captains, Diogo Tavira on the *San Francisco*, Miguel de Abreu on the ship *Salvador*, André Moreira on the *Santo Alberto*, and Fernão Costa Falcão on the *San Lourenço*. [...] The ships sailed past the Cape of Good Hope; the flagship rounded the Cape last, on July 11. [The other ships went on their ways...]

The flagship, having passed the Cape of Good Hope took the inside route [through the Channel of Madagascar] and stayed in the land of Natal until August 13 because of many storms and tempests, while the other ships left Mozambique for India [...]. August 15 brought [the flagship] a good tailwind, and she made sail at great speed; and on the eighteenth, they shot the sun and found themselves at twenty-one and a third degrees, the latitude of Bassas da India [...]; since the middle of [the reef] lay at 21.5 degrees, it seemed that the rest of the day would be enough (given the strong tailwind) to clear the reef; but, since only God knows everything, not only had the pilot [Gaspar Gonzalves] made a mistake in his shooting of the sun, but also in his reckoning; he furthermore refused to listen to the admonitions of a sailor, a man expert at shooting the sun, who repeated numerous times that the reef was still ahead [...] and that they should steer one quarter to the east to get away from the island [...]; but, as the pilots of this route consider themselves gods of the sea and think they know more than any noble man or passenger (who actually have better knowledge of the maps and study the height of the sun as well as they do and sometimes even better), since one cannot deny that in the course of time they become most expert in the art of navigation by virtue of the number of years they travel this route; for this reason, no matter how often the sailor was repeating and shouting [his warning], Captain Fernão de Mendoça refused to take action, so as not to upset the pilot, who unfortunately according to him had bad habits and would tell him, as they all did, that [the captain] should mind his own business; and thus the ship continued on its course until evening when he thought he had left the reef to the west [...].

But the ship's master, being a sensible man, and very vigilant, ordered a few sailors whom he trusted to climb into the crow's nest and watch out for the reef, which they did; three quarters of an hour into the first watch they saw a shape ahead; as the night was dark they were not sure of what they were seeing, and while they were debating whether it was a cloud or the reef, the ship, with all sails set, hit the middle of [the reef]; for God, having decided that they should be lost on it, closed their mouths to all so that they would not shout their warning when they first saw the shape[...]

The lower part of the ship burst onto the reef, which was made of rocks, and with the great force with which she was moving, she was cut as if with a saw, in such a way that the holds and the lower deck were submerged, while the upper decks sailed onto the reef more or less intact with the mast still [partially] standing.

[... The next morning] the stunned pilot [...] had the skiff put in the sea, equipped with oars and sailors, and embarked on it with the captain: then arrived Father Fr. Thomaz Pinto of the Order of the Friars, Master in Holy Theology [...], whom the King had sent to be Inquisitor of India, who asked Fernão de Mendoça to take him on board which the latter refused to do, insisting he was going to check whether something he could see in the distance was an island [...] and giving his word he would return to the ship [no matter what...].

[The skiff] discovered only sea in all directions. [...] After that the captain hesitated to return to the ship since they could not save everyone in the skiff. Under the forceful suggestions of the [captain], who wanted to save his own person, [... the skiff] set sail for the coast of Cafraria. [...]

There were 400 people on the [*Sant-Iago*].

Before the [second skiff] left, the ship's officers and the merchants took all the money they carried in "reales", a sum on the order of 400,000 cruzados, and buried it in deep wells in the rock of the reef, where the sea could not dislodge nor move it because of its weight, so they could *return* for it later; it probably still lies in this place, and it will remain there for many years, for water does not corrode silver [...].

The second boat departed the reef on August 22. [...] A sixteen year old boy by the name of Diogo de Couto was swimming after the boat, shouting and pleading that they take him on board in the name of the Virgin Our Lady who would make sure that they would all be saved. [...] He repeated this so often that the clergymen thought he was an angel [...] and asked the sailors to take him on board, which they did. [...]

DA ASIA
DE
DIOGO DE COUTO
DOS FEITOS, QUE OS PORTUGUEZES FIZERAM
NA CONQUISTA, E DESCUBRIMENTO
DAS TERRAS, E MARES DO ORIENTE.
DECADA DECIMA
PARTE SEGUNDA.

LISBOA
NA REGIA OFFICINA TYPOGRAFICA
ANNO M.DCC.LXXXVIII.
Com licença da Real Meza da Commissão Geral sobre o Exame, e Censura dos Livros, e Privilegio Real.

IV INDICE

pera o Mogor, e mettêram seus Capitães no Reyno de Verara. 109.

CAP. XVI. *Das novas que chegáram ao Viso-Rey do Norte: e de como mandou ás Ilhas Gomes da Gram com huma Armada: e de outras que mandou pera o Sul, e pera Malaca.* 115.

LIVRO VII.

CAP. I. *Da Armada que este anno de 1585. partio do Reyno, de que era Capitão Mór Fernão de Mendoça: e do novo contrato que ElRey fez este anno da pimenta: e do que aconteceo a todas na jornada: e de como Fernão de Mendoça se perdeo nos Baixos da India.* 121.

CAP. II. *Da descripção deste baixo, em que a não deo: e das pessoas que se salvâram em o batel: e do que lhes aconteceo até chegar a terra.* 129.

CAP. III. *Do que aconteceo aos que ficáram nos baixos: e das jangadas que ordenáram: e de hum espantoso milagre que fez o Lenho da Cruz de Christo: e do que aconteceo a Fernão de Mendoça, e aos do batel até chegarem a Moçambique.* 137.

CAP. IV. *De como o Viso-Rey D. Duarte tratou de mandar huma Armada ao estreito*

1. 訂出準則，以便在眾多競爭的可行方案中選擇出最佳方案。
2. 建構決策問題，依序列出所有可行方案及不確定事件，並將他們以決策樹表示。
3. 評估這些不確定事件出現的機率，並賦予決策之各種不同結果爲某個價值。
4. 分析以上三項步驟中的資訊，然後決定採行何項可行方案。
5. 分析這個決策對於機率改變或其他假設改變的敏感度。

一個簡單的決策問題

請研讀以下這個簡化的決策問題：

莎莉是一家小型電子廠的老闆。在六個月之內她必須提出一份競標1996年奧林匹克運動會電子計時系統的計畫書。多年以來，莎莉的公司一直致力於發展一種新型的微處理器，此種電子計時系統中的關鍵零組件將比目前世面上所流通的任何產品都好。由於研發工作一直進展得很慢，使莎莉無法確定她的公司能否準時交貨。如果他們成功地發展了這個微處理器，莎莉的公司將有很大的機會得到一百萬美元的奧林匹克合約。如果他們來不及研發出來，則仍有少許機會以早已發展成功的較劣等計時系統贏得合約。

如果她繼續這項計畫，她必須繼續投資二十萬美元進行研發工作。除此之外，爲了計畫書，還要以五萬美元來製造一個計時系統的原型機。而最後，如果莎莉贏得了合約，她還需要再花費十五萬美元來生產產品。莎莉必須決定是否要繼續投資或放棄這個研發計畫。

決策的準則

首先，莎莉必須確定在競爭的可行方案中她要如何選擇。就這一點，我們假設莎莉想要獲得最大的淨利；也就是說，她必須選擇能得到最大正淨利的可行方案或最小負淨利的可行方案。這個準則就好像在十美元和二十美元之間做選擇一樣的明確。但是，如果是有 100%機率得到二十五美元和有 50%機率得到六十美元之間，該如何抉擇呢？因為 50%機率的六十美元有兩種可能—0 或 60，最大淨利準則此時似乎用不上。

我們如何評估六十美元 50%機率的價值呢？很清楚地，六十美元有 50%的機率是少於六十美元這個最好的結果，也有 50%的機率大於零美元這個最差的結果。既然得到六十美元的機率是 50%，那麼其價值應為三十美元，也就是 0 到 60 的一半。同樣的，六十美元 20%機率的價值，就應該是 12 美元。

在這個例子中，30 美元是六十美元 50%機率的期望值。期望值是將每一項結果乘上機率再相加而得，例如五十美元的 30% 機率和一百美元的 70% 機率之期望值為：

$$0.30（\$50）+0.70（\$100）=\$85$$

0.30（$50）+0.70（$100）=$85

期望值並非總是適用。有一些人會認爲六十美元的 50% 機率之價值小於其期望值的三十美元，因爲他們不願冒這個風險。如果失敗的可能性太高，一些小資本額的公司，也許會拒絕正的期望值選擇。即使如此，追求期望值最大化對於超大數量的決策問題而言還是一個合理的準則。當相對於公司的資源或決策者的賭注而言顯得較小時，更應該採用期望值。此外，即使決策者希望他的決策能規避風險，他一開始也需要以期望值的評估來分析。在這個例子裡，我們假設莎莉想要得到最大的期望值。

決策樹、可行方案及風險

繼續下一階段的分析，莎莉應該要確認各種可行方案及她所面臨的不確定性。我們依照時間的順序將這些可行方案和不確定的事件以決策樹（decision tree）來表示，也可以把它想成是決策問題的路徑圖。

在交出計畫書前的六個月，莎莉能做什麼呢？第一，她可以放棄所有的計畫，以避免承受發展微處理器失敗的風險。另一個選擇是莎莉可以繼續投資這項研發計畫。對莎莉來說如果有二種可行方案，則她的決策樹會像圖 1.1 一樣以二個支幹開始。請注意在決策樹中，決策是以四方型或決策結點（decision node）來表示。

圖 1.1

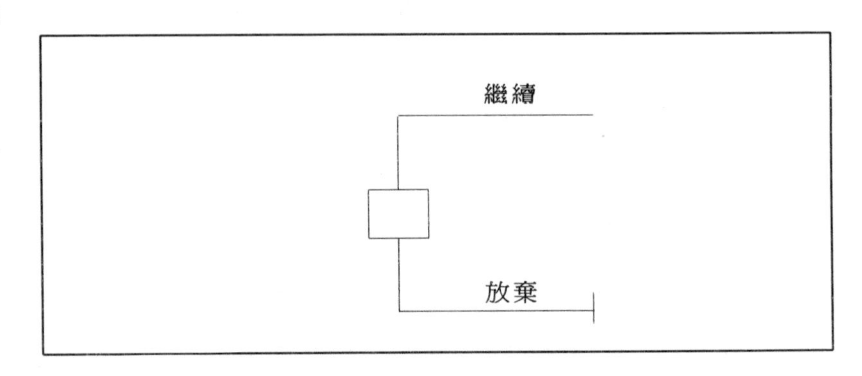

此時，莎莉會問自己：「然後呢？」。如果莎莉放棄投資，她就完成此次決策，不必再考慮任何更進一步的路徑。另一方面，如果莎莉決定繼續這項研發計畫，又會怎樣呢？在接下來的六個月之內，莎莉的工程師們在研發微處理器上的努力結果可能成功，或者可能失敗，莎莉不確定會發生哪一種情況。在決策樹中，我們以圓圈表示機會結點（chance node），用來表示不確定事件，就像圖 1.2 中，莎莉的決策樹所示。

莎莉應該繼續問她自己「然後呢？」。在製造微處理器的技術成功或失敗後，分別會發生什麼事？首先，假設莎莉的工程師們及時發展出微處理器，莎莉必須決定是否要提出計畫書。因為製作原型機必須花五萬美元，所以無法立即明顯看出莎莉是否要提計畫書。如果莎莉不確定哪一個決定是對的，她就應該把它放進決策樹中：如果其中一項證明比另一項差，則顯然在後面的分析過程中自然會被刪除。

圖 1.2

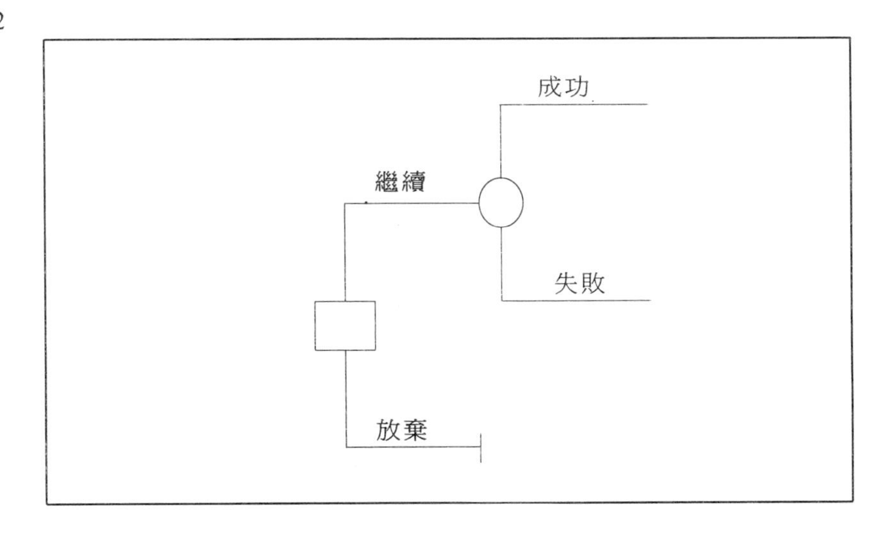

如果她提出提案書，她也許贏、也許輸掉合約（圖 1.3），當然，贏或輸掉合約也是不確定的事件。

圖 1.3

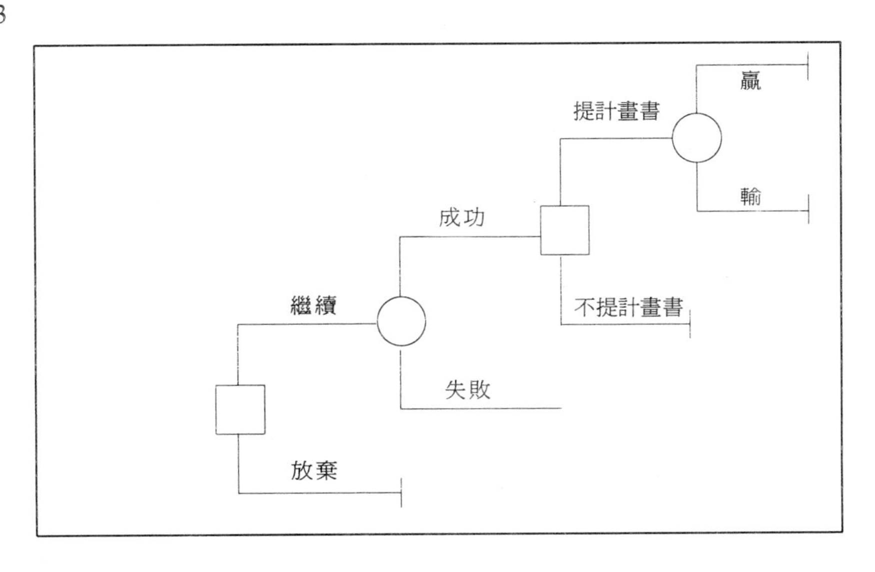

最後，我們可以重覆進行這些步驟於技術開發失敗的情況中。沒有新的微處理器，莎莉需要決定是否以較舊型的系統來提出計畫書，此過程如圖 1.4 的決策樹所示。

圖 1.4

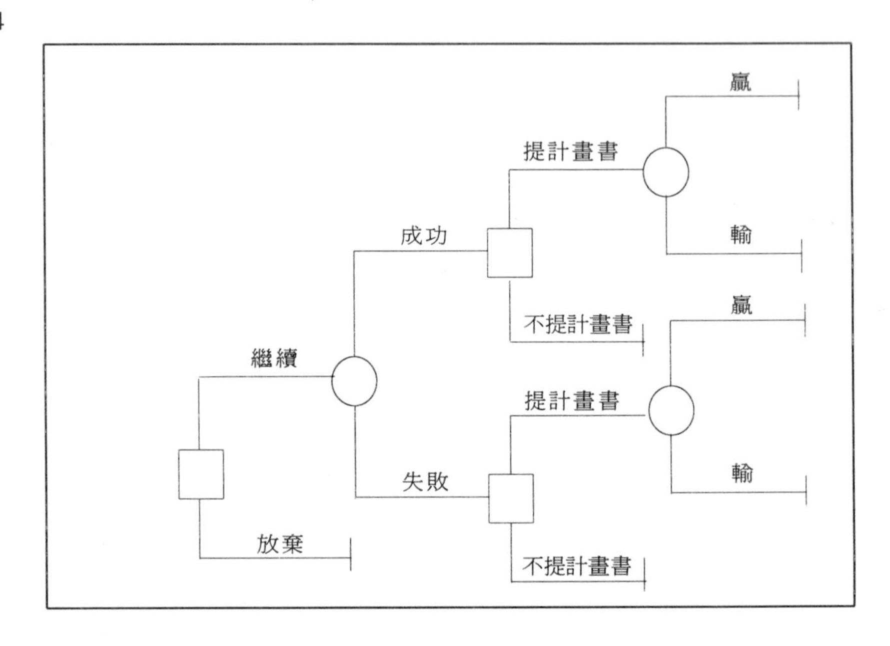

在莎莉持續問「然後呢？」的過程中，對於她的決策問題做了簡明的描述。在決策樹中，依照時序發生的事件表達了莎莉所有的可行方案，同時還有未來的可行方案及不確定性。決策樹能非常清楚地簡化問題，也提供足夠的洞察，可讓決策者非常清楚地知道哪個可行方案是他應該著手的。在這個問題中，如果技術成功的機率低、研發的費用高，而且投標的報酬不高，則莎莉也許會得到她應該放棄這項計畫的結論。但問題不全然會如此地清楚而簡單，有時需要更完整的分析；決策者必須估計不確定事件的可能性，並評估可能結果的價值。

在這個例子中，可行方案和不確定性相當少。在許多真實世界的問題中，事實上，描述出一個決策樹的過程是需要更多的創造力。即使在這個簡單的問題中，只要多考慮一些可能的情形，則分析的複雜度將會因而提高，例如：投資的研發資金由二十萬美元提高到三十萬美元；在投資三個月後放棄等等。這需要靠經理人利用他的聰明和創造力，確保決策樹能把所有合理的可能性都考慮進去。有創造力的決策者經常能想出別人忽視的替代方案。

不確定的未來

幾乎所有的重要決策，其結果都不是決定於經理人選擇哪一個方案，而是經理人所無法控制的外在事件。例如，一個投資者的回收是根據他所擁有的股票（他的決定），以及該股票是否漲或跌（外在事件）；農民的年收入端視他所種的農作物（他的決定），及季節因素與市場上農產品的價格（外在事件）；出版商的利潤端視所出版的書之內容和促銷活動（他的決定）及消費者對於書的需求和經濟狀況（外在事件）。

機率可量測不確定事件的成功率。如果該事件的機率爲 0，則不可能出現。如果該事件一定會發生，則機率爲 1。機率提供我們精確的數字，來判斷不確定的未來。有時你會聽到有人這樣說：「我想我們今年創下高銷售量的機會蠻高的」，或者「我們的競爭者最近似乎不會改變他們的售價」，或甚至「我實在不確定政府對此事件會做何反應」。這些句子以不精確的語言，嘗試著對不確定的未來做最好的判斷。相反地，機率要求決策者準確地發表宣言：而不是模糊不清的說「蠻高的機會」，他必須更精確地估計機會有多少。

在這個例子中，莎莉必須估計發展微處理器成功的機率有多大。很自然地，莎莉必須藉著與她的工程師們之間的談話、回顧以前的計畫或諮詢其他專家的意見，盡可能知道相關資訊。這些研究將提供她作爲判斷機率的參考。

假設莎莉相信在六個月內成功研發新型微處理器的機率是 0.40 或 40%（這表示此技術失敗的機率爲 0.60 或 60%）。更進一步說，莎莉指出，如果她成功研發出新型微處理器，則有 90%的機會可以贏得合約，若沒有新的微處理器，她估計只有 0.05 (或 5%)的獲勝機會。這些機率反映在決策樹中，請參考圖 1.5。

雖然這些判斷還是相當主觀，但並不是單純的「對」與「錯」，也不是隨便臆測的，這些機率反映了莎莉對不同事件之成功率的判斷。但是，當莎莉表示技術成功的機率爲 0.40 時，真正的意義是什麼？如果一個袋子內有一百個皮球，其中四十個是紅色，則我們知道從袋子裡拿到紅色皮球的可能性是 0.40。這裡的機率是「客觀的」：如果我們從袋子中取出大量的皮球，每次取出後再放回袋中，那麼被取出來的皮球中，約有 40%是紅色的。雖然研發技術成功的機率沒有如此直接的自然詮釋，但仍具有類似的意義。基本上，莎莉的表示是，她相信研發新型微處理器，就像伸手從一個含有 40%紅球的袋中去拿一個紅色的球一般。

圖 1.5

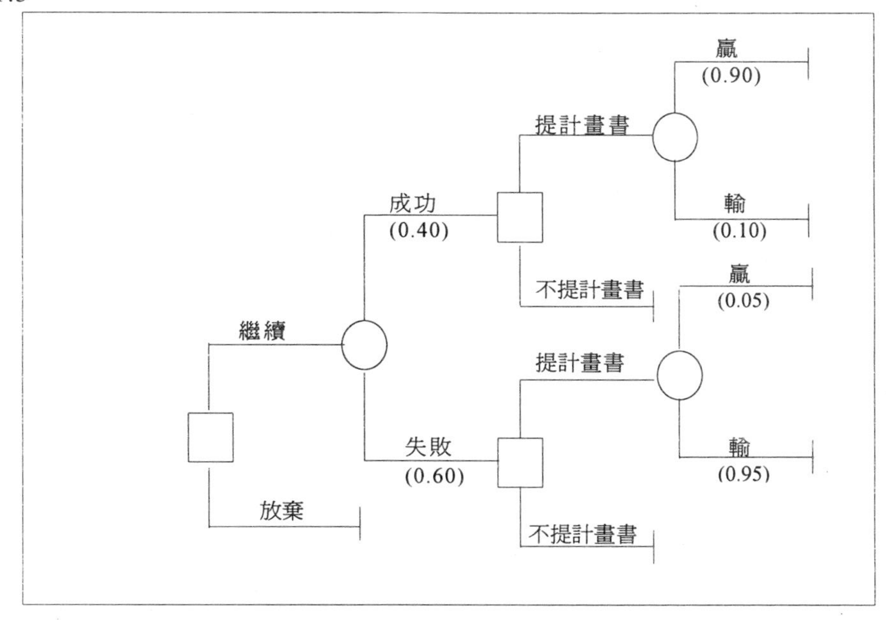

終止點和以金錢表示結果

即使莎莉完成了如圖 1.5 的決策樹，她仍然無法下決定，除非她知道每一個不同結果的價值。例如，她贏得合約的結果與輸掉的結果差多少？在過程中的這個階段，莎莉必須評估決策樹中的每個終結點。在決策樹中的每一條可選擇的分枝或情節（scenario），都有唯一的一組選擇和事件結果發生。例如，莎莉決定繼續她的計畫，她的工程師們成功地發展出新的微處理器，而她也拿到了合約。理論上這是所有情節中的最佳情節，但有多好呢？

請記住莎莉希望獲得最大的利潤。因此，莎莉必須評估每個終止點的淨利。在這個步驟中，她應該確定每一個不同情節中的相關支出和收入。如果她贏得了合約，她將會花費二十萬美元在研發成本上、五萬美元研製原型機以及十五萬美元生產最終產品。因此對她而言，總支出爲四十萬美元。如果她所贏得的合約價值爲一百萬美元，則淨利爲六十萬美元。如果她研發技術成功、提出計畫書，但沒有贏得合約，則淨利爲負二十五萬美元（研發經費加上研製原型機的成本）。其他情節的淨利可從相關路徑中扣除相關成本計算出來。每個情節的淨利顯示於圖 1.6 中。

未包含在現金流量中的結果

在大部份的決策中，不單只有金錢的結果。在某些情況下，非經濟因素也需包含在分析的考量中。在這個例子中，我們將情況簡化成：研發新型微處理器的價值只在於可以增加獲得合約的機率。但是事實上，有了新的技術在手，除了上述簡單的關係外，還會具有其他重要的價值：新型微處理器的技術也許能打開未來其他計畫的大門，以及也許能提高莎莉公司的聲譽等。這些利益不容忽視，且應該反映在分析中。

圖 1.6

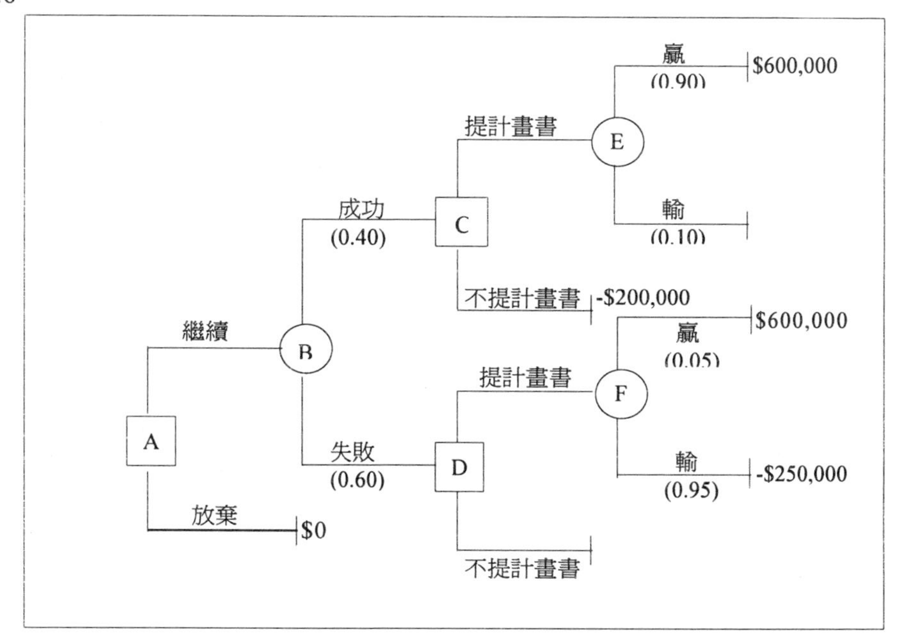

一般而言，如果經理人相信在她的決策圖中，不同的終止點會爲她帶來不同的未來前景，那麼她應該評估這些價値對未來的影響，並將其加入利潤中。如此，分析應該要反映出任何對於顧客關係、員工生產力、設備、庫存等方面的差異。

在上述這個簡單的例子中，我們假設除了終止點的金錢結果不同之外，其餘對於未來的展望並不會造成影響。

什麼是最好的：樹狀圖的反推

在這時點上，莎莉已經建構出問題，並利用她的判斷評估關鍵的不確定性，並評估終止點的價值。現在她準備整合這些判斷，以決定採取何種行動得到最好的結果。我們將從決策樹的終點開始，再反推回現在的起始點。我們假設莎莉決定要繼續這項投資，而她的工程師們已經成功地研發出新型微處理器的技術，她也正著手進行她的計畫書。因此，此時她在決策樹上的 E 點。在這個分支上，她有可能贏得或輸掉合約。請記住莎莉想得到最大的期望值—期望賺取的淨利價值。如果我們以「贏」或「輸」的對應機率來評論其結果，我們會發現 E 點的期望值爲 0.9x（$600,000）+0.1x（-$250,000）即$515,000。因此，我們以五十一萬五千美元來取代不確定事件在 E 點上的期望值（見圖 1.7）。

在 C 點上，莎莉可以決定是否要提出企劃書。如果她提出企劃書，則她可「期望」得到五十一萬五千美元。相反地，如果她不提出，則她將損失花在研發成本上的二十萬美元。很明顯地，她應該要提出企劃書。因此在 C 點上，我們以兩個選擇中較好的選擇—「提出企劃書」—來代替期望值。我們可以從決策樹中，將「不要提出企劃書」的選擇「剪」掉。圖示中「剪掉」以兩條短平行線來表示。

現在我們正進行分析決策樹的步驟：我們從決策樹的終點開始，在每一個機會結點上以其期望值代替，而在每個決策結點上則採取任一選擇的最高期望值，再朝著樹的開始端反推回去。這個簡化決策樹的程序稱之爲樹狀圖的反推。於是莎莉能夠決定在一開始的 A 點上該怎麼做，因爲她知道她在 C 點或 D 點上該如何選擇。

如果我們持續這些步驟直到樹狀圖的開端，我們將會發現莎莉只有在成功研發出新型微處理器，才應該繼續投入研發，並提出投標書。此一策略的期望值爲八萬六千美元。圖 1.7 描述了整個分析。

圖 1.7

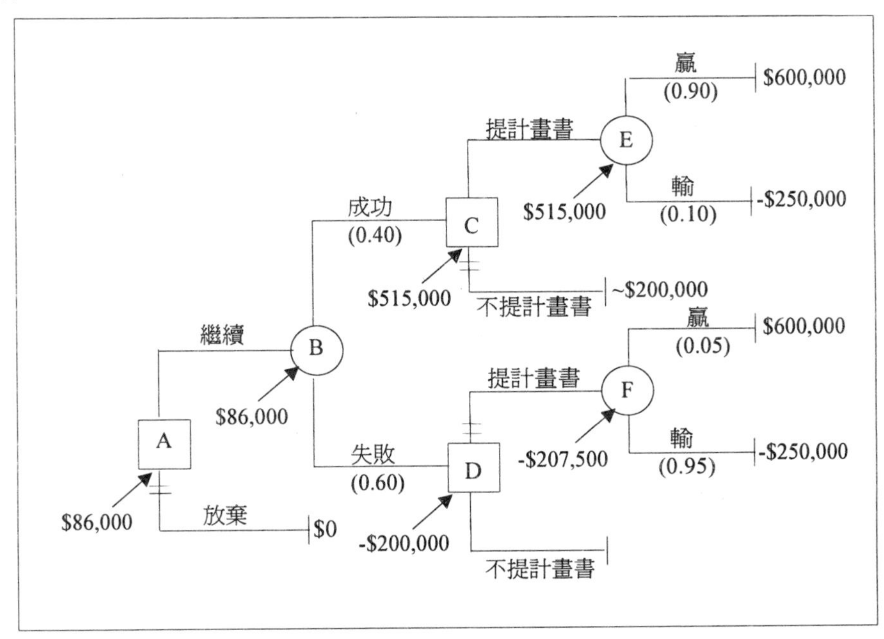

敏感度分析

在上一節中，我們討論了莎莉的機率判斷。她也許會指出，擁有微處理器技術贏得合約的機率經推斷為.90，但是這個判斷所依據的只是很少的知識和經驗。這個計畫的投資金額這麼龐大，如果對於機率沒有更周延的考慮，莎莉認為不妥。

如果莎莉多花點心思在獲勝的機會上，也許會多了解她的競爭者所具有的優勢，如此一來，本來設定的獲勝機率就會改變。從某方面來說，如果經過更進一步考量後，她認為獲勝機率事實上大於 0.9，則繼續這項計畫的決定並不受影響。另一方面，這機率要降到多低，才會使「繼續」比「放棄」更糟？首先，莎莉先選取出較低的獲勝機率，例如說 0.4，再以此新機率從樹狀圖反推。在此案例中，我們發現「繼續」的期望值變成負的八萬四千美元。經過一些簡單的推算後，莎莉可以知道當贏的機率大於 0.647 時，「繼續」的期望值是正值，當機率小於 0.647 時為負值。即使莎莉仍不能精確地訂出得勝機率，但至少當機率高於 0.647 會覺得更有信心。在這例子中，她不需要浪費時間去琢磨原始的機率計算，因為進一步考量贏的資料並不會改變她繼續這項計畫的決定。

莎莉必須評估出是否不同的獲勝機率對於她決定繼續該計畫的影響程度。合理的敏感度分析可運用在經理人的其他決策上。決策分析是一個反覆的過程，在第一階段中，決策者為了要對於可行方案做成初步的結果，須建立一個試驗性質的評估。例如，莎莉選擇忽略研發新型微處理器技術的非金錢上的利益(例如公司形象)。在決策樹上反推後，她必須判定繼續投資的決定是否會受到她先前所做的任何試驗性評估之影響。在莎莉的例子中，任何研發新型微處理器的效益只會增強她繼續推動計畫的決心。另一方面來說，如果莎莉發現她的決定對於某些其他的判斷是很敏感的，則她或許想要再放入其他考量，以重新判斷。因此，一個聰明的決策者能利用敏感度分析來確認何種判斷需要更謹慎地考慮、何種則不需要。

小結

莎莉的決策問題很簡單，大部份的經營決策問題則複雜多了，這些問題真正的規模通常會使決策者癱瘓。不管怎麼說，決策分析提供一個系統化的解決方式，將問題拆爲較小、較容易解決的單元，然後依照決策過程中的每一個步驟逐一建構、判斷、評估、分析和進行敏感度分析—使經理人能更洞悉問題。最後所產生的結果將會是更好的決策。

策略和風險評估

反推法並不是分析決策樹的唯一方法。在這一節中，我們將討論第二種決定行動的方法。這種方法能夠讓那些不完全滿足於使用期望值做爲準則的決策者在決策過程中考量所有可能的結果。

首先，我們定義「決策策略」。策略是一套行動或針對所有可能的事件所做的一系列決策。因此決策者必須指出在所有決策結點上他能有哪些選擇。第一個明顯的策略是「放棄」一放棄計畫的策略。另一個較爲複雜的策略爲「繼續」投資；當發展成功時「提出」計畫書；當發展失敗時「不提出」計畫書。我們可稱這項策略爲「繼續； 提出、不提出」。你可以檢視其他可能的策略爲「繼續； 提出、提出」、「繼續； 不提出、提出」和「繼續； 不提出、不提出」。

下一步我們接著探討每一項策略的風險。決策策略的風險評估是指，對所有可能產生的結果及其相關結果做機率描述。

第一個是「放棄計畫」的策略，其簡單的風險評估顯示於表 1.1。

表 1.1

策略 1—「放棄」

可能結果	機率
$0	1.00

如果莎莉選擇「放棄」策略，淨利潤可以確定爲 0。

考慮表 1.2 中「繼續； 提出、提出」策略，莎莉不管新型微處理器的研發是否成功，都提出計畫書。研發成功機率是 0.4。如果研發成功，則贏得合約的機率是 0.9。因此研發成功而且莎莉拿到合約的機會是由二個機率來決定，0.4 ×0.9 即 0.36。如果研發失敗，莎莉也有機會拿到合約，即以原先擁有的舊型微處理器來提出計畫書。研發失敗、但莎莉同樣拿到合約的機率爲 0.6 ×0.05=0.03。因此贏得這項合約的機率是這兩種情形的機率和，0.36+0.03=0.39。由前面得知贏得合約的利潤爲六十萬美元。同樣方法，我們可以算出輸掉合約的機率爲 0.61，輸掉合約的現金流量爲負的二十五萬美元。

表 1.2

策略 2—「繼續；提出、提出」

可能結果	機率
$600,000	0.39
-$250,000	0.61

同時我們看表 1.3 中的另一種策略「繼續; 提出、不提出」，這具有最高的期望值。贏得合約的機會是成功研發和莎莉贏得合約書的乘積，0.40 ×0.90=0.36。同樣的理由，輸掉合約的機會爲 0.4 ×0.1=0.04。最後一項可能的結果爲，當技術失敗時造成研發費用的損失。如此我們即有了這項策略的風險評估。我們同理也可以做出其他二項策略的風險評估，如表 1.4 和 1.5 所示。

表 1.3

策略 3—「繼續；提出、不提出」

可能結果	機率
$600,000	0.36
-$200,000	0.60
-$250,000	0.04

表 1.4

策略 4—「繼續；不提、提出」

可能結果	機率
$600,000	0.03
-$200,000	0.40
-$250,000	0.57

表 1.5

策略 5—「繼續；不提、不提」

可能結果	機率
-$200,000	1.00

此時莎莉 該怎麼做呢？雖然這個選擇沒有「正確的答案」，但很明顯地，她不該選策略 4 和 5。策略 1 優於策略 5：沒賺錢一定比負二十萬美元好。我們也同樣可以判斷策略 3 比策略 4 好：策略 4 在最佳利潤六十萬美元時的機會低、最差利潤負二十五萬美元的機會較高。

在策略 1、2、3 中做選擇並不容易，首先莎莉可以選擇有最高期望值的策略（表 1.6）。

表 1.6

策略	期望值
1	$0
2	$81,500
3	$86,000

策略 3 比策略 2 的期望值略高，而遠高於策略 1。我們得到與使用反推決策樹相同的結論。無論如何，期望值只是綜合風險評估的方法之一，並不是所有的決策者都偏好最大的期望值。如果莎莉有其財務限制，她也許會採用策略 1，因爲策略 2、3 風險較高：它們有可能會讓投資者損失二十五萬美元。另一方面來說，莎莉也許會在仔細考慮風險之後，然後決定積極一點，而採用策略 3。她也許認爲值得冒失去二十五萬美元的風險，來搏六十萬美元。最後，策略 2 和策略 3 類似，僅是期望值稍低一點；另一方面，它具有贏得六十萬美元的較高機率，及得到負值結果的較低機率。

個案　飛馬葡萄酒廠

1967 年 9 月，飛馬葡萄酒廠的股東之一威廉必須要下一個決定：他應該現在就去採收葡萄呢？還是放著不管等著暴風雨來？暴風雨常是不利於採收的，它會摧毀農作物。但一陣溫暖的小雨卻能在葡萄表面產生一種有用的黴(Botrytis Cinerea)，如此生產出來的葡萄酒更爲甜美，深受品嘗家的喜愛。

飛馬葡萄洒釀造廠

飛馬葡萄酒廠位於北加州納帕(Napa)山谷中的聖海倫那。飛馬葡萄酒廠只生產從各種最佳葡萄釀出的頂級葡萄酒。在每年生產的二萬五千箱中（大約和 Chateau Latite-Rothschild 生產的數量相同），大部份爲 Cabernet、Saurignon 和 Chardon-nary。另有大約一千箱的 Riesling 和五百箱的 Petite Syrah（一箱中有十二瓶酒）。

納帕山谷從北部的加利斯多加至南部的納帕，綿延將近三十英哩。愈往南，愈接近舊金山海灣的海洋冷空氣，平均溫度也愈低。飛馬葡萄酒廠的葡萄就在山谷的中部和南部之理想氣候下生長。

釀酒

酒的製造是由葡萄汁中的果糖，經酵母發酵後成爲相同分子數量的酒精和二氧化碳。除了香檳以外，二氧化碳會形成泡泡，然後消散。葡萄酒會在酒桶中儲存約一或數年後才裝瓶。釀造的過程中存在著很多影響因素，例如，儲存桶的木頭材質。釀酒者也會影響酒的風味。雖然市場的考量也會有影響，但是飛馬葡萄酒廠所塑造的風味全來自業主的喜好。一般而言，當葡萄成熟後，甜度會上升而酸度會下降，釀酒者會在所需要的甜度和酸度達到一定的平衡時採收。但在採收的過程中變數仍多，因爲一旦氣候不對，這種平衡也許永遠無法達到。

市面上有多種不同的 Riesling 酒（精確的說是 Johannisberg Riesling）。如果葡萄在採收時含有 20%的糖份，酒便是發酵至「乾」（所有的糖都轉換成酒精和二氧化碳）或「微乾」。所製成的酒，其成份中會含有 10%的酒精且口味較淡。如果在含 25%的糖份時採收，釀酒者生產的酒便含有 10%酒精和 5%剩餘的糖，這種酒較甜，且口味相對較重。

第三種、也是最稀少的，是當葡萄快成熟且表面長了 Botrytis 黴時採收。此時葡萄表皮上會形成小孔，使得水份能蒸發而糖份留下，如此一來，糖的濃度便能大量地提高至 35%或更多，所生產的酒含有約 11%酒精和 13%剩餘糖的特殊濃度，而且 Botrytis 黴也一起加在酒的組成中。飛馬葡萄酒廠曾在 1973 年生產出受 Botrytis 黴處理過的 Riesling 酒（稱爲 Edelwein），示圖 1 是其標籤。

威廉的決策問題

從氣象報導中，威廉得知有 50%的機會大風雨會侵襲納帕山谷。當暴風雨剛開始離開墨西哥的溫暖水域時，他認爲只有 40%的機率暴風雨會蒞臨山谷，同時帶動 botrytis

黴的生長。但是如果霉沒有生長，則雨水會被葡萄樹的根部吸收，使果實膨脹 5%至 10%，降低糖的濃度。如此將產生較淡的酒，每瓶只能賣二美元，大約比威廉馬上採收未完全成熟的葡萄所製成的酒少 0.85 美元。不合標準的酒，飛馬葡萄酒廠放棄裝瓶出售，而以散裝方式賣出，甚至直接販賣葡萄。這種辦法也許只有一半的利潤，但比起以較低品質的酒裝瓶出售，至少保住酒廠的聲譽。

如果威廉決定在大雨前不採取葡萄，而最後並沒下雨，則威廉可以等到葡萄成熟後再收成。運氣好的話，葡萄可達到 25%的糖含量，並能以三點五美元的大盤價賣出。即使天氣不是很好，糖份只達到 20%，所生產出來較「淡」的葡萄酒之售價約為三美元。威廉認為以上任一種情況發生的機率大約都相同。過去，葡萄的糖份曾經未達 19%。除此之外，等待葡萄成熟的過程中，酸的成份也必須同時監控。當酸度低於 0.7%時，不論糖份有多少都必須採收。如果發生這種情形，則價格只剩下二點五美元，威廉認為這種情況發生的機率只有 0.2。

Edelwein Riesling 酒的批發價格每瓶可達到八美元。不幸的是，在糖份增加的過程中會導致 30%果汁量的損失。較高的價格效應也因此被部份抵消，雖然產生的量較少，但其釀造的成本並未因此而減少。釀造過程所需的成本對每一種樣式的葡萄酒都一樣，而對批發價的影響也不大。

示圖 1

個案　萬特隆工程公司（A）

萬特隆工程公司剛剛從美國空軍飛航系統指揮中心獲得一項合約，這項合約將由萬特隆設計、研發新的發動機系統中的關鍵零組件，這套系統將會用在眾人矚目的高載重直昇機專案中。

該發動機系統中的關鍵零組件是推進器的翼樑。翼樑爲一根長型金屬管，其延伸的長度是爲了強化直昇機翼的強度。由於高載重直升機翼特殊的長度和尺寸，萬特隆無法使用現有的擠壓機器和材料生產所需大小的一體成型翼樑。

工程部門準備了二個開發翼樑的可行方法：分段組裝或較先進的擠壓製程。萬特隆必須決定使用哪一種方法。示圖 1 顯示出工程部門所做的風險評估報告。

分段組合法

這種方法是將幾段較短的金屬連接成翼樑足夠的長度。這項工作需要較多的檢查及十二個月的工作時間，而每個月須花費十五萬美元。這項製程確定可生產出所需要的尺寸，這也展示了當代的延展技術。

擠壓法

爲了能夠運用擠壓法將翼樑一體成形，每個月需要花費十六萬美元來修正擠壓過程，及五萬美元來改善材料。其中的每個步驟需要六個月的工作時間。

如果製造成功，則這項製程能以較低的成本生產出高品質的翼樑。不幸的是，由於無法 100%的控制製程，其中仍有一些風險。

在了解技術上的問題後，工程部門覺得有 9/10 的機率可使材料沒有任何缺點。不管怎樣，其餘的機率（1/10）在六個月的研發努力後，將會知道合適的材料是否可在合理的時間及金錢下完成，若不行則必須倚賴分段組合法。

工程師相信有 3/4 的機率可以成功地修正擠壓過程，但有 1/4 的機率會因無法達成所需的產能，而在六個月的發展計畫後放棄。

翼樑的開發，必須在十八個月內完成，以避免妨礙到合約的其他部份。另外已經決定，如果需要的話，爲了讓分段組合法在六個月的時間內加速進行，以符合預定時間，將以每個月四十萬美元的成本全力進行。工程部門的主持人司密斯博士對這項合約感興趣的是，能藉此機會發展擠壓法的新技術。他覺得如果萬特隆成功地生產一體成形的翼樑，則公司在此一行業的聲譽將會大大提高。更何況，改良過的擠壓製程將使公司在預算內完成翼樑的開發。

對問題取得初步了解後，萬特隆總經理比爾瓦特斯仍未作出最後的結論。和司密斯博士一樣，他也對於能夠成功地發展擠壓製程感到興趣，認爲這會使得萬特隆有極佳的機會得到更多的合約。但是他也擔心，如果無法成功開發的金錢損失，或者爲了加速工作的進行，而必須被迫採用分段組合法。

萬特隆和軍方訂定的合約是在未來幾年內的固定金額。瓦特斯希望能減少在翼樑上的花費，以便在發展發動機的其他技術方面有足夠的經費。如此一來，對於萬特隆在軍用和商用之市場地位的提昇有很大的助益。

示圖 1

風險報告：翼樑開發

單位：千美元

	成本／每個月	成功機率	工作所需時間（月數）	總成本
擠壓法				
材料開發	50,000	0.90	6	300,000
修正擠壓過程	160,000	0.75	6	960,000
分段組合法				
一般速度	150,000	1.0	12	1,800,000
加速製程	400,000	1.0	6	2,400,000

個案　利可酋公司

1988 年 1 月 6 日，理查安德生和史卻特莫菲坐在他們位於波士頓運河街 90 號新辦公室的會議室中。他們正和出版商博克威&寇特（Brockway & Coates）討論有關版稅合約的細節，最關鍵的地方在於找出雙方都同意的版稅比率。

公司沿革

每年有十五億美元市場規模的中小學教科書，人口眾多的州係採用循環選書的方式。許多州的教育委員會週期性（每六年）地宣布新的教科書標準，其中分爲科學、數學、文學等等。出版商提出一系列符合各不同年級的教科書，及輔助教材和教學指引。州教育委員會將比較這些教科書的內容，然後選出四到八家出版商：這些即是被核准可供各學校選擇的教科書來源。

由於較大的州如加州和德州是最有利可圖的市場，所以大部份的出版商會將他們的開發歷程配合這些州的時間表。週期性需求的安排方式迫使出版商必須簽下在約定的情況下不必出版大部份的作品及陸續開發的系列作品。1980 年，安德生和莫菲成立利可酳公司來負責這方面的合約工作。1988 年早期，該公司在芝加哥、聖路易和波士頓都設有辦公室，並擁有八十七位全職員工。

版稅協議

利可酳一直都以固定的報酬來運作。對每一個發展專案，他們都以既定的預算（工資加雜項支出加利潤）和出版商洽談。雖然預算中的利潤通常設為 25%，但利可酳發現如果要發行高品質的產品時，費用常會超過預算，並吃掉利潤。

1987 年中期，他們決定對客戶提出以費用加版稅為付費基準的計畫。在這套制度中，他們只拿到較少的預估費用（工資和雜項），但可從版稅中賺到利潤。以這種方法，利可酳希望回收貢獻在出版商所出之書上的「附加價值」。如果一本書賣得好，版稅就高於一般的標準。反之，如果賣得差，則版稅就下降。

Brockway & Coates 是第一個嘗試這個提案的出版商，當時利可酳正要開發一套九到十二年級的社會研究系列叢書，主要以此新制度簽訂合約。這項交易的費用設定在四百一十五萬美元。在一般的交易中，利可酓會再加上 25% 的利潤空間，所以總數爲五百一十八萬七千五百美元。這些費用將依計畫分十八個月支付。

設定一個合適的版稅率之重要考量是書的尺寸和銷售期間。利可酓估計上市時間是在完成之後的第一年年底。第一年大約可賣出 10%、第二、三年可各賣出 20%、第四年可賣出 30%、然後第五年可賣出 20%（利可酓可在書完成後的每一年收到版稅）。當書修訂時，很可能還是與利可酓合作，但計畫中提出的版稅僅付至第五年爲止。

五年的總銷售額，利可酓評估其可能性列於表 1.7 中，均以美元表示。

表 1.7

銷售額	機率
$25,000,000	0.10
$30,000,000	0.45
$50,000,000	0.30
$70,000,000	0.15

當利可酓很高興、而且急切地想去承擔這件隨著不確定銷售額而來的風險時，安德生與莫菲卻擔心過程中將會產生的資金壓力。安德生希望在和固定付費方式比較之前，先將每年的盈餘部份扣提 10%。

在 Brockway and Coates 這方面，他們對於協定還算滿意。協議中對於利可酓可抽取的版稅還設下一條限制：版稅打了九折之後，不能超過費用的 33%。現在，最後的步驟就是討論出版稅率。

個案　環保署：殺蟲劑禁令緊急豁免

美國環保署設立的目的是為了防範環境品質嚴重惡化，特別是那些因人類的工業發展所產生的破壞行為。該署已注意到殺蟲劑—特別是 DDT—對動植物所造成的潛在影響。廣泛應用殺蟲劑所影響的不僅是自然環境，同時也會影響到家畜、人類的飲水和食物。於是環保署對殺蟲劑加以管制：只有登錄過的殺蟲劑才能使用。在一些例子中，某種殺蟲劑只適用於某些特定的用途，而不適用於其他用途，環保署也有權取消其先前的登錄權。

在「聯邦殺蟲劑、殺菌劑、殺鼠劑執行法」第十八章中規定，環保署有權下令聯邦和州部門在緊急時使用未經登錄的殺蟲劑，但須經專案同意。

但只有在下列條件均符合的情況下，才可逕行豁免禁令：

1. 某一蟲害已經或將要發生，而登錄中的殺蟲劑對此特殊蟲害證實無效，且沒有其他控制的方法可根除。
2. 如果不使用此殺蟲劑將導致重大的經濟或衛生問題。
3. 在害蟲漫延前，從殺蟲劑的研發到登錄沒有足夠的時間。

禁令豁免的申請有三種不同的類別。「特定」的豁免申請是針對美國境內的地方性害蟲。「隔離」的豁免申請是針對美國境外的蟲害，對這些禁令豁免之申請的判定，大約要花上一個星期到三個月的時間。「緊急」的豁免申請是針對未能預測的害蟲猛烈繁殖，且會對衛生或經濟造成立即性的傷害。在這種情況下，沒有時間再等文件往返，通常緊急的申請都是先實施後再補文件作業。

貝爾比負責這些緊急豁免的申請。環保署規定許多申請的辦法，提案人必須提出許多數據來支持他的說法，並描述所申請之殺蟲劑使用前後的效應。由於環保署本身並沒有足夠的時間去收集資料，因此通常都僅查證提案人的主張是否正確。如果發現不實的報告，申請將會被撤消。提案者也不願破壞自己在環保署裡面的信用，以免影響下一次的申請。

「緊急」的豁免申請在文件申請和殺蟲劑使用前，通常是由提案主導者和貝爾比在電話中討論。如果未經正式的批准就進行，則提案人將受法律制裁。因此這項討論關係著提案是否會得到批准。

貝爾比認爲這種個案式的評估方法不適用於日漸增多的緊急豁免申請。1972 年，這項「殺蟲劑控制執行法」通過的前二年，有七件個案，但是 1974 年增至三十六件，而 1975 年看來會更多（1974 年的三十六件個案中，有十二件通過，十四件被駁回。其餘有二件是緊急申請，七件後來自行撤回，一件仍在審理中）。

1975 年春天，貝爾比收到了一件特殊的緊急申請。美國森林協會要求在西北部的森林中使用 DDT。該地區的蛾正週期性地侵害該地的松樹。直到 1968 年之前，美國森林協會一直利用 DDT 來控制該地區蛾的數量，但之後便自動中止使用。1974 年，他們再度提出使用 DDT 時，被環保署否決了。申請中估計的經濟損失是一千三百萬美元，遭否決的理由是環保署認爲多面體核病毒會造成蛾大量的自然死亡。然而，蛾並沒有大量死亡，導致的經濟損失爲七千七百萬美元。

貝爾比很清楚壞決策和壞結果的差別。此次的申請案對於環保署的信譽並不會有幫助，而環保署的信譽已因前一次否決申請的決策結果而受損。如果當初這項由州政府提出使用 DDT 的申請，經環保署批准，則害蟲也就不至於造成太大的損失。貝爾比認爲這種意外的結局不僅對他個人，甚至對整個環保署都有負面的影響。議會和一般大眾都很關心環保署的決定，稍一不慎就會造成政治問題。

由於以往的經驗，使貝爾比更謹慎地評估這一次的提案。森林協會希望在六十五萬英畝的土地上使用四十九萬磅的 DDT，包括的地區有華盛頓、奧勒岡和愛德荷州。2/3 的土地是聯邦政府所擁有、1/6 屬州政府、1/6 爲印地安保留區。林地約佔印地安保留區的 40%至 50%，且爲部落收入的 95%。他們的森林在 1974 年因使用化學品，而產生嚴重的落葉現象。一再發生落葉現象會導致樹木死亡，這不僅產生經濟上的損失，更可能導致森林大火，對保留區來說是重大的破壞。

這項提案同時提出 1975 年蟲卵孵化數量的預測。其中所做的樣本測試指出幼蟲的數量是否能被多面體核病毒控制住。如果這種自然界的控制沒有發生，而且 DDT 仍被禁止使用，則森林協會預估將有六千七百萬美元的損失。

即使預估的損失非常高，貝爾比仍然不太願意批准這項提案。但如果他反對這項提案，一定要有明確合理的解釋。他想到 2 月時，一家著名的劍橋諮詢機構幫環保署做了一項研究，也許對這個案子會有所幫助。在詳讀報告後，他畫下圖 1.8 的決策樹。如果蟲卵數量的樣本推估不利的話，森林協會就會撤回提案；貝爾比估計蟲卵的預測會正確的機率並不高。

圖 1.8

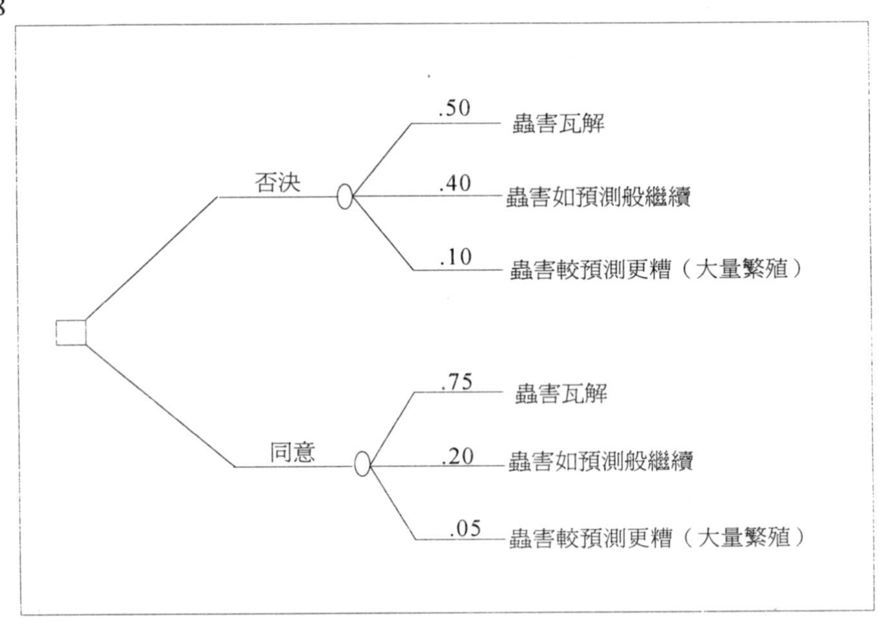

貝爾比估計在最佳狀況下的損失（蛾的繁殖失敗）為三百萬美元，而最糟糕狀況下的最大損失（蛾大量繁殖）為九千萬美元。以這些數字和主觀的機率來計算，得出如果通過提案，預計會有二千萬美元的損失，而否決則有四

千萬美元的損失。雖然否決申請的損失是通過的兩倍，他仍不願作出允許使用 DDT 的決定，除此之外，他強烈希望不要再作出任何錯誤的決策。

第二章

庫存決策

還記得上次您辦了一個派對，必須決定購買多少食物的事嗎？除非您常常辦派對，否則要知道一個人一般的食量其實是蠻困難的。您不希望東西不夠吃，另一方面，就算是些垃圾食物，要買給很多人吃的話，算起來也挺貴的。在商業上，也常常面臨這個問題。您應該儲存多少備用品呢？您應該印刷多少本書呢？很幸運地，這個問題我們的確可以知道如何解決，而且還蠻簡單的。您當然也可以，只要仔細看完本章就行了。

個案　聯合碳化物—丁烷的運送

感恩節過後的星期一早上，在完成了兩星期的丁烷使用計畫後，聯合碳化物公司布朗司維力(Brownsville)工廠的製造協調人員拉夫(Ralph Hiecke)和運輸監督員艾迪(Addie Locke)正準備決定如何定下卡車日期，以運送額外的丁烷。一艘帶有兩個丁烷貨船的拖船預定中午從休士頓出發，沿內陸河道(Intracoastal Waterway)往布朗司維力工廠來。但是艾迪擔心氣候不佳可能會使貨船延誤行程。如果儲存在布朗司維力工廠的丁烷在貨船到達之前就用完的話，工廠就不得不停工。

背景

1977 年，聯合碳化物是美國二十五大工業公司之一，營業額超過七十億美元。雇用了超過十萬名員工，並擁有五百間工廠、礦場以及製造廠，分配於三十七個國家。雖然聯合碳化物公司通常被歸類爲化學公司，化學材料及塑膠製品佔有其利的 40%，但來自於工業氣體、金屬，以及碳的利潤也佔有 33%，消費品以及特殊製品則佔 27%。

聯合碳化物是美國許多重要產品的最大製造商，包括多種大量化學品，用以生產抗凍劑、多元酯纖維、汽車及機械襯墊、清潔用品以及化妝品等。該公司同時也擁有許多成長快速的較小型事業，包括農業產品以及電子零件等。聯合碳化物同時也銷售許多種知名的消費性產品：永備電池、普力斯通(Prestone)抗凍劑、葛雷得(Glad)三明治紙袋和賽蒙耐姿(Simonize)臘及亮光劑等。

在德州布朗司維力工廠裡，聯合碳化物製造工業用化學品，包括醋酸、甲基乙基酮、以及乙基醋酸鹽，用以製造塑膠以及其他化學物。此工廠的製程中將丁烷及氧氣加以混合，形成相當多種產物。此製程中所使用的氧氣是由裝置在工廠中的氧氣萃取器直接由空氣中萃取出來。丁烷則由休士頓以貨船或卡車運來。工廠每天二十四小時運作，每天都不停機，一天大約需要六千桶的丁烷。

由休士頓來的船隊每隔幾天就來一次，每次運送一到三個拖船的丁烷，以及數個空的化學品拖船，將工廠製造的產品運送到其他地點。每個貨船可裝載一萬三千桶丁烷。如果貨船延期，可以使用卡車來補充部份的丁烷需求。丁烷卡車每輛可以裝載兩百桶，卸貨的速度爲 143 桶／小時。這兩種運輸方式的成本分別列在示圖 1 中。

由休士頓到布朗司維力的內陸河道有三百五十英里長，貨船運送丁烷大約需要三到七天，依天氣情況、拖船大小、以及潮汐狀況而有不同（見示圖 2）。在不停止的情況下，拖船每天可以行進八十五到一百二十五英里，同樣依實際情況而定。但是每年從 11 月到 4 四月之間，在德州海岸頻繁發生的暴風雨會使貨船延誤行程（請參閱示圖 3）。風速在時速三十到六十英里之間會使拖船的速度減緩，並且會在科帕思克里斯提(Corpus Christi)海灣中造成大浪。如果浪高超過正常情況，拖船船長可能就會決定停泊在海灣的北邊，等待海浪減小。等待的時間可能由數小時到三天不等。

以卡車運送丁烷

當天早上八點鐘，布朗司維力工廠用以儲存丁烷的球型槽是幾乎全滿的狀態，總共儲存了三萬桶。一艘帶有兩艘丁烷貨船的拖船預定中午由休士頓出發往布朗司維力。按照未來一星期的天氣預報，艾迪認為有 80%的機會會發生暴風雨。

是否要以卡車運送丁烷的最後決定必須在星期一下午四點鐘之前告知休士頓公司，這樣才能確保在本星期內送到。並且在本星期內需要的卡車裝載量也必須同時確定。

如果工廠中儲存的丁烷用罄，工廠的運作就必須暫停，或是降低產量等待丁烷運達。如果暫停生產，每天產能的損失將造成大約三萬美元的營利損失，如果是降低產量，損失則依照降低的比例而定。

示圖 1

運輸成本

項目	$／桶
在休士頓的貨船或卡車裝桶	.525
卡車至布朗司維力的運費	1.482
卡車的卸貨	.189
貨船至布朗司維力且卸貨	.336

示圖 2

旅程時間－休士頓至布朗司維力－1978 年 1-4 月

數序	旅程時間（小時）	數序	旅程時間（小時）
1	96	17	165*
2	90	18	114*
3	74	19	83
4	84	20	120*
5	135*	21	82
6	68	22	144*
7	94	23	93
8	95	24	92
9	76	25	141*
10	140*	26	85
11	79	27	80
12	78	28	83
13	142*	29	111*
14	144*	30	92
15	112*	31	88
16	140*		

*表示在旅程期間發生暴風雨。

示圖 3

德州港地圖

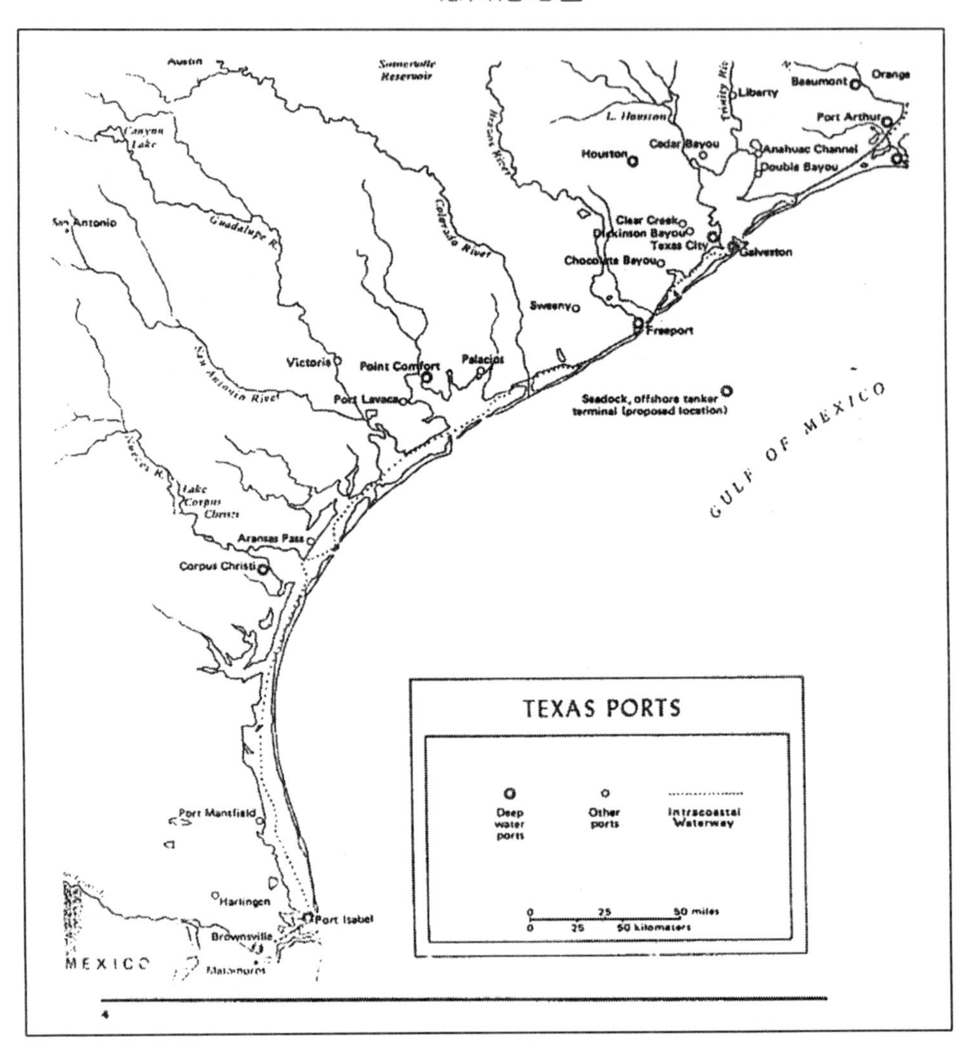
Austin
Somerville Reservoir
Canyon Lake
San Antonio
Guadalupe R.
Colorado River
L. Houston
Trinity Riv
Liberty
Beaumont
Orange
Port Arthur
Houston
Cedar Bayou
Anahuac Channel
Double Bayou
Clear Creek
Dickinson Bayou
Texas City
Galveston
Chocolate Bayou
Sweeny
Freeport
Victoria
Point Comfort
Palacios
Port Lavaca
San Antonio River
Seadock, offshore tanker terminal (proposed location)
GULF OF MEXICO
Nueces R.
Lake Corpus Christi
Aransas Pass
Corpus Christi
Port Mansfield
Harlingen
Port Isabel
Brownsville
MEXICO
Matamoros
TEXAS PORTS
Deep water ports
Other ports
Intracoastal Waterway
0 25 50 miles
0 25 50 kilometers
4

以臨界分位數法做出庫存決定

一位受歡迎的作家完成了一本新書，出版社應該印刷多少本呢？一家小型玩具店應該準備多少台任天堂主機，以應付聖誕節的銷售熱潮呢？這些都是常見的決策問題實例，都需要面對不確定的需求。決策者必須讓庫存足夠，以滿足需求，並且能夠獲利，另一方面要能避免最後剩餘過多，造成損失。玩具店的獲利來自銷售任天堂主機的每台銷售淨利，而損失則是在銷售季結束後剩餘未賣完每台的成本（還可在清算時減去每台的殘餘價值）。

報紙的進貨問題

一個青年在家裡附近的熱鬧十字路口賣當地的週日報紙。每個星期天早上七點鐘，泰瑞會到運報紙的貨車旁邊，批購報紙，每份的成本是 0.9 美元。他再將這些報紙以 1.5 美元的價格賣給經過十字路口的汽車駕駛人。中午他回到家裡，把未賣完的報紙丟到附近的資源回收桶。

泰瑞對於報紙的需求變化太大很感苦惱。有些時候他幾乎一份也沒賣掉，有些時候在九點鐘之前就已經賣完全部的報紙。每個星期天早上七點鐘，當他必須決定要購買幾份報紙時，他沒有辦法預測這一天會是個高需求的星期天還是低需求的星期天。他能做的只是估計需求的機率分配，列於表 2.1 中。

到底泰瑞應該購買多少份報紙呢？

表 2.1

需求	機率
0	0.04
1	0.07
2	0.09
3	0.12
4	0.13
5	0.17
6	0.13
7	0.10
8	0.07
9	0.05
10	0.03
	1.00

解決這個問題的一種方法是畫出整個決策樹。圖 2.1 列出了購買三份及四份兩個完整的決策樹。要分析整個決策樹會是個很大的工程。第二種方法是使用試算表分別估計每一種可能的購買方式，看看哪一種購買方式的預期獲利最大。表 2.2 就是一份試算表，顯示泰瑞如果決定購買三份報紙時，每一種可能的需求狀況下的銷售及獲利狀況。最後一行底部的 1.275 美元是他的「預期獲利」，就是在每一種需求可能值之下，獲利的機率加權平均。這個值跟圖 2.1 中「購買三份」決定中的期望值相同。

圖 2.1

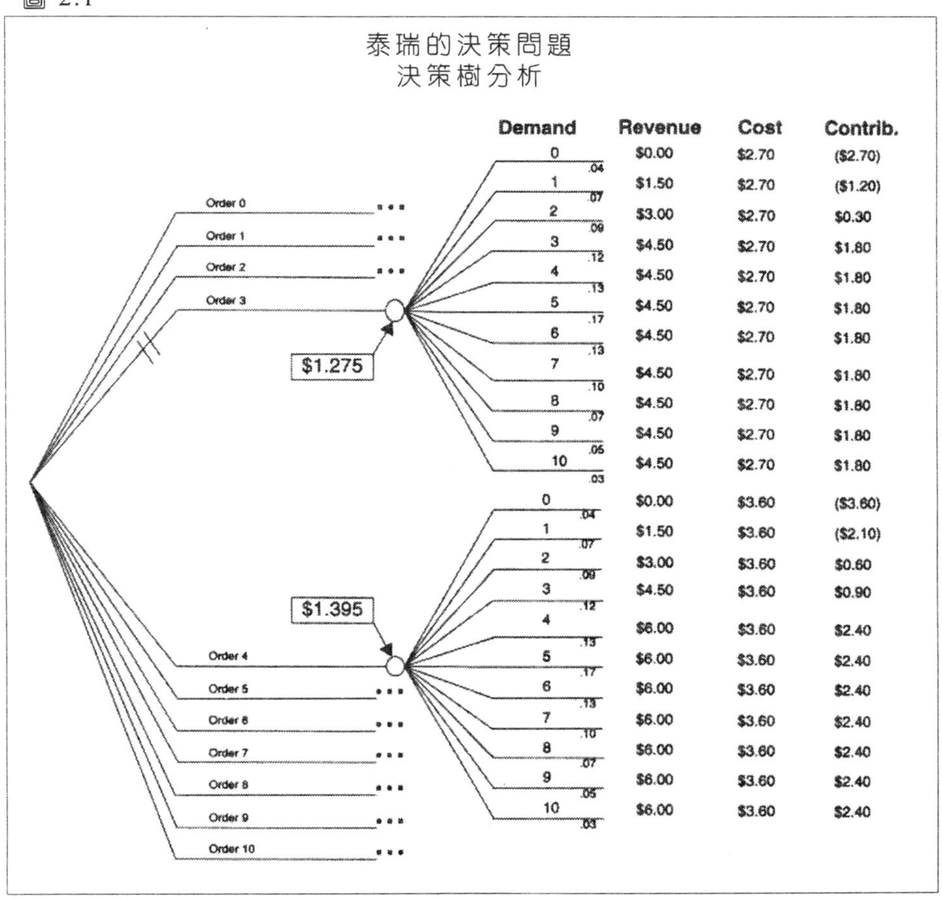
泰瑞的決策問題
決策樹分析
Demand
Revenue
Cost
Contrib.
0
1
2
3
4
5
6
7
8
9
10
.04
.07
.09
.12
.13
.17
.13
.10
.07
.05
.03
$0.00
$1.50
$3.00
$4.50
$4.50
$4.50
$4.50
$4.50
$4.50
$4.50
$4.50
$2.70
($2.70)
($1.20)
$0.30
$1.80
Order 0
Order 1
Order 2
Order 3
$1.275
$1.395
Order 4
Order 5
Order 6
Order 7
Order 8
Order 9
Order 10
$0.00
$1.50
$3.00
$4.50
$6.00
$3.60
($3.60)
($2.10)
$0.60
$0.90
$2.40

表 2.2

泰瑞的決策問題

買進三份報紙的決策分析

決策：買進	3 份
每單位收益	$1.50
每單位成本	$0.90

需求	機率	銷售	收益	成本	淨利	機率加權淨利
0	0.04	0	$0.00	$2.70	($2.70)	($0.108)
1	0.07	1	$1.50	$2.70	($1.20)	($0.084)
2	0.09	2	$3.00	$2.70	$0.30	$0.027
3	0.12	3	$4.50	$2.70	$1.80	$0.216
4	0.13	3	$4.50	$2.70	$1.80	$0.234
5	0.17	3	$4.50	$2.70	$1.80	$0.306
6	0.13	3	$4.50	$2.70	$1.80	$0.234
7	0.10	3	$4.50	$2.70	$1.80	$0.180
8	0.07	3	$4.50	$2.70	$1.80	$0.126
9	0.05	3	$4.50	$2.70	$1.80	$0.090
10	0.03	3	$4.50	$2.70	$1.80	$0.054
	1.00		預計淨利=			$1.275

對於其他購買數量重複進行這些計算，就可以知道其他的購買數量是否會較高的預期獲利[1]。這種決定報紙購買數量的方法雖然有點冗長，但卻是最直接的方法。我們可以用另一種比較詳細，並且能夠減少計算步驟的方法，就是用漸增或邊際法。

[1] 例如，如果您將購買決策由三份增加到七份，您會發現預期的獲利從 1.275 減少到 0.465。試試看吧！購買七份報紙的決定顯然比購買三份不好。

假設泰瑞已經決定購買至少三份報紙，並且正在考慮買第四份。考慮這個增加的決定，只有兩個可能的結果，可能第四份報紙根本就不需要，因爲沒有賣出，不然就是的確需要，因爲有人買。如果第四份報紙不需要，他就會遭受到購買這份報紙所需成本的損失，也就是 0.9 美元。如果這份報紙需要，他就會得到相當於一份報紙的淨利，也就是 1.5-0.9=0.6 美元。因爲他對於需求不確定，因此他也不能確定第四份報紙是否需要，但是他可以計算出這兩種可能情況的機率。如果只需要三份或三份以下，第四份報紙就不需要了，相反地，如果需求超過三份的話，第四份就有需要了。需求爲三份或三份以下的機率就是需求爲零份、一份、二份及三份的機率總和，即 0.04+0.07+0.09+0.12=0.32。剩餘的 0.68 就是需求爲三份以上的機率。因此，購買第四份報紙可預期的淨獲利之增加爲：

$$預期增加淨獲利=\$0.60\times0.68-\$0.90\times0.32=\$0.12$$

因爲這是正數，因此購買第四份報紙的決定要比不購買的決定來得好，如果不購買的話，預期的增加獲利當然就是 0。

確定購買第四份報紙的決定較好之後，現在我們可以繼續探討，是否應該購買第五份報紙。即使不做任何計算，我們也可以知道第五份報紙的預期增加獲利一定少於 0.12 美元。如果需要第五份報紙的話，利得會是 0.6 美元，如果不需要的話，損失是 0.9 美元。但是不需要第五份報紙的機率一定大於 0.32，所以需要第五份報紙的機率一定少於

0.68。因此購買第五份報紙的預期增加獲利一定少於購買第四份報紙的決定。

有了這些推論之後，對於是否應該購買第五份報紙其實還是不太清楚。雖然增加獲利一定少於 0.12 美元，但關鍵性的答案一定要經過計算才能得知，也就是這個值是正數還是負數。如果是正數，我們就應該買下第五份報紙，如果是負數的話，就不應該購買。表 2.3 是一份試算表，其中我們就計算了購買第一份、第二份⋯⋯等等報紙的預期增加獲利。請注意，增加量是隨著份數增加而穩定下降的。在所有的預期獲利中，最小的正數值出現在購買第四份報紙時，因此我們應該買入四份報紙，不是五份。

在表 2.3 的最後一欄，我們累計了增加的獲利，請注意前三份報紙的預期增加獲利的總和就是購買三份報紙的預期獲利，如表 2.2 及圖 2.1 中所示。因此，這種漸增方法讓您可以計算總預期獲利，並且可以讓您得到與其他更冗長的總預期獲利方式相同的結論。

在圖 2.2 中，我們畫出了購買第一份、第二份⋯⋯一直到第十份報紙的增加量及累計獲利情形。請注意總獲利隨著報紙份數增加而增加，一直到第四份爲止，第四份以後就開始下降。相對地，前四份報紙中的增加獲利是正數，以後就成爲負數(用括號表示)。最佳的報紙購買份數，就是能夠創造最高累計預期獲利的份數，也就是增加預期獲利爲正數的最大份數。

表 2.3

泰瑞決策問題的增量分析

獲利＝　$0.60
損失＝　$0.90

需求	機率	累加機率	增量決策	增量無益的機率	增量有益的機率	增加量預期獲利	累加預期獲利
0	0.04	0.04					$0.000
1	0.07	0.11	第一	0.04	0.96	$0.540	$0.540
2	0.09	0.20	第二	0.11	0.89	$0.435	$0.975
3	0.12	0.32	第三	0.20	0.80	$0.300	$1.275
4	0.13	0.45	第四	0.32	0.68	$0.120	$1.395
5	0.17	0.62	第五	0.45	0.55	($0.075)	$1.320
6	0.13	0.75	第六	0.62	0.38	($0.330)	$0.990
7	0.10	0.85	第七	0.75	0.25	($0.525)	$0.465
8	0.07	0.92	第八	0.85	0.15	($0.675)	($0.210)
9	0.05	0.97	第九	0.92	0.08	($0.780)	($0.990)
10	0.03	1.00	第十	0.97	0.03	($0.855)	($1.845)

圖 2.2

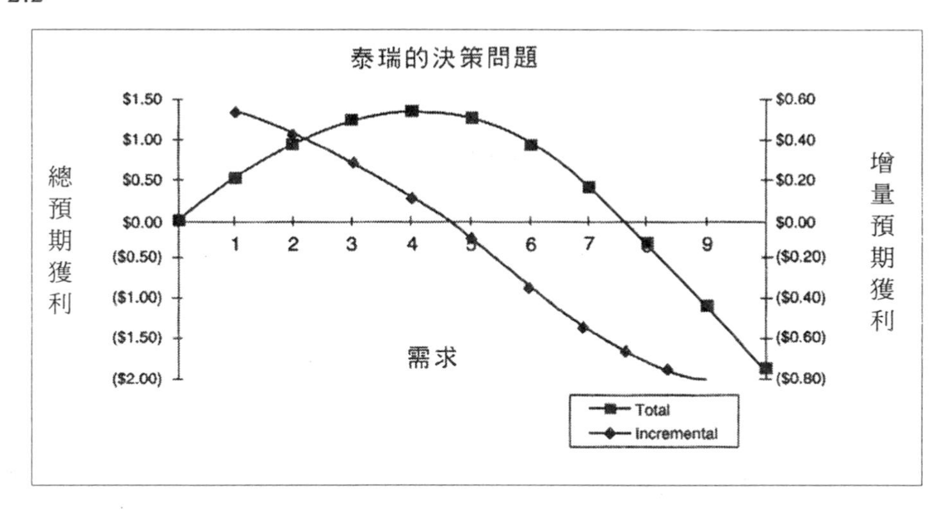

一般化

這類問題都能夠用漸增方式加以分析。假定您已經決定買入 n-1 個單位，正在考慮是否要買入第 n 個。如果第 n 個單位被需要的話，您一定會爲做了這個決定感到相當高興。相反地，如果第 n 個單位不被需要的話，您就會對這個決定感到後悔。在知道這個單位需不需要之前，您如何平衡這兩種狀況呢？假設 L 是如果您買入第 n 個單位，而這個單位不被需要時，您會遭受的損失。相對地，設 G 爲如果您買入第 n 個單位，並且這個單位被需要時，您可以獲得的獲利（L 與 G 兩者都是以買入 n-1 個單位爲比較基礎的現金進出）。第 n 單位不被需要（也就是未售出）的機率就是需求爲 n-1 個單位或以下的機率，我們以 P_{n-1} 表示這個機率，因此第 n 個單位被需要（也就是售出）的機率即爲 $1-P_{n-1}$。圖 2.3 顯示增量決策圖。請注意 G 與 L 兩者都以買入 n-1 個單位之後的基底狀況（base case）來測量。您可以從圖 2.3 中看出買入第 n 個單位的預期增加獲利爲：

$$\text{預期增加獲利} = G \times (1 - P_{n-1}) - L \times P_{n-1} \quad (1)$$

增購第 n 個單位的充要條件是（1）式爲正值，即

$$G - (G + L) \times P_{n-1} > 0$$

即 $$P_{n-1} < G / (G + L) \quad (2)$$

圖 2.3

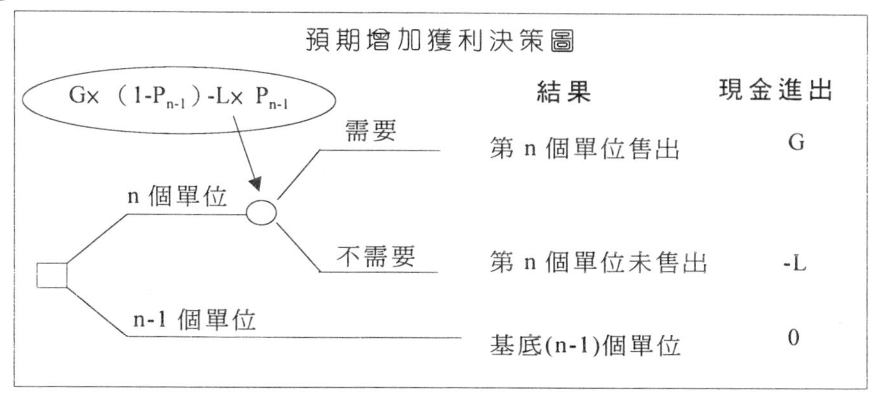

假設我們依照這個標準來判斷，結果認爲應該買入第 n 個單位，那麼第 n+1 個單位又如何呢？依照同樣的條件，如果符合以下的狀況時，就應該買入：

$$P_n < G/(G+L)$$

如果是下面的情況的話，就不應該買入：

$$P_n > G/(G+L)$$

因此，如果 G／（G+L）介於 P_{n-1} 和 P_n 之間，也就是說，如果：

$$P_{n-1} < G/(G+L) < P_n, \qquad (3)$$

我們就應該購買 n 個單位。

在報紙的進貨問題中，我們已經知道 G=0.6 美元，L=0.9 美元，因此臨界分位數為 0.6／（0.6+0.9）=0.4。圖 2.4 中我們顯示了需求機率分配的累計圖。累計圖中顯示 $P_3=0.32 < 0.40$，$P_4=0.45 > 0.40$，因此泰瑞應該買入四份報紙。在圖 2.4 中，水平線由垂直軸的 G／（G+L）=0.40 處向右畫出，到觸及累計圖時為止，由此處向下畫一條垂直線，觸及水平軸值為 4 的地方，這裡就是泰瑞的最佳買入量。

這種方法一般狀況下都可使用。首先，計算出臨界分位數 G／（G+L）。接下來，使預期獲利最大的買入量 n 會使臨界分位數介於 P_{n-1} 與 P_n 之間。接下來先在垂直軸上找到臨界分位數的值，再沿水平方向向右移動，到接觸累計圖為止，然後再向下畫到水平軸，n 的值就一定可以找到。對於任何介於 0 與 1 之間的 k 分位數也可以用相同的方法得出：在垂直軸上找出 k，向右畫到累計圖，再向下畫。您在水平軸上找到的值，按照定義就是 k 分位數。使用這種漸增的分析方法找出的最佳買入量稱為臨界分位數(critical fractile)，而臨界分位數法就是此種尋找最佳買入量的方法。

圖 2.4

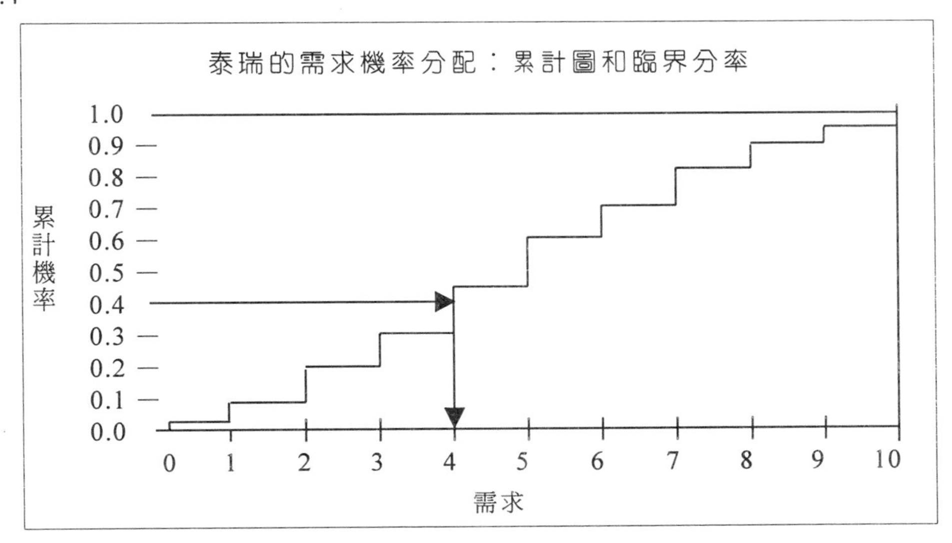

在許多真實的多種需求狀況中，並非每個值以及相關的機率都能夠數字化，因此並非都可以用如圖 2.4 的階梯型累計圖來表示。這類需求的機率分配可能是以平滑的 S 型曲線表示。這種臨界分位數法要先找出臨界分位數，在曲線中找到值，然後再向下畫到水平軸，仍然可以讓您找到最佳的買入量。本章中下一部份會對機率分配做更進一步的解說。

找出 G 與 L

在一個類似賣報攤問題的範例中，G 與 L 的值分別是收益（收入減去成本）及買入一單位的成本。臨界分位數就是以收益占收入的比率來表示的方法。其他情況可能更複雜。有時還會有多餘庫存的回收或殘值。有時銷售佣金必須隨銷售付出。有時如果無法滿足需求會造成商譽的損失以及更多的現金流入損失，有時需求無法滿足時，可能會重新訂購並且繼續銷售。

設 r 爲物品銷售後的收入，c 爲買入物品的成本，不論物品售出與否，成本都是要負擔的。設 s 爲未售出物品的回收或殘值，z 爲物品售出時必須付出的佣金，g 爲如果需求的物品沒有庫存所造成的商譽損失，b 爲如果庫存不足的物品能夠取得並且繼續銷售時的重新訂購成本（包含額外處理及商譽損失）。庫存不足會造成需求損失以及可能的商譽損失，或重新訂購的成本。我們在圖 2.5A 和 B 中可以使用四分支的決策樹來表達這兩種例子的增量決策問題，這種例子的基底狀況爲我們買入 n-1 個單位，並且需求爲 n-1 個或以下的狀況。

如果再訂購無法進行的話（圖 2.5A），則購入第 n 個單位的預期增加獲利就是圖 2.5A 中「買入第 n 個」與「買入第 n-1 個」決策的期望值之差，也就是：

預期增加獲利

$$= (r-c-z) \times (1-P_{n-1}) - (c-s) \times P_{n-1} + g \times (1-P_{n-1})$$

$$= (r-c-z+g) \times (1-P_{n-1}) - (c-s) \times P_{n-1} \qquad (4)$$

圖 2.5

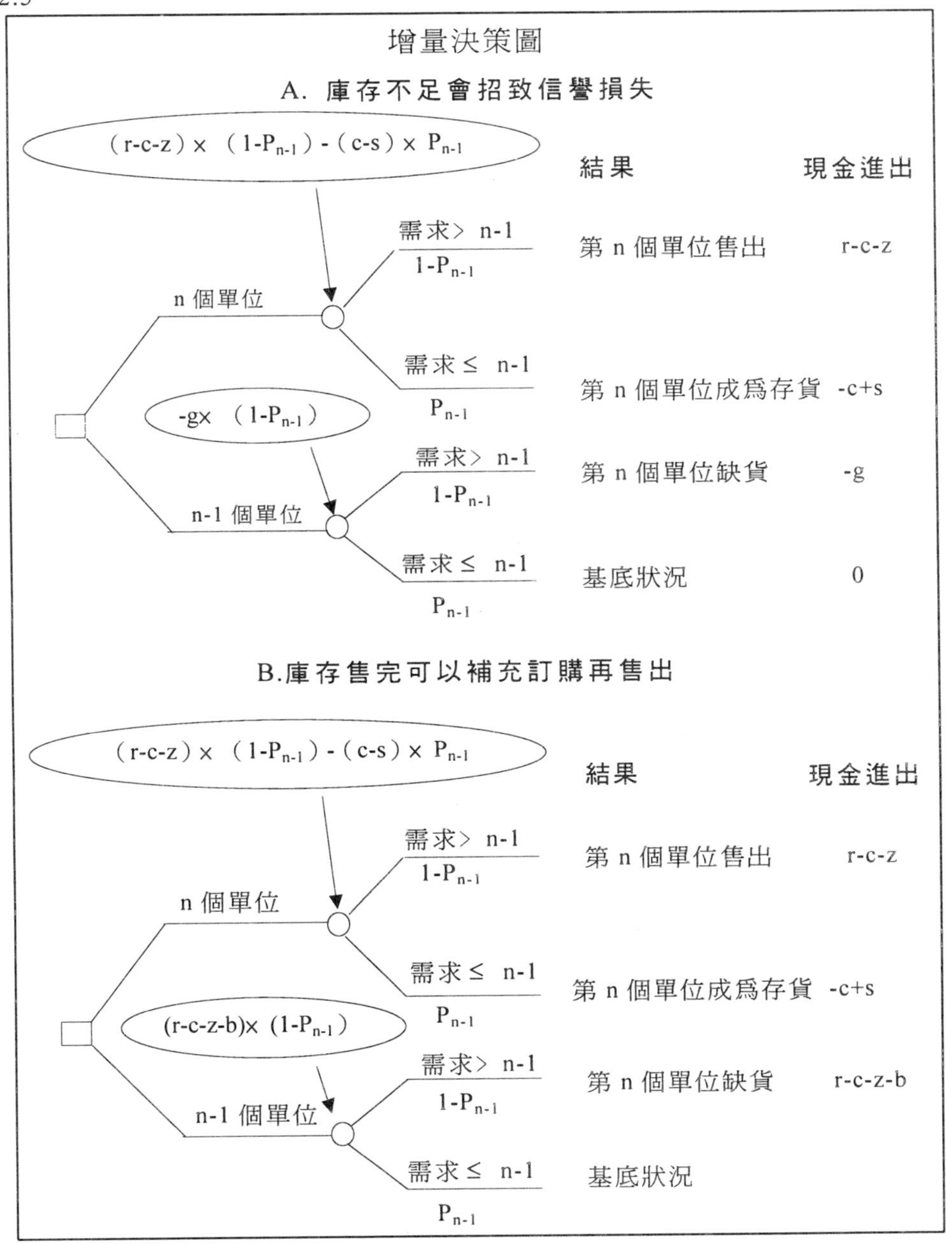

增量決策圖
A. 庫存不足會招致信譽損失
(r-c-z) × (1-P n-1) - (c-s) × P n-1
結果
現金進出
需求> n-1
1-P n-1
第 n 個單位售出
r-c-z
n 個單位
需求≦ n-1
P n-1
第 n 個單位成爲存貨
-c+s
-g× (1-P n-1)
需求> n-1
1-P n-1
第 n 個單位缺貨
-g
n-1 個單位
需求≦ n-1
P n-1
基底狀況
0
B.庫存售完可以補充訂購再售出
(r-c-z) × (1-P n-1) - (c-s) × P n-1
結果
現金進出
需求> n-1
1-P n-1
第 n 個單位售出
r-c-z
n 個單位
需求≦ n-1
P n-1
第 n 個單位成爲存貨
-c+s
(r-c-z-b)× (1-P n-1)
需求> n-1
1-P n-1
第 n 個單位缺貨
r-c-z-b
n-1 個單位
需求≦ n-1
P n-1
基底狀況

如果我們設 G=r-c-z+g 以及 L=c-s，則方程式（4）就成爲方程式（1），並且 G／（G+L）分位數就成爲最佳的買入量。

如果再訂購可行（圖 2.5B），則買入第 n 個單位的預期增加獲利爲：

預期增加獲利

$$=(r-c-z)\times(1-P_{n-1})-(c-s)\times P_{n-1}-(r-c-z-b)\times(1-P_{n-1})$$

$$=b\times(1-P_{n-1})-(c-s)\times P_{n-1} \quad (5)$$

如果我們設 G=b 以及 L=c-s，則方程式（5）就成爲方程式（1），並且 G／（G+L）分位數再度成爲最佳的買入量（請注意每單位收入 r，每單位成本 c 以及每單位佣金 z 都沒有出現在 G 的敘述中，而且事實上收入或銷售佣金確實與庫存決策無關。換句話說，如果再訂購可行，則需要的所有單位最終都會售出，因此收入和佣金不會受到庫存決策的影響。另外，請注意如果 b=0，則 G=0，也就是說我們應該完全不買入。這也符合您可以先觀察需求再加以滿足的作法）。

摘要

在臨界分位數問題中的最佳庫存數爲需求分配的 G／（G+L） 臨界分位數值。在最簡單的情況下，G 爲每單位的收益，L 爲每單位的成本，臨界分位數就是收益占收入的比率。在較複雜的情況下，可能還會有回收值 s、銷售佣金 z；如果物品庫存不足，並且無法重複訂購時，會有商譽損失 g；如果物品庫存不足時可以重複訂購，會有重複訂購成本 b。G 與 L 的值如下：

如果有商譽損失時，G=r-c-z+g，L=c-s
如果可以重複訂購時，G=b，L-c-s

機率預測

臨界分位數問題在真實世界中常可看到，而且相當值得探討。另外，這類問題也是將您的不確定狀況明確量化最簡單的方法。在實際應用上，可憐的泰瑞對他所不能確定的報紙需求之反應可能是，他認爲最可能的需求爲五份報紙，並且按照這個推論買入。或者是，如果他比較聰明的話，他可能會計算出需求的平均數爲 4.77 份，然後又推論出他應該買入最接近的整數份數，也就是五份。以上這兩種推論我們已經證明都是不正確的，而且就長期來看，他所賺到的錢比起選擇使預期獲利最大的份數可賺到的錢要來得少。

雖然有人可能會質疑，買入五份跟買入四份在預期獲利方面的差距只有 0.075 美元，這個差距可能還不足以抵銷花去這麼多時間找到這個答案的代價。這些結果都是依照範例中個別的數值而變的。就本例而言，因爲 G 與 L 的值相當接近，臨界分位數爲 0.40，因此最佳買入量相當接近需求分配的中央。如果 G 比 L 大很多的話，臨界分位數就會相當接近 1，所以最佳買入量就會相當偏離，到達分配的上端，而不是平均值或最大可能值附近。相反地，如果 G 比 L 小很多，臨界分位數就會相當接近 0，最佳庫存量就會偏離到分配的下端。在以上兩種情況中，如果將庫存量放在平均值或最大可能值就會造成很大的錯誤。

如果我們必須進行需求的機率預測，我們要如何得知機率呢？在沒有相關資料的情況下，我們可能會直接以主觀機率來加以評斷。如果我們有一些關於可能影響需求的變數之相關資料，我們就可能可以利用某些與這些需求變數有關的統計模型來進行機率預測。在某些例子中，我們可能會認為，某些過去例子中的需求資料在我們需要進行機率預測的未來需求狀況中也同樣會出現，在這種情況下，以往需求的頻率分配就可以做為未來需求的機率分配。但是，仍然需要注意一件事情。在許多案例中，以往的銷售量有記錄，但需求量並沒有記錄下來。銷售量與需求量可能因為許多因素而有不同，最常見的因素就是庫存不足。如果以往經常發生庫存不足，那麼用以往銷售量的頻率分配作為基礎來進行未來需求的機率預測，就可能造成庫存決策與最佳值相去甚遠的狀況。

習題

1. 一家工廠生產兩種產品。每週可以生產總量為一百單位的這兩種產品，可以任意組合。產品 1 的每單位製造成本為二十美元，售價為三十美元。此種產品的需求超過這家工廠的產能。產品 2 的製造成本為十美元，售價為一百美元，但需求不確定。產品 2 每週可以製作一批，如果一週內沒有售出的話，就必須丟棄，並且沒有回收價值。產品 2 的需求機率分配列出如下（表 2.4），則應該製造多少個這種產品？

表 2.4

需求	機率
5	0.10
6	0.20
7	0.25
8	0.20
9	0.20
10	0.05

2. 許多公司都提供員工一個可減稅的彈性醫療/牙醫費用帳戶。員工每年可以指定年度金額，最多爲三千美元。此金額會從員工的薪水中扣除，由雇主保管在一個特別帳戶中，可用以支付員工以及其他員工所撫養親屬的醫療及牙醫費用。此項扣除額與聯邦稅、州政府稅或社會保險稅無關。值得注意的一點是，根據 IRS 的規定，在此特別帳戶中未用完的金額到年終時不可退還，但能移到明年繼續用於支付醫療或牙醫費用，只是必須繼續由雇主保管。請考慮並討論一下，您決定在此類彈性帳戶中指定由雇主保管多少錢。
3. 1978 年之前，美國的民航事務由民用航空委員會（CAB）管制，航線或費用之變更相當費時。1978 年，解除管制航空公司的法案給予航空公司任意增減航線

及調整票價的自由。此項法案最大的改變可能就是折扣票價（通常含有若干限制）成爲常態現象。票價和限制條件決定之後，管理當局其餘的工作就是控制每種費率類別的座位數目。每一班飛機的座位都是高度容易損失價值的商品，只要飛機一起飛，未售出的座位價值就損失掉了。管理當局的難題是如何使空位（折扣票價的損失）的成本與從原票價轉變爲折扣票價（原票價與折扣票的價差）的成本之間取得最佳平衡。

A. 考慮單純的管理問題時，一班飛機有一百個座位，有兩種票價：原票價（五百美元）和折扣票（一百美元）。如果折扣票的需求無限的話，原票價的需求在任何情況下都可以估計爲介於 10 到 30 之間。如此應該保留多少座位給原票價乘客？

B. 考慮並討論這個「簡單」問題中的條件與真實航空公司管理單位所面臨的問題相比，有哪些過度簡化之處？

個案　聯盟紙業公司

戴司蒙(Desmond O'Hara)擦了一下額前的汗水，透過玻璃窗看出去，外面是夏天烈日下綠油油的鄉村，他想著，魁北克北部寒冷的冬天如何影響著這個世界。今天，在溫度高達三十度以上的情況下，他正在擔心河面過度凍結，以及這樣的凍結對於他在喬賽特郡的紙廠計畫受到多大的影響。

將木材送到紙廠

聯盟紙業公司的紙廠位於魁北克省的喬賽特郡，這個工廠是這家公司七座紙廠中規模最大的。這家工廠每週七天不斷地生產新聞紙，年產量達到二十五萬公噸。

要送到這家紙廠的木材距離紙廠一百二十英里，在公司所擁有的林場中砍伐樹木，樹木砍伐下來後，就以鋸子將長長的樹幹鋸截成四英尺長的樹段，放入蒙內司科(Moneskeg)河，順流而下運送到紙廠。在河流不冰封的季節中，樹段藉由攔網加以攔阻後直接搬移到紙廠內。林場與紙廠的位置使這樣的運送方式相當有效率。

但是這種運送木材的方式在河流到秋天開始冰封的時候就會發生問題，一直要到春天來臨之後河流冰凍問題才會結束。要在河流冰封的這段時間內供應紙廠木材，聯盟紙業公司必須在冰封季節來臨前累計一些木材的庫存，這些庫存木材必須能夠維持到河流恢復一般流量時。每年，對於應該儲存多少木材做爲庫存都要引起一陣不小的爭議。他知道明天又要開會討論這個事情，但是他也不知道應該如何是好。

舉行會議：1988 年 6 月 28 日

戴司蒙是喬賽特郡的紙廠經理，在他的紙廠辦公室裡舉行今年度的會議。會議中其他的參與者還包括林木部門的傑克威(Jacques Leveque)，以及哈維威耳森(Harvey Wilson)，一位由蒙特力爾總公司派來的助理會計人員。每一位與會者都有一份如示圖 1 的資料。這份資料說明過去六年中，在冰封季節開始時，庫存木材的儲存量，以及當冰封季節結束後，如果有剩餘的話，庫存木材所剩下的數目（這些庫存木材就會留置到下一次冬季來臨時，做爲庫存木材繼續使用）。

戴司蒙開始討論，他說：「相信你們大家都還記得 1984 年時，我們庫存不足，結果必須購買木材，以維持紙廠運作的可怕經驗。當時造成我們庫存不足的重大因素－紙張需求大增及冰凍期太長－同時也影響了其他的紙廠。在這樣的需求條件下，使得當地的農戶有機會向我們要求兩倍於向北部農民購買木材的價格，而且，我們沒有任何其他選擇，只能購買，不然就只好停廠。事實上，我們也沒有其他選擇，因爲停止紙廠運作之後再重新開始運轉所需的成本更大。但是問題是，木材成本的上升減低了當年紙廠的獲利，而且事實上，還影響到公司方面。我希望我們都能討論出一個結果，讓庫存足夠，不至於發生同樣的慘劇。」

哈維威耳森皺了一下眉頭，摸了一下鬍子，說：「我們都知道這樣的問題，並且實際上也很能瞭解這個後果的嚴重性，但是事情都有另外一面，1984 年時我們的確運氣不好，不只是因爲我們接到了比預期超出許多的新聞紙業務，而且那一年冬天特別長。我們以後同時遇到這兩種狀況的機會很小，當然我們不可能把我們的計畫設計得照顧到每一種可能的突發狀況。而且，最重要的一點，庫存木材要花的成本也不小，我們已經不像以前一樣可以隨意花大錢了。」

戴司蒙接著說：「我不太能確定你這樣講真正的目的是什麼，哈維，庫存適量木材的成本事實上相當低，而且，如果有多餘的木材，到下一年冬天時我們還是可以用。」

哈維插話進來，他說：「這其實不是重點，如果我們庫存太多木材的話，就等於我們必需要提早一年讓木材商砍伐樹木。這個數字對你還說可能不算很大，但是我們的內部成本是每年 20%，所以把錢投入庫存是相當昂貴的。還有，傑克威，我們現在希望在林場上的木料成本是多少呢？」

傑克威回答：「我們認爲砍伐每單位木材最適當的成本爲四十七點五美元，其中二十三美元是變動成本。另外，將木材直接運送到紙廠的變動運送成本大約爲八美元。當然，如果先把木材加入庫存中，到需要時再用輸送帶運送到紙廠中，每單位木材成本還要再增加二美元。你們今年對於我們提供的需求是多少呢？」

戴司蒙回答：「根據需求以及目前累計的訂單看來，今年我們整個冬天都會以全部的產能進行生產，這表示我們每星期需要使用大約四千八百單位的木材。」（一單位爲 100 立方英呎）

「目前困擾我們的問題是，決定我們需要保持多少庫存量的因素不只是我們使用木材的消耗速度，還有河流要凍結到幾時的時間因素，即使農業年鑑沒有告訴我確切的日期，但這個因素也很重要。」

「翻閱過去的檔案後，我能夠列出過去十年內每一年的凍結時間。我可以知道過去每一年中我們可以直接從攔網將木材搬移到紙廠內的最後一天。從我們的生產記錄，我也可以知道每一年恢復使用河流運送木材的第一天的日期。」

他給了在場每一位一張表格（如示圖 2），他說：「這裡是我能夠找到的所有記錄。就像你們看到的，每一年的日期都有很大的不同。哈維，你來到這裡談到了內部成本的確不錯，但是如果明年春天當河流還未解凍，我們的木材又不夠用，我們就又必須要求當地農民援助木料，就像 1984 年一樣，到時候我們就得付出每單位六十五美元以上的價格。這些可是結結實實的錢，不是玩具鈔票。」

示圖 1

冰封季節前後木材庫存量（每年）

年度	秋季木材庫存量	春季木材庫存量
1982~83	100000	12000
1983~84	100000	*
1984~85	125000	40000
1985~86	113000	27000
1986~87	110000	5000
1987~88	110000	28000

*在缺少木材那年，向當地農民購買了 12,000 單位的木材

示圖 2

蒙內司科河結凍時期

年份	結凍天數*
1978~79	142
1979~80	151
1980~81	120
1981~82	148
1982~83	144
1983~84	170
1984~85	138
1985~86	146
1986~87	159
1987~88	130

*結凍天數是指秋天河道中木材可以抵達的最後一天與春天木材可以抵達的第一天之間的天數。

累計機率分配

如果一個事件的結果是不確定的，則這個事件每一種可能的結果都可以有一個對應的機率。例如擲錢幣的結果當然是不確定的，但如果你認爲錢幣是均勻的，你就可以得出擲出正面的機率是 0.5，而擲出反面的機率也是 0.5。相同地，如果一個變數的值是不確定的，則它可能的值也可以有對應的機率。一個六面骰子擲出的結果是介於整數 1 到 6。如果骰子是均勻的，則每個結果的機率是六分之一。如果骰子是不對稱的，或者重量不均勻，我們就可能會判斷機率指定不是六分之一，因爲如果我們知道骰子是不對稱或不均勻時，根據常識，我們就可以做出這樣的判斷。

在本節中，我們先看一下關於估定一個有許多可能值的變數之機率問題，可能的值也許比六面骰子還多。我們已知道，進行這一類估定最直接的方法就是用累計機率的方法來思考，例如實際值少於一百萬的機率，或是大於五百萬的機率，或者是介於二百萬和四百萬之間的機率。很不幸地，即使用這種方法估算出來的機率相當合理，但累計機率也沒辦法直接使用在決策樹的分析和評估中。因此，在討論過估定的問題之後，我們會再轉而討論評估問題。

估定多值變數的機率

我們會討論兩種例子。在第一種例子中，只有你自己的專業判斷可以參考，沒有其他東西。如果有其他相關的以往資料，可能就會非正式地進入你的判斷中，但是不會正式地處理。在第二種例子中，你可能會在判斷中使用到以往的資料，這些以往的資料同樣會影響你對此變數的未知值所進行的估定。我們必須說明，在這些情況下，觀察結果來自於許多無法區別的情況，或者說這些資料是無法區別的。雖然這些無法區別的情況是例外，而不是常態，但我們常會考慮有哪些因素能區別這些情況。考慮這些因素之後，剩下的可能就無法區別了。因此，由無法區別的資料所得到的估定機率在許多背景下是有用的。我們現在就開始說明由單純判斷所得到的估定。

判斷性的估定

一個變數的值有許多種可能時，就不太可能對每一種可能的值分別指定機率。如果你的公司明年收益可能介於一億美元和一億五千萬美元之間，如果你想對這個範圍內每一塊錢的差距指定一個機率顯然不太可能。即使你嘗試用一百萬美元爲間隔，這個工作也相當繁雜。如果你用更大一點的間隔，例如一千萬美元來做的話，則要決定介於一億一千萬美元和一億二千萬美元範圍內的機率以及介於一億二千萬美元和一億三千萬美元之間的機率也一樣相當困難。大部份的人會發現，如果用累計機率和分率來思考的話會比較簡單。事實上，三個四等分點（0.25，0.5 和 0.75 分率）可能是累計機率分配中最容易估算的點，爲什麼會這樣呢？

對於大眾而言，要對某個機率爲 0.32、0.85 或是 0.41 的事件有個明確的概念常常不太容易。如果問自己，兩個機率 A 和 B，可能性是差不多呢？還是 A 比 B 有可能？還是 B 比 A 有可能？這樣通常會簡單得多。當然，如果你判斷 A 和 B 的可能性差不多的話，在你的判斷中，這兩個結果各自的機率就是 0.5。

知道了這個之後，請注意 0.50 分率（分配的中間點）是變數的一個值，這個值，在你的判斷中，實際值大於或小於這個值的機率是相同的。在收益的例子中，如果你對於圖 2.6 中所表示的兩種選擇感覺上沒有差別，你判斷的中位數可能會是一億二千萬美元，這兩種選擇是：（A）如果收益數字少於 1 億 2 千萬美元，你就可以得到一份大獎，如果超過的話，你就得不到獎；（B）如果收益數字超過一億兩千萬美元，你也可以得到一份相同的大獎，如果少於的話，你就得不到獎。請觀察一下，如果你對於這兩種選擇無偏好的話，它們的期望值一定會相同，而且只有在 p=1-p 的狀況下才會是這種情況，即 p=0.5，請看圖 2.6。接下來，如果你對於這兩種選擇有偏好，你的中位數就不會是一億二千萬美元。如果你比較希望選擇 A，表示你認爲收益數字超過一億二千萬美元的可能性比少於的可能性來得大，所以你的中位數應該會高於一億二千萬美元。按照同樣的說法，如果你比較希望選擇 B，你的中位數應該會低於一億二千萬美元。但是高多少或低多少是判斷的問題。試試另外一個新的值，再問問自己，你希望是那個選擇，如果兩種選擇對你有相同的吸引力，表示這個新的值才是你的中位數。

圖 2.6

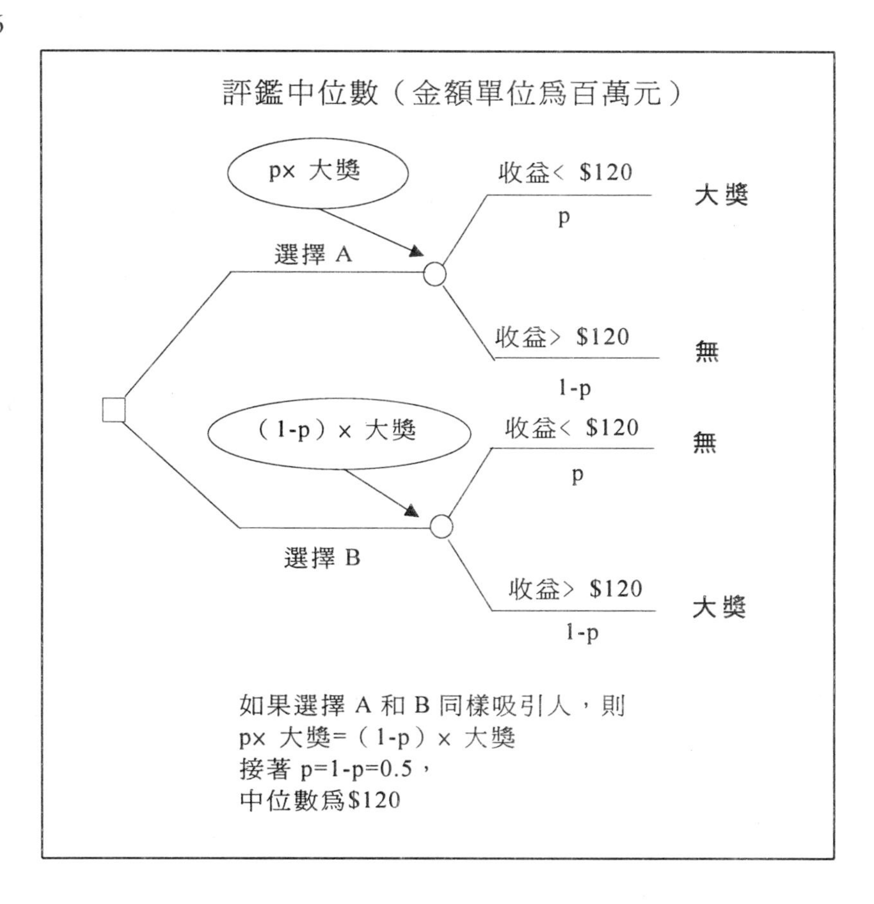

因爲變數的實際值高於或低於中間點的可能性相同，因此實際值就可能在第一個和第三個四等分點之間（0.25

和 0.75 分率），也就是說，在四分之一與四分之三區間範圍內與範圍外兩者的機率相等。更進一步說，如果你能確定實際值低於中間點，則高於 0.25 分率和低於 0.25 分率這兩者的可能性一樣；相同地，如果你確定實際值高於中間點，則高於 0.75 分率和低於 0.75 分率的可能性也是相同的。這樣就提供了一種用運算來估定第一和第三四等分點的方法，我們示範說明找出第一個四等分點（0.25 分率）的方法。

假定你已經估定了中間點為一億二千萬美元，現在再假定你被要求在以下的兩個選擇中選取一種，圖示於圖 2.7。在這兩種選擇中，但如果收益數字超過一億二千萬美元（中位數）時，你就不能得獎，但如果你選擇選項 C 的話，收益數字少於一億一千二百萬美元時，你就可以得到一份大獎，如果超過一億一千二百萬美元，就無法得獎。如果選擇選項 D 的話，收益數字超過一億一千二百萬美元時，就可以得到一份大獎，如果少於一億一千二百萬美元，就無法得獎。如果你覺得選項 C 和 D 對你的吸引力相同，則一億一千二百萬美元就是 0.25 分率，如圖 2.7 所示。如果你比較傾向選項 C，則第一個四等分點就一定少於一億一千二百萬美元，如果你傾向於選項 D，表示它一定大於一億一千二百萬美元。你就可以調整數字，讓它更接近，等到你對於這兩個選項無偏好，則這個數字就是你的 0.25 分率。

接著你可以用相同的方法去評估第三部份（機率總和為 0.75 的部份），讓我們假設經過審慎考慮後，你決定一億三千四百萬是機率 0.75 的值。

圖 2.7

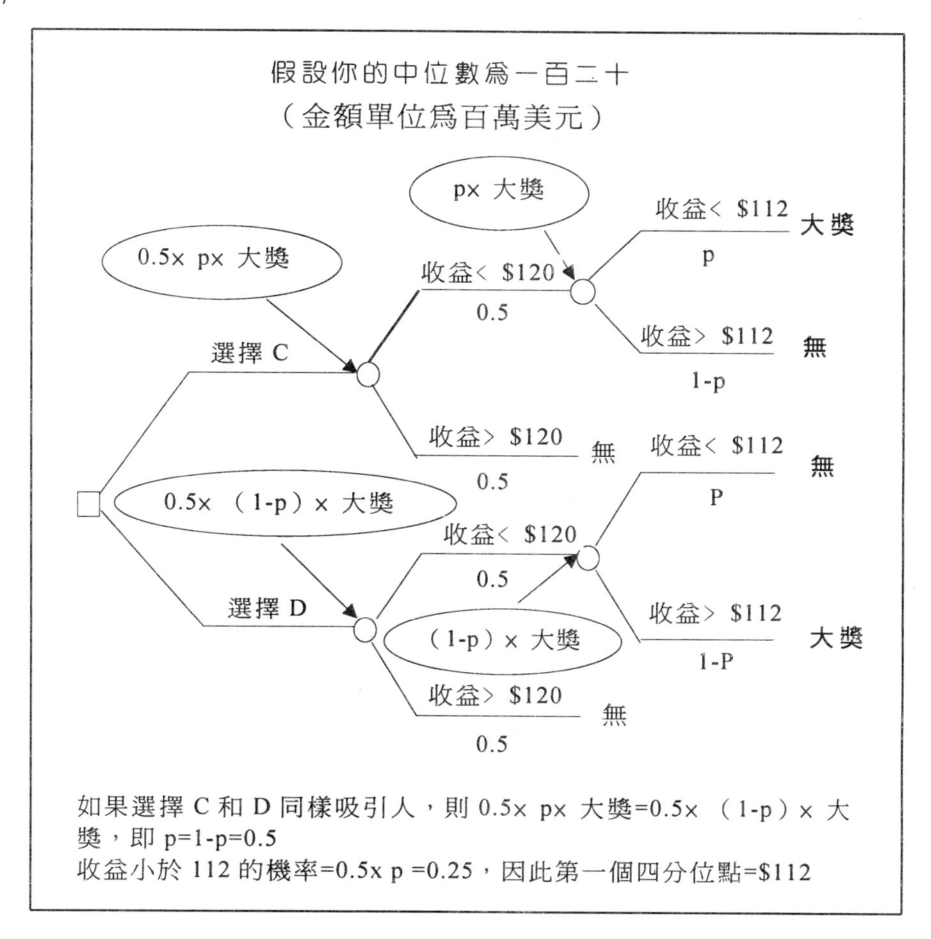

現在在累計機率曲線上你有了三個點，但還沒有結束，你必須再假設另外兩個極值，一個較低的值是你認爲只有二十分之一的機會收益會比它還低，另一個較高的值表示你的收益只有二十分之一的機會會超過該值，這兩個值就是你的累計機率曲線上 0.05 和 0.95 兩個點。假設這兩

分別爲一億以及一億五千萬，圖 2.8 顯示出這五個點，原則上由此五點所繪出的圖形應該是一個平滑的 S 型並通過該五點，實際上，一般你用直線將此五點連接起來就夠了。圖 2.9 爲通過此五點的平滑曲線以及其近似曲線。

圖 2.8

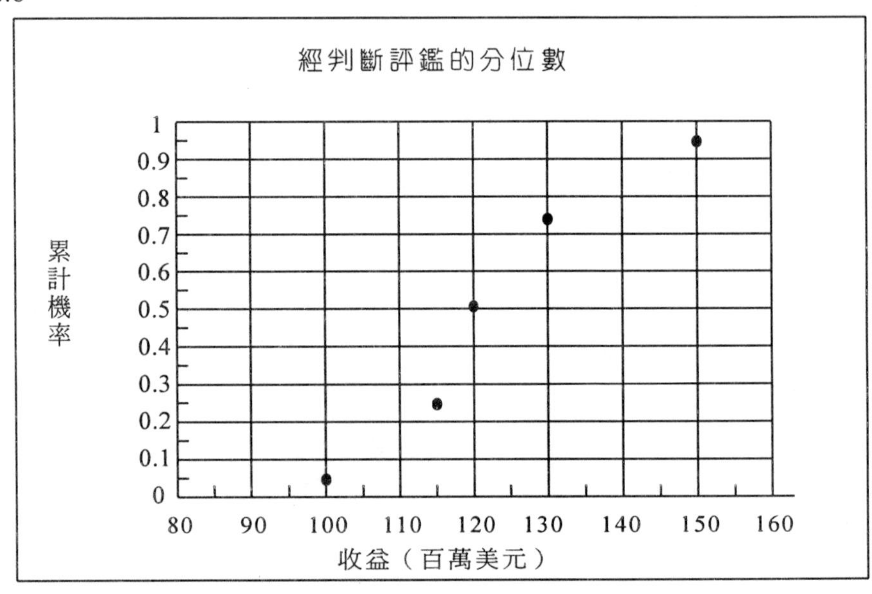

圖 2.9

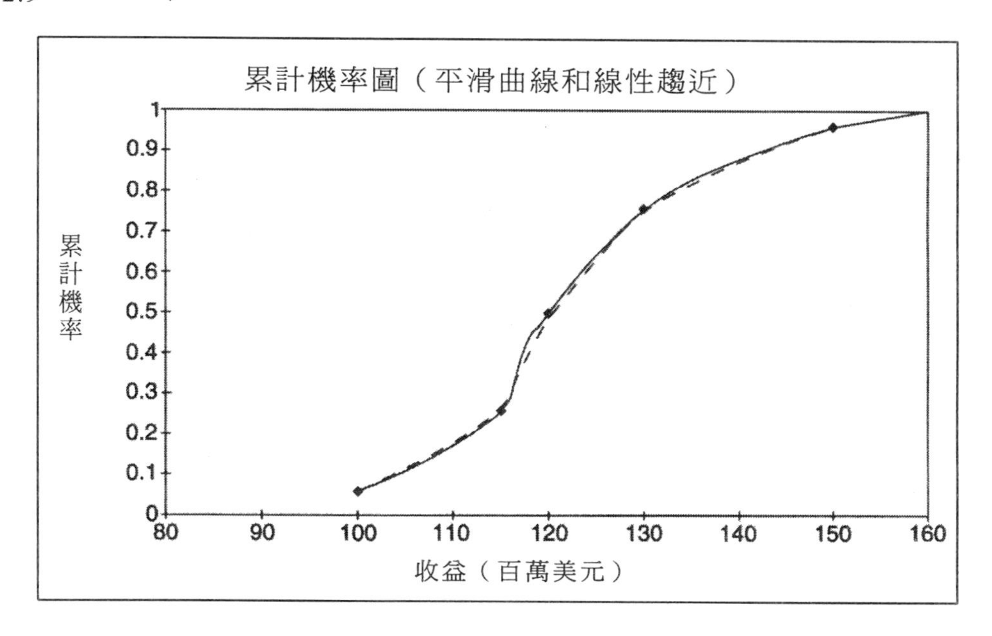

這個利用主觀估計以求得曲線的方法還有一個問題，就是它如何能對應到利用樹狀圖分析的機率上？我們將把這個問題延到下一節討論不能區別資料時來解答。

利用不能區別的資料所作的評鑑

直銷公司 DMC 不知要對他們秋季目錄上的 X 款式衣服下單多少才夠。如何決定取決於會有多少需求產生，在該季之初採買的人對於量的多寡很難作出預估。她可以很明快的做下判斷，先訂出機率中點再找出四分之一與四之三的機率所在，最後假定兩個極值如前一節所述即可。除此之外，還有個辦法就是她可以從去年同期的量來預估，她或許有理由相信今年的需求量與去年相當，同時其他像是 A、B 款式等等也都差不多。表 2.5 爲十種款式衣服去年的需求量，如果她認爲今年 X 款式衣服的需求有可能與去年 A 款的需求相當，或與 B 款、C 款等等相同，我們稱她今年對 X 款式所作的判斷與去年十種款式的衣服需求無法區別。」

如果我們將資料判讀爲不能辨別，有幾點要小心：如果今年秋季目錄的流通量與去年明顯不同，今年的需求與去年是可以區別的。如果顧客對目錄的反應呈現好的成長面，或壞的成長，需求也能區別；還有就是去年與今年的款式主要是針對不同的購買族群，我們也可以加以區別。讓我們現在假設消費者目前的情況不適用上述的情形，使資料不能加以區別。

表 2.5

款式	需求
A	1,576
B	763
C	1,174
D	1,352
E	636
F	2,443
G	1,024
H	492
I	1,891
J	890

如果今年 X 款式的衣服不能與去年 A、B 等等款式區別，這時我們有兩種解題的方法：第一是把過去的需求次數分配當作未來需求的機率分配，另一種是將過去的頻率次數分配平滑化再當作未來需求的機率分配。

➪ 依據過去的機率估計未來

由於 A 款式的需求量為 1576，而該款為十種不能區分的款式之一，我們可以很合理的假設今年 X 款式的需求量為 1576 有 0.1 的機率，圖 2.10A 將過去的需求以累計機率表示，也可以說是未來的 X 款式之需求，圖 2.10B 用樹狀圖表示相同的機率分配，這些可能的需求與其機率都可以作為對 X 款式的需求之估計。

圖 2.10A

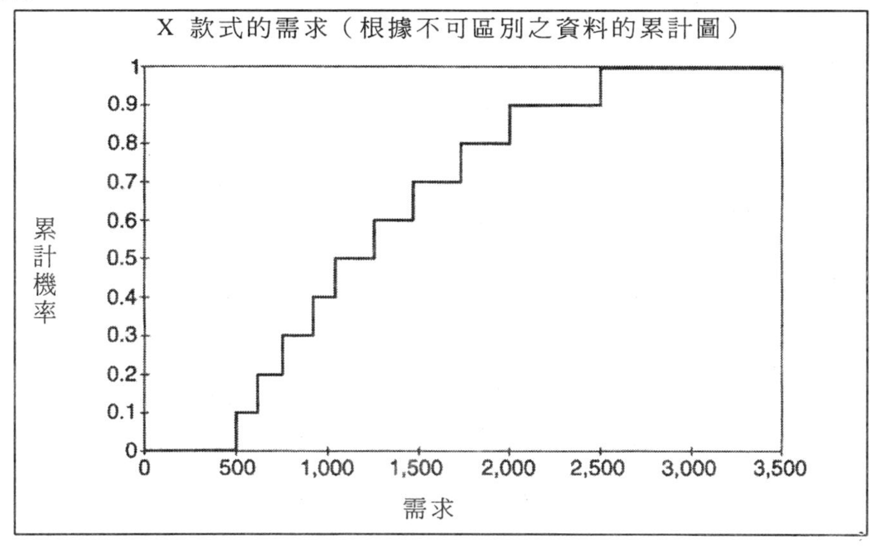

圖 2.10B

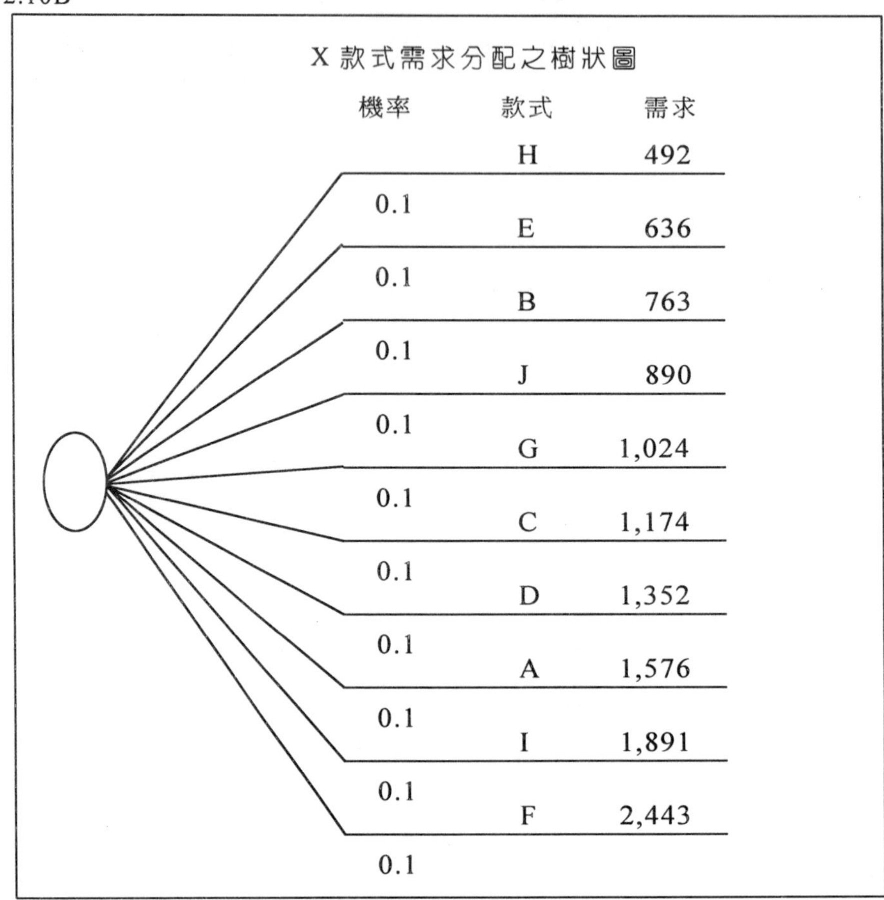

如何將頻率平滑化

在某些狀況下我們可能不能只用這些梯形的分配圖來表示 X 的可能機率。就圖上來看，我們會以爲低於最低（492）與高於最高（2443）都是不可能（機率爲 0）。但是現實中還是有可能發生。此外，如果需求量落於兩種需求量之間（如 492 與 636 之間），在該累計機率圖中也會視為不可能發生。

假設我們要基於上述的機率分配去決定 X 的存貨，而以下列為其成本及利潤：售價六十美元、成本二十五美元、殘值十五美元，所以 G=三十五美元，L=十美元，臨界分位數為 35/45=0.778。當臨界分位數為 0.778 時，由圖 2.10A 的結果可以看到我們應該積存 1576 的存量，而該累計機率為 0.778。應該注意的是，在臨界分位數介於 0.70 與 0.80 之間所求出的囤積量都應該是相同的，而我們用常識去推想就可以知道臨界分位數越高，我們所進的存貨就會越高，而在極值兩端—臨界分位數小於 0.10 與大於 0.90－我們會積存最低或最高需求水準的存貨。這就是利用梯形圖的結果，也意味著使用平滑曲線的結果看來應該會更好。

圖 2.11 是根據梯形圖所估計出的平滑曲線圖。當該曲線低於或高於兩端極值（492、2443）時，它的形狀像是一個 S 型曲線——先是遞增接著遞減，並且很合理的儘量貼近梯形圖。如果使用平滑曲線圖代替的話，當機率為 0.778 時我們會得到 1606 的存量。

↳ 常態化的趨近

如果該頻率曲線相當對稱，則我們可以用常態分配（normal distribution）去近似。要求出常態分配，首先我們要求出平均值 m 與標準差 s，這可以利用 Excel 的內建函數=AVERAGE（）與=STDEV（）求得，於是我們可求得 m=1224，s=607，代入 Excel 函數 NORMINV（prob、m、s）求得任何一點的需求，例如我們想要知道累計機率爲 0.1 的需求，將 NORMINV（0.1、1224、607）代入就可以得到需求爲 446，在圖 2.12 中我們將累計曲線與近似的常態曲線相比，因爲原累計分配線爲向右傾斜的，因此不像圖 2.11 中所得到的近似曲線那麼密合。

圖 2.11

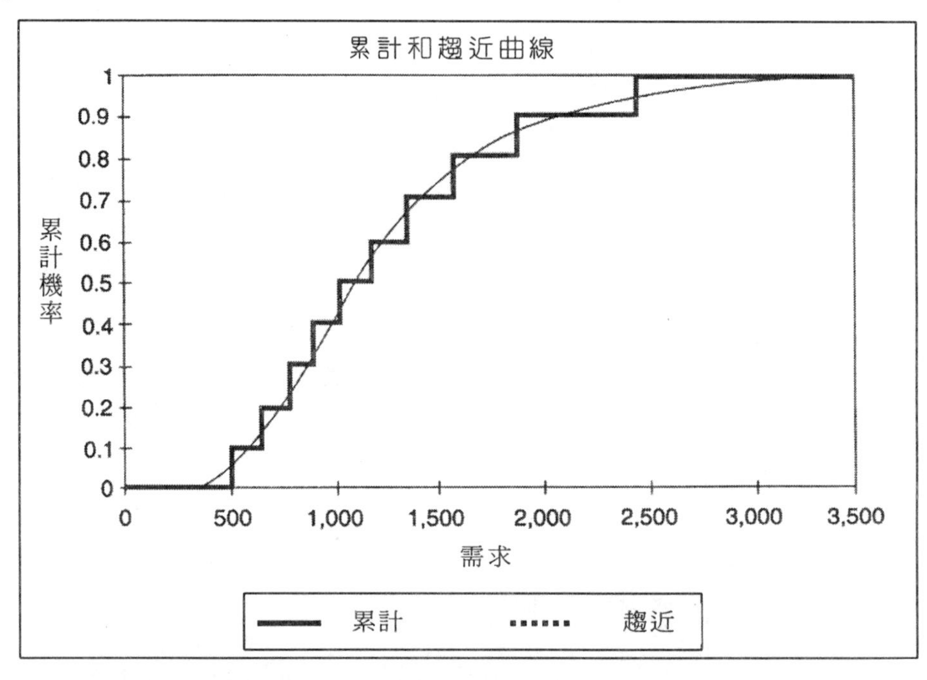

圖 2.12

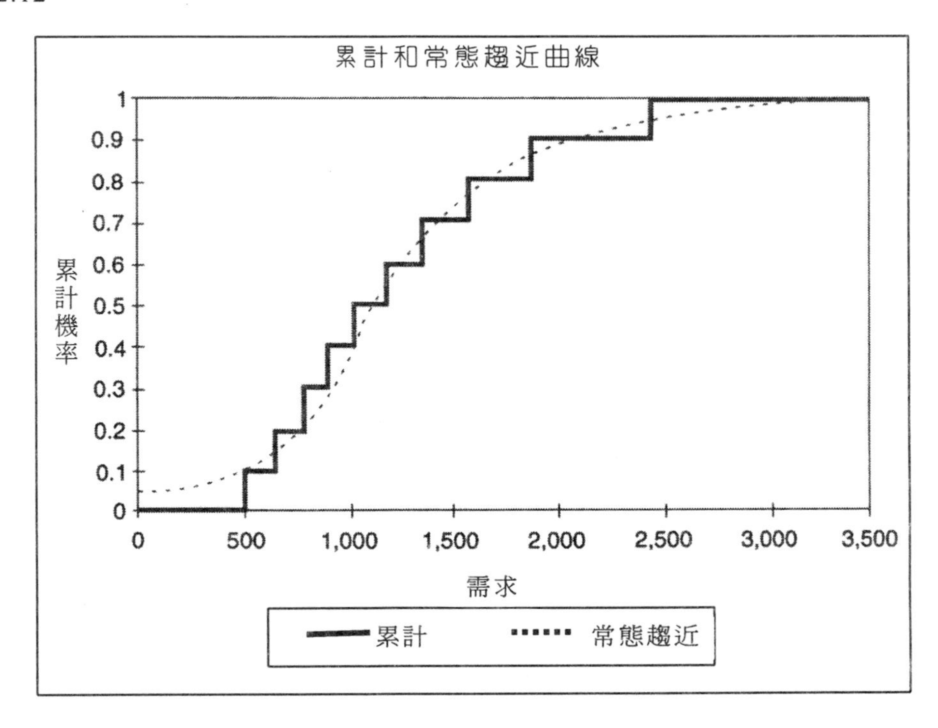

優點與缺點

如何將過去不能區分的資料運用到預估未來的存量？直接使用過去的機率分配函數可以得到直接的答案，但是這樣一來未來，的資料也侷限在過去的條件裡。

將分配曲線平滑化是一可行的方法，但是這樣會產生兩個問題：（1）如何近似的通過梯形圖？（2）如何計算期望值？

常態函數的特性就是可以將累計機率加以平滑，也可以用來計算期望值，但是如果它並不能很緊密的與原圖形近似，則所得結果不會很好。特別是該累計機率形狀有些扭曲，或長得不像「鐘狀」時，常態曲線的估計就會差很多。

由平滑機率累計曲線求得系統性樣本

利用平滑機率累計曲線我們可以得到變數的許多數值，例如前幾節中所提到的 X 款式服裝，我們可以利用1200的累計機率去減掉1199的累計機率，得到的就是1200件的機率，我們可以利用此一方法計算從五百到二千之間的需求機率。很顯然的，這種方法所得到的好處不多，因爲我們不太可能需要知道每個水準的需求量。讓我們現在來看另一種方法，只要五個代表性的樣本就可以達成要求。

對任何的分配來說，有20%的機會將落在0.20的分率以下，有20%的機率會落在0.20到0.40之間，依此類推。所以我們現在用五個代表值分別代表 0.20 以下，0.20 至 0.40 之間等等，共計五個數值去近似該平滑曲線，每一個代表值都視爲該區間的值，機率爲 0.2 。一種簡便的方法是將各機率區間一分爲二，像是低於0.2 的部份就用0.1 分位數表示，而低於 0.2 的數值集合之機率都爲 0.2 ，相同的，我們就用 0.3 分位數表示介於 0.2 與 0.4 之間的機率，這些數值集合的發生機率也都是 0.2 ，我們可以依循此一規則求得各區間的機率表示。接著取出0.1、0.3、0.5、0.7、0.9 五個點，就是代表連續機率函數的五個取樣點。雖然五個點的近似也許過於粗略，但基本上我們可以擴充樣本空間到十個樣本以上（此時我們所取的點就是 0.05、0.15、……、0.95，而發生的機率各為 0.1），但是我們只是要證明在不確定情況下作出決定的可行性，利用五個樣本點來說明已經足夠。

圖 2.13A 表示出圖 2.8 與 2.9 的近似圖形，而圖 2.13B 則是樹狀圖的形式。

圖 2.13A

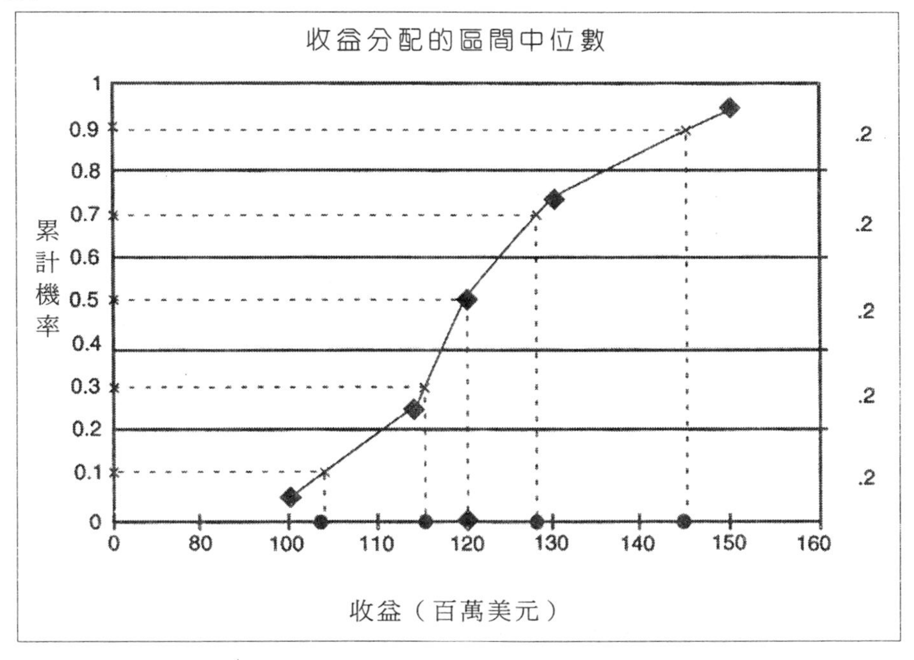

圖 2.13B

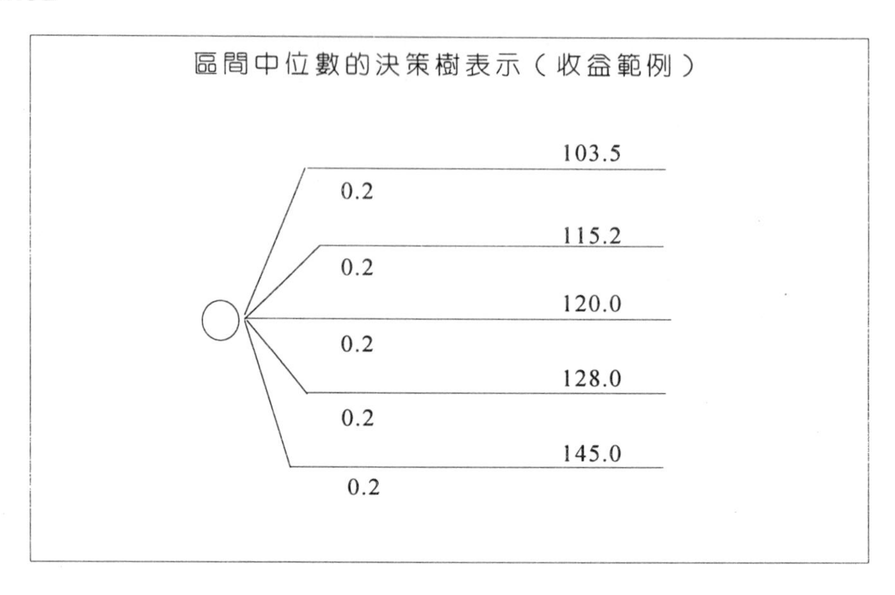

在使用常態曲線近似的例子中，這五個代表值可以用方程式計算而得，如果 m 和 s 分別是過去觀察而得之平均值與標準差，則五個機率皆為 0.2 的代表值可以由下列式子求得：

m-1.28s，m-0.52s，m，m+0.52s，m+1.28s

事實上我們可以用試算表得到更精確的估計，例如一百個代表樣本值（機率分別為 0.01）就利用 Execl 函數＝NORMINV(0.005、m、s)，=NORMINV(0.015、m、s)，、、、，= NORMINV(0.995,M,S)就可求得 100 個值，圖 2.14 就是只用五個離散點的近似樹狀圖以代表原來利用常態曲線近似的圖形。

圖 2.14

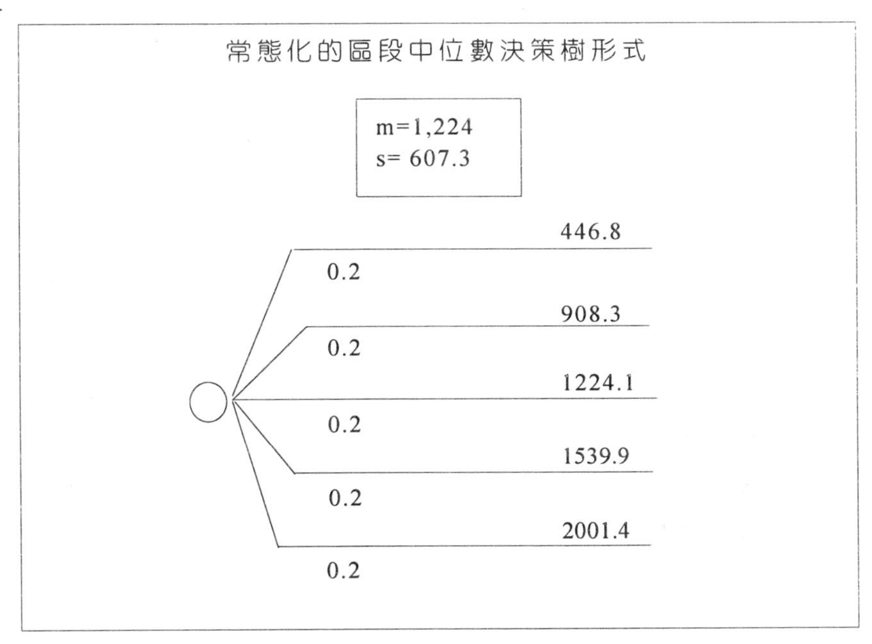

利用不連續的近似機率分配曲線

假設 DMC 公司目前面臨要決定下多少 X 式樣的訂單，當然它會訂購足夠的數量以符合需求，但是過多的量也會造成囤積的問題。製造商提供兩種可行的辦法：一是允許 DMC 每個星期下一次訂單，數量不足的再生產彌補，這樣做的好處是不會有存貨不足或是庫存過多的情形發生。第二種方法是一次提供 DMC 訂單的所有數量，但是因為製造商的產能在代工過後會移轉至其他生產線上，再有新的需求時就不可能再幫 DMC 重開生產線；另外也可有多餘存貨的疑慮。採用第一種辦法時，DMC 的成本爲三十美元，第二種方法因爲製造商生產時較有效率，所以成本降爲二十五美元。

在型錄上衣服的售價爲六十美元，過剩的存量在降價拍賣時一件爲十五美元。在這個例子中，假設 DMC 只關心需求量而不管衣服尺寸大小的問題（即如果採用第二種方案，他們也不會有若干尺寸短少而其他尺寸過剩的問題）。

圖 2.15 是從趨近曲線圖 2.12 得到的五點區間中位數，利用需求量的機率分配，來分析此一決策問題。讀者可以試著做類似的分析，包括使用常態化五點區間中位數、十項歷史資料的相對頻率、以及以 Excel 做常態化 100 點區間中位數。結果如下：

	臨界分位數	一次下訂單	每週下訂單
趨近區線—五點區間中位數	1,606	$33,881	$36,126
常態化趨近—五點區間中位數	1,689	$35,335	$36,723
十項歷史資料相對頻率	1,576	$34,005	$36,723
常態化趨近—100 點區間中位數	2,689	$34,773	$36,723

圖 2.15

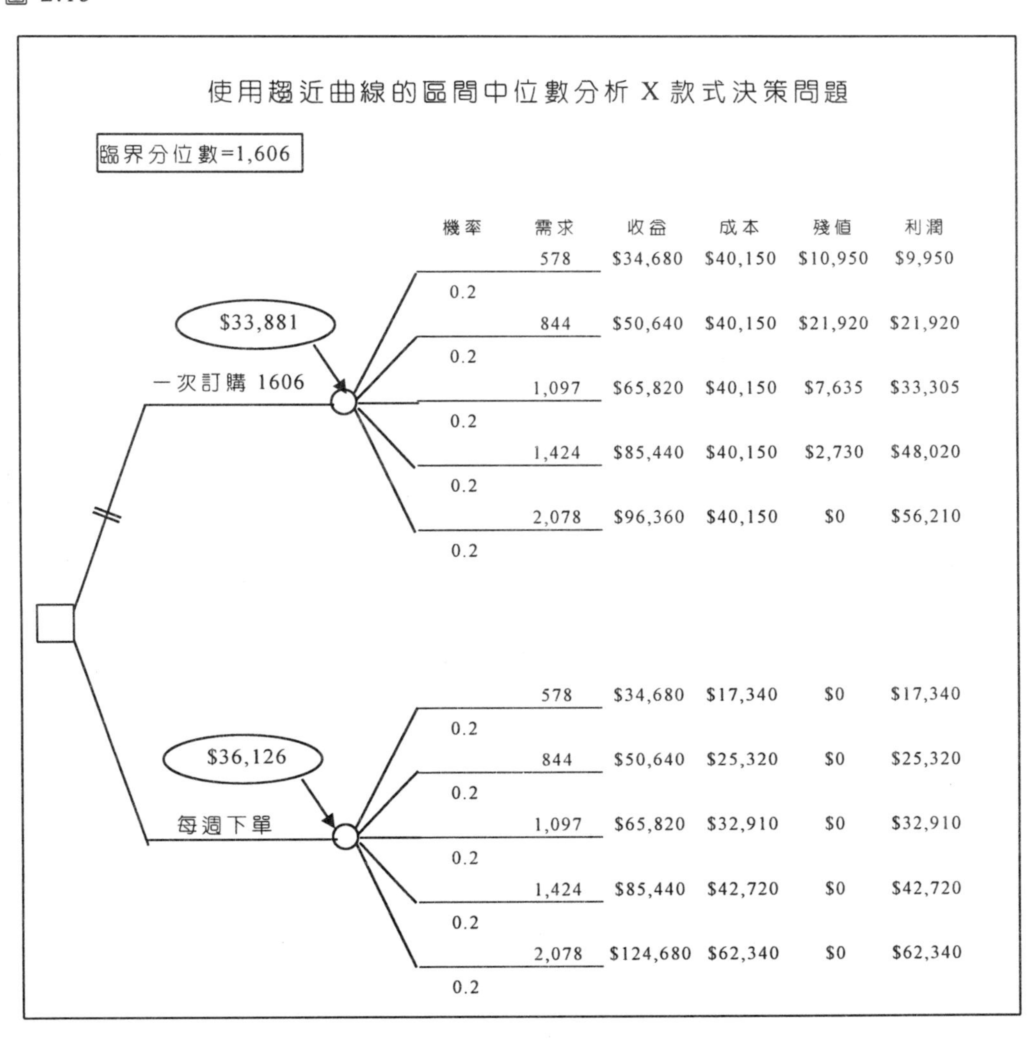
使用趨近曲線的區間中位數分析 X 款式決策問題
臨界分位數=1,606
機率
需求
收益
成本
殘值
利潤
$33,881
一次訂購 1606
578 $34,680 $40,150 $10,950 $9,950
0.2
844 $50,640 $40,150 $21,920 $21,920
0.2
1,097 $65,820 $40,150 $7,635 $33,305
0.2
1,424 $85,440 $40,150 $2,730 $48,020
0.2
2,078 $96,360 $40,150 $0 $56,210
0.2
$36,126
每週下單
578 $34,680 $17,340 $0 $17,340
0.2
844 $50,640 $25,320 $0 $25,320
0.2
1,097 $65,820 $32,910 $0 $32,910
0.2
1,424 $85,440 $42,720 $0 $42,720
0.2
2,078 $124,680 $62,340 $0 $62,340
0.2

在所有的狀況下，依照需求下訂單是比較好的決定（如果此時成本爲三十二美元而不是三十美元，除了以歷史資料的相對頻率得出的結果會比較差之外，一次下訂單變得比較好。如果成本變成三十三美元時，很明顯的所有的方法都會得出一次下訂單的決定）。

總結

以下列表歸納三種我們討論過的方法，包括累計機率分配的性質，以及如何計算期望值：

方法	累計機率分配的特性	期望值
梯形累計圖	只限於過去觀察到的值	直接計算；如果有 n 個不可區別的觀察值，則每個值的機率是 1/n
平滑化逼近	每個點的機率都能知道	利用區間中位數來計算
常態曲線逼近	所有點的機率都可求得，但常態曲線有一定性質，所以可能造成該逼近不太恰當的情形。	利用區間中位數來計算，而且以電腦程式可以容易取得。

個案

歐托雜誌社(Auto Mag)

約翰(John MacBrain) 看著歐托雜誌社大樓迴廊中堆積如山的雜誌說：「看看這些退書，我覺得我們花太多成本在上面了。」這些前一個星期的退書佔了整個發行量的 30% 左右。

當約翰從哈佛商學院畢業之後就投身一家加拿大持股的公司一鮑爾金融會計公司。在 1987 年 6 月，他聽到風聲說歐托(Auto Hebdo)有意出售他們的事業，覺得機不可失。由於當時還有其他三個競爭者包括歐托雜誌社的印刷廠、一家性質類似的出版商、還有另一個同業，所以他夥同他的妻子湊齊所需的數百萬資金，在兩個星期內火速搶下此一交易。

歐托旗下有七本雜誌，除了其中一本之外其他都開闢專屬的欄位供廠商刊登廣告，訴求對象分別如下：（1）美國車；（2）進口車；（3）古董車；（4）遊艇、摩托車及相關娛樂性交通工具；（5）卡車；（6）重型工程車輛等等。第七本雜誌針對雜項產品的廣告。以法文寫成並包含銷售商品照片（例如示圖 6 取材自 Voitures Americaines），這些雜誌在魁北克省的五千個書報攤上都有流通。

廣告如何運作

約翰表示，「當有人打電話來告知想要刊登一個廣告，也許是賣車或遊艇等，我們會把細節記下來，排成四行的描述文字，然後我們的攝影師會跟他聯絡並安排時間與地點以便拍攝。過程極爲簡單，索價二十美元，照片及廣告會在下兩期中出現。我們也與許多廣告業者及二手車商建立合約關係。想想看，我們的廣告量達到滿檔，而且我們的雜誌不贈閱，完全是私人購買。」

一個星期平均都會收到七百通左右的電話要求刊登廣告在四本週刊之一，其中 25%是更新前兩周的廣告（示圖 1 列出所有的雜誌）。八個員工負責接電話，另有一位人員以電話聯絡那些在日報上刊登廣告的客戶，說服他們在其週刊上刊登廣告，此舉也可以增加大約二百名新客戶。大約三百名客戶是自己來登廣告的。經常性的車行廣告大約佔了六百張照片的量，依季節而定。除此之外，該公司也有一些大客戶。從較大客戶獲得的收益歸納在示圖 3。

印刷與發行的過程

每本雜誌的頁數通常爲一百到一百二十頁，根據廣告的量以及照片的數量而定，每頁的照片大約是十四到十八張，每個星期二晚上定稿的新雜誌送至印刷廠徹夜趕工。此時須決定這期發行的數量（詳見示圖 2 的印刷成本）

每個星期三開始發送新書，七十個配銷員分別負責不同的區域，這些發書的配銷員就是歐托眼中的「行銷企業家」，他們不是一些已經退休的人就是目前急需貼補家用的失業者。平均來說一天的工資爲加幣一百二十元，因此人員的高流動率也是一個問題（見圖 2.16 中所示的選擇性開支）。

圖 2.16

選擇性開支
攝影師可收到每張照片加幣 4.5 元的酬勞，包含所有開銷。軟片免費供應。
配銷員每賣出一本可以得到加幣 0.18 元，如果書報攤一週售出數量小於八本，則可收到加幣 1.50 元。
雜誌一捆二十五本，配銷員一般提領的雜誌以一捆爲單位，以供應負責的區域。

每個人所分配的路線是預先設計好的，合約中要求他們去印刷廠取貨、送書、送回前期未售出的雜誌、調整店中擺設以便讓雜誌看起來顯眼，並簽發帳單等。他們一般都事先收到貨款，但如有沒有賣出的書可以退錢。配銷員將所有退書歸還給歐托，其他沒有在架子上擺放的當期雜誌也包括在內。電腦統計所有銷售的資料並予結帳。雙月刊與月刊的情況，除了發行流程會延至二個星期到一個月之外，其餘相同。

銷售預報系統

歐托雜誌社使用一台TRS-80型的微電腦控制系統以掌控所有的會計需求以及計算每次發行量的最佳值、以及各販售點該進的量。資訊系統主任米歇爾(Michel)和助理吉爾博特(Guilbert)曾嘗試過許多不同的計算方法，最後定讞的卻是非常簡單的方法。對於某一本刊物，先逐店統計出銷量後，調整預估值爲銷量少於六本的店退書數定爲一，而其他的經銷點則設定爲退書不超過二；舉例來說，如果有家店當期賣了十本，下一期配銷的書就是十二本，如果有家經銷店賣了十本中的七本，下期則給予九本。行銷主任羅勃特(Robert)認爲該法非常有效，但是它真的是最佳的方法嗎？

約翰所作的決定

爲了要平衡購入事業時之借貸衍生的利息，約翰必須掌控整個財務流向以及提高獲利率。他所建立的新預算與報表程序算是一個新的開始。他很高興該公司的原總經理高登(Gordon)決定留下來，因爲他會很需要一些好的建言與經驗。爲了要擴充產品線，約翰有幾個新的點子，想法如下：開創新雜誌以針對更多鎖定的讀者群、每季初發行特別版本、有線電視節目、以及在蒙特婁新開一個家庭購物頻道等。因爲經銷網、攝影人員以及配銷員都已現成，所以這些新的措施並沒有造成什麼負擔，盡量運用現有資源是主要關鍵。

約翰了解到他要確保該經銷網路能發揮最大的效用才能奏效。歐托雜誌社是否應該放棄那些一星期只銷出一兩本雜誌的經銷點？不可諱言的，該類經銷點的退書率也最高。約翰也知道，如果現在放棄的話將來重建會有困難，裁撤對未來是項投資？其他的經銷點又如何？歐托雜誌社應該展示多少雜誌？展示過多是否會造成滯銷？展示過少是否會失去商機？

他將這些問題加以重新整理過，並決定重新評估電腦預測的有效性。更緊迫的發行問題還沒解決，即滯銷數量會如何影響利潤。

示圖 1

歐托雜誌社每份刊物銷售量和淨利

<table>
<tr><th rowspan="2">雜誌名稱</th><th rowspan="2">零售價格</th><th rowspan="2">零售淨利</th><th colspan="2">平均銷售量</th><th rowspan="2">性質</th></tr>
<tr><th>旺季</th><th>淡季</th></tr>
<tr><td>Americaines</td><td>1.25</td><td>0.25</td><td>15,500</td><td>10,000</td><td>周刊</td></tr>
<tr><td>Importees</td><td>1.25</td><td>0.25</td><td>13,000</td><td>8,500</td><td>周刊</td></tr>
<tr><td>Camions</td><td>1.25</td><td>0.25</td><td>19,000</td><td>14,000</td><td>周刊</td></tr>
<tr><td>Moto Bateau</td><td>0.95</td><td>0.19</td><td>15,000</td><td>10,000</td><td>周刊</td></tr>
<tr><td>AchatVente</td><td>1.25</td><td>0.25</td><td colspan="2">5,300</td><td>雙周刊</td></tr>
<tr><td>Old Car</td><td>3.50</td><td>0.70</td><td colspan="2">6,000</td><td>月刊</td></tr>
<tr><td>Equip Lourd</td><td>3.50</td><td>0.70</td><td colspan="2">3,600</td><td>月刊</td></tr>
<tr><td>Special</td><td>1.95</td><td>0.39</td><td colspan="2">20,000</td><td>特刊</td></tr>
</table>

資料來源：公司資料（幣值以加幣計）。

示圖 2

基本印刷費率計算方式

		首批 8 千本 爲固定費率		加印每 1 千本 的成本
大小	88 頁	C$3,095.13	+	C$172.79
	96 頁	C$3,215.01	+	C$185.14
	104 頁	C$3,466.98	+	C$198.06
	112 頁	C$3,717.92	+	C$211.87
	120 頁	C$3,979.49	+	C$225.67
	128 頁	C$4,483.40	+	C$240.64
	136 頁	C$4,471.03	+	C$254.44
	144 頁	C$4,733.64	+	C$267.90

資料來源：公司資料（幣值以加幣計）。

示圖 3

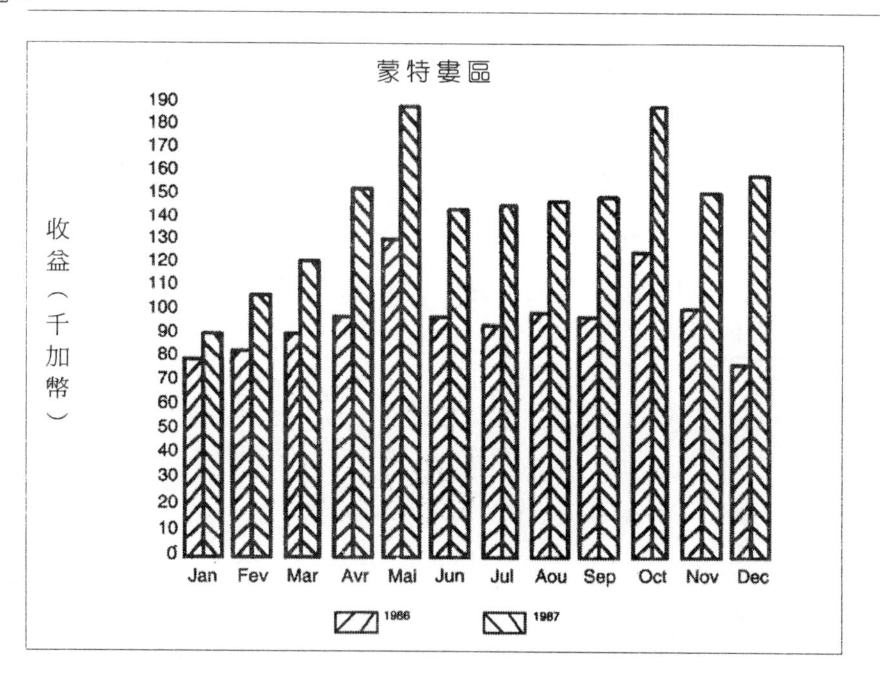

示圖 4

配銷與簽發帳單記錄範本

DEP LE CITADIN
305 INDUSTRIEL
BOUCHERVILLE
(...) 655-5648

J4B 7C5

ROUTE	SEQUENCE	[illegible]	[illegible]	[illegible]
$4	1	1305	336362	23 Mar 88

[illegible]	[illegible]	UNITE	COUT	MONTANT	UNITE	MONTANT	UNITE	COUT	MONTANT
11	AMERICAINES	9	1.00	9.00				1.00	
11	CAMION HEBDO	8	1.00	8.00				1.00	
11	IMPORTEES	3	1.00	3.00				1.00	
11	MOTO. BATEAU & VR	4	0.76	3.04				0.76	
5	ACHAT / VENTE	**	1.00	******			**	1.00	*****
3	EQUIPEMENT LOURD	1	2.80	2.80				2.80	
2	OLD CAR BOOK	**	2.80	******			**	2.80	*****
1	SPECIAL BATEAUX	**	1.56	******			**	1.56	*****

CHARGES 27.84
+/-
AJUSTEMENTS
−
SOUS-TOTAL
−
RETOURS
=
MONTANT A PAYER

* COLLECTER *

X

*** SI VOUS AVEZ BESOIN D'UN PRESENTOIR, CONTACTEZ-NOUS AU 384-7900 ***

示圖 5

AUTO D'EXPOSITION CHEVROLET CORVETTE 1976, originale, 350 L 82, automatique, s.f., s.d., vitres électriques, am/fm stéréo, air climatisé, intérieur en cuir véritable, volant inclinable et télescopique, roues mags, plusieurs pièces chromées toutes les options disponibles en 1976 sont incluse, seulement 6,320 milles, millage original garantie, impeccable, voiture idéal pour collectionneur, il faut voir pour le croire, acheteur sérieux seulement S.V.P. au (514) 682-6500 jour ou le soir au 621-8719. RG6(3-4-5PDA)

MERCURY COUGAR 1979, bonne mécanique, vente cause décès, prix $1,000.00 ou meilleure offre au (514) 329-3076 après 18h00. LPG3(6A)

TROIS-RIVIERES

FORD ESCORT GT 1986, 17,000km, noire, 5 vitesses, remisée l'hiver, garantie, prix $10,000.00 au (819) 375-0401. TRG2(25A)

FEMME PROPRIETAIRE

FIREBIRD 1980, 6 cylindres, automatique, p.s., p.b., spoiler, mags, pneus neufs, rouge vin, intérieur blanc peinture originale, très propre, prix $2,995.00, Hubert Fafard (514) 326-6637. UG1(10A)

CHEVROLET CAVALIER 1983, 76,000km, 4 portes, manuelle 5 vitesses, radio am/fm stéréo, bonne condition, prix $4,200.00 discutable au (514) 585-4333. EG3(12A)

CHEVETTE 1981, 80,000km, 4 portes, automatique, moteur en bonne condition, conduit par une femme, prix $1,750.00 jour (514) 721-7560 ou 665-3257. UG1(7A)

$5,650.00

MERCURY COUGAR LS 1983, vitres, portes électriques, bas millage, intérieur velours, broches, (195.00 par mois), Beaudry Autos Inc. au (514) 645-7042. EG8(9A*)

ACADIAN 1981, 4 vitesses, 93,000km, radio Blaupunkt, couleur noire, très propre, demande $1,500.00 au (514) 252-0843. UG4(15A)

GRAND PRIX 1979, baket seat, transmission au plancher, air climatisé, vitres électriques, door lock, tilt steering, freins neufs aux 4 roues, am/fm radio cassette et booster digital, prix $3,250.00 discutable au (514) 645-1122 après 15h30. BG7(3A)

FORD MUSTANG 1980, 6 cylindres, automatique, très bonne condition, garantie disponible, mécanique A1, prix $2,800.00, J.P. Auto au (514) 676-6484. GEG3(6A*)

THUNDERBIRD 1983, comme neuf, excellente condition, 1 seul propriétaire, vitres et miroirs électriques, bien chaussé, 62,000 km, prix $7,400.00 au (514) 445-6179 demandez Christian. GEG3(2A)

PLYMOUTH RELIANT 1983, 72,000km, 4 cylindres, 2.2 litres, p.b., p.s., 4 portes, automatique, très propre, prix $2,900.00 ferme au (514) 668-7616. VG3(4A)

FORD MUSTANG 1981, 2 doors, 4 cylinders, 4 speed, 80,000km, price $1,800.00 at (514) 745-5821. DG6(4A)

ESCORT GT 1986, blanche, intérieur gris, 4 mags + 4 roues hiver, masque avant, radio MEI avec booster squalizer, toit ouvrant, vitres teintées, garantie transférable, prix $10,800.00 au (514) 655-3251 après 19h00, Dany. IG8(4-5-6PDA)

個案　里昂繽郵購公司

產品項目的預估以及存貨管理

「如果你在里昂繽郵購公司的目錄上訂購某件貨品而我們沒有存貨的話，這該怪我，但是如果我們的女用喀什米爾羊毛運動衣積得太多需要清倉大拍賣時，我也是該負責的人。很少人可以想像採購決定有多困難，」倉儲管理副總裁馬克(Mark Fasold) 解釋里昂繽郵購公司在做產品項目預估時面臨的處境。他表示：「如果以總體的角度來看，預估需求非常的簡單—如果預期不如理想，我們只要多散發目錄以擴展客戶層即可。但是我們還要決定需要多少件 T 恤、多少件女用襯衫，如果一種預估過高而另一種太低，那麼我們無從知道平均數的細項內容是否正確。基本上，高層管理當局都了解這種情形，但是對於細項的誤差太大還是會惱怒。」

「對於我們這種做郵購事業的，需求預估準確是好事，但是你會發現很難。這不像說有個顧客走進百貨公司，看完目前展示的東西後選一件合適的，或他原本心中就有個譜知道他需要的是什麼，如果沒有的話他會去別的地方找。百貨公司永遠不曉得客戶的需求，但是我們的營業方式不同，每項銷售都是由於顧客有特別的需求才產生的。如果我們沒有貨，客戶因而取消訂單，我們會知道。」

倉儲系統經理羅拉(Rol Fessenden) 表示：「預估所產生的誤差在所難免，競爭、經濟因素、氣候都可能影響。而消費習慣也會影響到個別的產品，這方面就很難去預估或解釋。不時就會有些東西賣得比預期的好而且沒人知道爲什麼。有時我們可能恰好預測到此一趨勢，找到合作的廠商設法填補突增的需求量。但是通常我們都會因爲供貨量不足而造成客戶流失，而每次有這種情況發生之後，也會造成貨物的滯銷。」

每年因此而少掉的銷售量與退訂造成的成本，保守估計約爲一千一百萬美元；因錯誤預估而造成的貨物囤積成本大約也要一千萬美元。

里昂繽郵購公司的背景

在 1912 年，里昂繽(Leonwood Bean) 發明了緬因獵鞋，鞋子的上一半爲皮革並用橡膠構成底部，他得到了一份外地擁有在緬因州打獵執照的持有人名單，並準備好一份郵購目錄，開始在他兄弟房子的地下室裡做起生意來，並開創了全國性的事業。由於在那年美國郵政局開始推出包裹遞送的服務，使得他能夠將貨品送到客戶手中。當他在 1967 年以 94 歲的高齡去世時，他的事業規模已經達到了年營業額四百七十五萬美元，雇用了兩百名員工，郵購目錄寄給六十萬人。

里昂繽有一句金科玉律：「以合理的價格帶給消費者好的商品，只要你好好對待顧客，他們會繼續的跟你做生意。」當里昂高曼(Leon Gorman)，里昂繽的孫子，接掌此一家族事業時，便積極的進行擴張與現代化，並努力依循著祖父的原則。到了 1991 年，里昂繽郵購公司已發展成全國主要的戶外運動器材方面的郵購、製造、及零售商，1990 年郵購營業額達到了五億二千八百萬美元，另外七千一百萬美元爲該公司五萬平方英呎零售店面的收入。二十二種不同的郵購目錄（或稱手冊）—總計有一億一千四百萬項商品—郵寄到各地，往來的客戶達六百萬人。

郵購事業在 1986 年該公司開創了「800」免費電話專線後漸漸爲電話訂購取代，在 1991 年該公司的營業額有 80%來自電話訂購。

其他主要的郵購競爭者包括 Land's End、Eddie Bauer、Talbot's 與 Orvis。在 1991 年的消費者報導中發現，在顧客整體滿意度上，里昂繽郵購公司在列名項目中都名列前茅。

在解釋里昂繽郵購公司爲什麼不拓展零售據點時，里昂高曼特別強調直銷（郵購目錄）以及零售之間的對比。他表示：「這兩種銷售手段需要不同的管理方法，郵購的市場著重分析，是相當數據導向的，但在另一方面，零售業必須要有創造力，懂得如何促銷，爲產品導向。所以同一個管理團隊很難能夠將這兩種不同的經營型態整合在一起。」

產品線

里昂繽郵購公司的產品線以階層化的方式劃分（詳見

示圖 1)，在集合的最高層爲商品群：男用與女用的裝飾品、衣服、襪子、露營器材等。在每一個群組中有一個需求中心，比如說女用衣服的需求中心提供針織襯衫、毛衣、褲子、裙子、夾克、套頭衣等。每個需求中心又進一步的分爲各產品次序，例如女用毛衣又細分爲手織毛衣、套頭毛衣、高領毛衣和其他包括二十項的產品。此外產品次序又細分爲個別的項目，基本上以顏色來區別。在此一層級必須作出預測以及最終的採購決定。每年大約有六千項左右個產品出現在目錄上。

產品也依季節分成三季的目錄（春、秋以及全年），然後還有兩個不同的目錄（新品與長期流通品）以描述該產品是最近或屬於該公司長期提供的產品，及介紹過去這些產品之需求。

里昂續公司的郵購目錄

主要的郵購目錄—春季、夏季、秋季、以及耶誕節—每一本都有不同的版本，例如寄給長期穩定的顧客就是完整的目錄，而寄給有購買潛力的客戶則是較小著重某方面的目錄，基本上只是一部份的目錄（里昂續公司尋找潛在客戶的方式之一是購買郵寄名單，二是由顧客購買禮物所寄的收件人著手）。除此以外，一些特殊的目錄—像是春季假期、夏季露營、釣魚等—則列出該目錄特有的產品項目，加上主要目錄上的一些產品。

在寄發名單上也有些重複：基本上最佳的客戶可以收

到最完整的目錄，而經由過去消費習慣可以歸類的顧客則寄發比較專門的目錄。

產品項目預估

每本目錄都有一段 9 個月左右的醞釀期，其中涉及商品化、設計、產品本身以及存貨有無特別之處。比如說 1991 年秋季的郵購目錄之整體構想於 1990 年 10 月開始，總銷售量的初步預估於 12 月完成，產品經理 1990 年 12 月至 1991 年 3 月間進行個別產品的初步預估。目錄的格式與頁數設定在 1991 年 1 月開始，向供貨廠商承銷的數目在 1、2 月決定。在接下來的幾個月裡，當目錄開始成形以後，產品項目預估一次一次的修改到 5 月 1 日定讞，在 7 月初黑白版本的目錄已經在內部流通，此時產品經理也把他們的產品線交給倉儲經理負責。

在 8 月初左右客戶已經可以看到目錄了，當需求開始產生時，倉儲經理決定是否要增加進貨，並例行性的補充與處理退貨等。該目錄到 1992 年 1 月前均屬有效，到時如果尚有存貨或許是用大清倉的方式，或是加以標記在促銷時出清，也有可能是留待下一年再繼續銷售。

男用襯衫的採購人史考特(Scott Sklar) 解釋預測流程時說到：「一些存貨採購人員、產品負責人與我會聚在一起根據計畫書上所預估的襯衫銷量加以討論。一開始我們會依預期銷售金額將各產品項目加以排列，接著我們會根據排列順序指定金額，當然討論時都免不了一番討論、抱怨與爭執。」

「接著我們在 Excel 的試算表上設定，書上所預估的數字會加以修正。由現實來看這些數字看起來是否合理，我們會逐項討論，到最後的結果就是個別產品的預估。」

「當然，如果我們加進新的產品，我們必須自行判斷，是否會有增加的需求，如果沒有，是否會影響到目前某些產品的需求？而其他產品銷售是否也要隨之修正？」

男用針織襯衫採購人芭芭拉(Barbara Hamaluk) 觀察到，產品預估數量的總和會隨著計畫書上設定的目標值而變動。她表示通常預估都有偏高的跡象，所以這些預估都需要調低。要做到較準確的預估，她認爲應該在需求中心做一次中間預估，然後各項產品的預估與需求中心的預測進行比較修正，需求中心的預測再與計畫書中的預測進行比較修正。

產品的訂購

基本上在國內訂購產品所需時間約爲八到十二個星期（當然送貨會依照當季預期的需求型態而定），一些與里昂續郵購公司合作且反應較快的廠商，在當季開始如果有需要，還可以下第二次訂單，通常都可以來得及趕上季末的需求。當然對一般的廠商來說，由於生產產品也要一段時間，所以下二次訂單就不太實際了（在本節接續的討論中，我們將討論範圍限定在只下一次訂單的採購）。

訂單通常與預估的數字都不同，由以下兩個步驟決定：第一是過去的預估誤差（以 A／F 比率表示，即實際需求與預估數字之比），在前一年就依照各項產品分別計算，而各項目之誤差頻率分配也加以計算。過去的預測誤差頻率將作爲未來預測誤差的機率分配。比如說過去在預測新產品項目上有 50%的誤差在 0.7 到 1.6 之間，則我們可以假設今年新產品預估的誤差在 0.7 到 1.6 之間的機率有 0.5。所以在這個情況之下，最後確定的特定產品預估爲一千個，則有 50%的機率該產品需求在七百個到一千六百個之間。

接下來，每項產品的下單量由平衡該項產品賣掉時貢獻的利潤以及該產品未賣掉的剩餘價值來決定。假設有項產品的成本爲十五美元，通常會賣三十美元，而清倉價格通常是十美元。銷售利潤一個單位可以獲得 30-15=15 美元，賣不出去造成的損失爲 15-10=5 美元。因此我們可以得到最佳的訂購數量爲產品的機率分配圖上占總機率 0.75 的數值。假設 0.75 的預測誤差爲 1.3，以及該產品項目的預估數量爲 1000 個，則需求的分配在機率 0.75 的地方爲 1.3×1000=1300，里昂繽公司將會訂購一千三百個單位。

羅拉(Rol Fessenden)表示，此一統計方法將所有與「經常流通」項目產品有關的誤差都視作任何產品的預估誤差（對於「新產品」也同樣處理），「你可能會認爲對於不同的採購人來說誤差的分配可能不同，或女用毛衣可能會比男用襪子的分配較爲離散，但實際上我們一視同仁。同時，我也不認爲我們在估計銷售利潤與清倉殘值的方法是正確的。」

馬克(Mark Fasold)也同樣的對「經常流通」與「新產品」

兩者之預估誤差的高度差異性表示關切。他也注意到了該測量方法的問題，「如果存貨過少所造成的損失超過了積存過多的成本，後者的情形經常發生，則我們通常會把最後預估的數目多訂購一些。至於那些新上市的產品，即使我們所知有限，我們多訂的情形往往超過「經常流通」的項目。公司採購人對於採購高於預估量的情形不太高興且認爲新產品項目採取這種做法有點危險。」

示圖 1

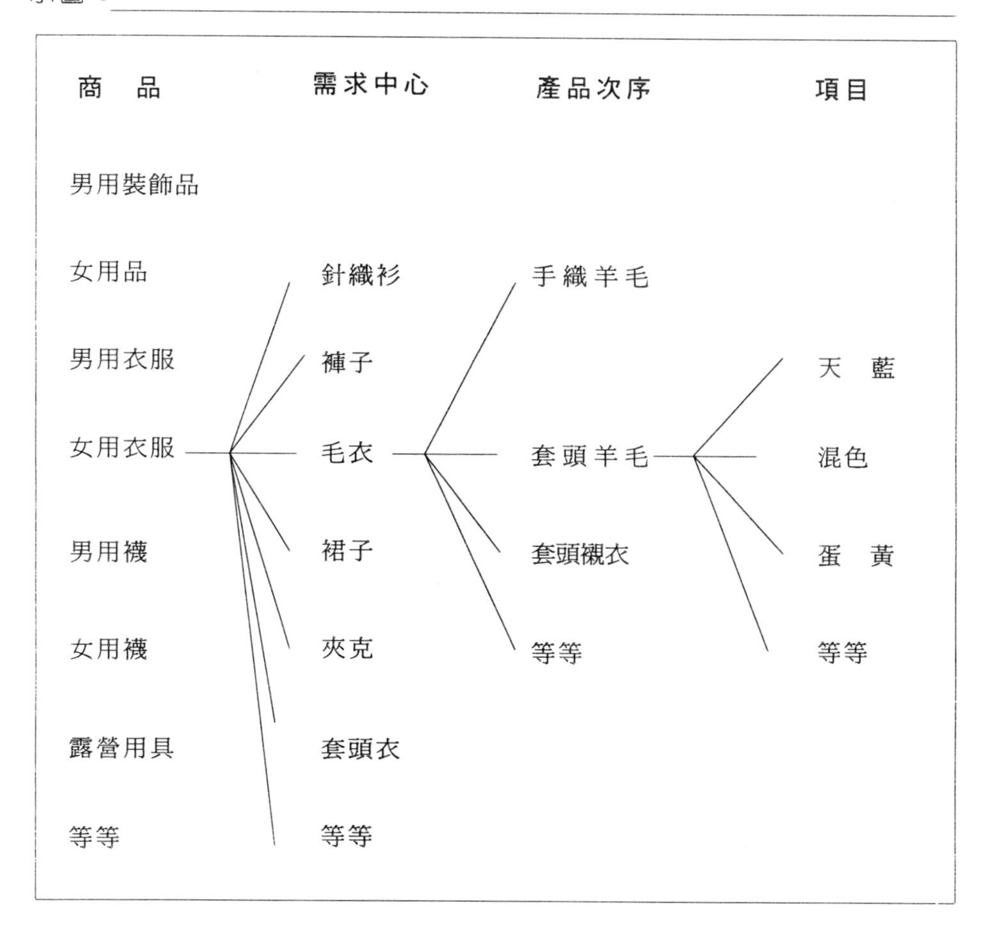
商品
需求中心
產品次序
項目
男用裝飾品
女用品
針織衫
手織羊毛
男用衣服
褲子
天藍
女用衣服
毛衣
套頭羊毛
混色
男用襪
裙子
套頭襯衣
蛋黃
女用襪
夾克
等等
等等
露營用具
套頭衣
等等
等等

第三章

模擬

現在你已經學會了決策樹，也開始以機率的觀念去思考。第一章和第二章中的例子都以一至兩頁的篇幅來分析，但是這只在問題不太複雜時才會發生。如果存在著五種不確定性，每種會導致四個可能的結果，而你考慮三種可行方案，這表示決策樹有 3× 4× 4× 4× 4× 4=3,072 個終點！幸好我們可以藉由電腦來做這些計算。

在本章裡，我們所描述的技巧幾乎可以處理任何終點數一即使是數百萬個。怎麼做呢？當一個新的媒體想要得知總統候選人的聲勢進展，他們不需要訪問所有一億五千萬的選民，只要抽訪一個樣本一也許少至四百人左右。這就是模擬的基本觀念。

使用模擬

決策樹的方法提供一種巧妙的方式，來思考含有不確定性的問題。缺少這樣的思考步驟，決策者就必須結合直覺和經驗來處理這種包含不確定性的狀況。想像一下飛馬葡萄酒廠的威廉先生。面對逼近的暴風雨，你認爲他「真的」能作出提早採收葡萄的決定嗎？這不是第一次他面臨這樣的抉擇；可以合理地推測他已經發展出一套策略或決策規則，來處理這樣的狀況。此等規則也許很簡單（一律採收），也許相當複雜（除非預期暴風雨相當猛烈，否則絕不採收）。此等規則也許經過多年經驗的修正。

藉由經驗的學習來做決策有兩項主要的缺點。第一，這可能需要非常長的時間。威廉先生要等多少年才有足夠的經驗在暴風雨來臨前決定採收或不採收葡萄？第二，人們往往未能保存經驗中的正確記錄，所以殘缺的歷史記錄可能沒什麼用。

令人驚訝的是，這種方式作出決策所需的經驗，並不需要經過那麼長時間也可以產生出來；它可以藉由人爲的模擬而取得，而且模擬在許多種狀況下都可以有效地運用：這就是本章教你如何使用模擬的理由。

飛馬葡萄酒廠的修訂版

假設你對於飛馬葡萄酒廠案例所做的分析，使你相信威廉先生應該將 Riesling 葡萄留在葡萄樹上。你作了正確的決策了嗎？平均來說（就本案例中所給的數字），我們可以說你做到了。但是就此而言，在某一次事件中，威廉先生可能發現暴風雨毀了他的葡萄果實。本案例當中，「不採收」策略涉及兩種主要的不確定性：一是暴風雨是否會來（會來的機率爲 0.5），以及它是否會形成 Botrytis 黴（會的機率爲 0.4）。

讓我們假設這種決策情況確實會如此地一再重複，年復一年，但是這些不確定性是由它們的機率來決定的，也就是說一半的機率有暴風雨，一半的機率沒有，餘此類推。如果威廉先生重複選擇下列決策，會如何呢：現在不要採收葡萄，如果沒有暴風雨時才採收。

爲了模擬歷史，我們必須找尋方法預測暴風雨是否會侵襲納帕山谷，以及如果它真的來了，是否會帶來 Botrytis 黴。第一個事件很容易模擬。簡單地拋一個硬幣：正面朝上則暴風雨會來，背面朝上則不會。但是我們如何模擬出形成 Botrytis 黴的機率爲 40%呢？有一種方法是放十張撲克牌（四張紅色牌和六張黑色牌）在袋子裡，然後隨意取出一張牌（紅色代表會形成 Botrytis 霉，黑色表示不會）。

我們模擬歷史所得出的數據可能如表 3.1 所示。

表 3.1

	抛硬幣的結果	撲克牌的顏色	葡萄產生的現金收入	情節
第 1 年	正面	黑	25,680	暴風雨，無 Botrytis 黴
第 2 年	正面	紅	67,200	暴風雨，有 Botrytis 黴
第 3 年	反面	—	34,200	無暴風雨
第 4 年	反面	—	34,200	無暴風雨
第 5 年	正面	紅	67,200	暴風雨，有 Botrytis 黴
第 6 年	反面	—	34,200	無暴風雨
		總數	262,680	
		平均	43,780	

決定將葡萄留在樹上的決策，在六年中所造成的平均現金流入量爲四萬三千七百八十美元。這與從決策樹計算的期望值（$38,244=0.2× 67,200 + 0.3× 25,680 + 0.5× 34,200）不相符合，因爲在模擬的歷史中，形成 Botrytis 黴的情況未確實達到 40%。然而，如果我們將模擬執行一千「年」，暴風雨來臨的機率會非常接近於 50%，而形成 Botrytis 黴的機率也會趨近於 40%。如果我們模擬十萬年，我們從模擬得出的平均現金流入量保證會與決策樹算出的期望值非常吻合。對每一個可能的決策策略重複模擬，將可找出具有最佳期望值的決定。

當然，對威廉先生而言，問題進行分析時，並沒有很多麻煩困擾他。因此在此案例中，決策樹的程序相較於模擬，是一個較有效率的解答方法。我們上面所述只是以威廉先生的問題做爲一個例子。對於較複雜的問題，使得列出決策樹變成一項繁雜的工作時，模擬是一項有效的工具。

模擬的組成元素

雖然模擬可能會相當複雜，但是我們所考慮的都有四個主要的組成元素：

1. 各項待評估的策略
2. 影響策略之評估的各項不確定性及其發生的機率
3. 產生各種情節狀況的系統
4. 各個策略／情節配對的評估系統

策略（strategy）是指預先列出決策者在所有可能情況下會做的一項決策，或各項權變決策的次序。以決策樹來解決問題，最好的決策是逆向歸納程序（將決策樹向後折疊）的結果。無論如何，在模擬中，所有可能的策略必須預先詳加敘述。例如，對一個投資者在模擬股票市場時，其策略可以簡單的表達為「75%在股票，25%在債券」。或是較複雜的公式，其中投資在股票上的百分比不只決定於股票市場的走勢，還需考慮投資者當時的財產淨值。

不確定性的清單（list of uncertainties）應足以描述採用任一種策略可能導致的各種結果。伴隨每一種不確定性的是其存在的機率、或一組機率，它可能會隨著其他的不確定性而有不同的結果。如果我們想要模擬存貨規劃的問題，我們必須考慮對每一項目可能需求水準的情況下詳細描述其機率，顧客發覺缺貨而離去後會再回來找的機率，以及補貨訂單在特定天數內會到達的機率。

情節（scenario）是一組不確定性下的單一結果；它描

述一種未來可能發生的版本。在模擬時，我們也許想要產生一百、也許甚至一千或一萬種情節，以作爲一種虛擬的歷史。只要隨意產生的情節能與不確定性的機率組合相符，我們就可以對於合格的待選策略作出適當的推論。

試驗(trial)是評估一項策略時對一種情節所作的模擬。

評估系統（evaluation system）指從模擬中我們對有興趣的模擬做出統計。給一張一千種情節的清單，再給一項特殊的策略，你可能會想要知道哪些是策略執行後的結果。在許多商業問題中，你會想要知道期望值，此期望值是由該策略所產生的平均值估算出來的。但是你也會想要知道經過一千次試驗後所產生的最低值。

你也許還想要知道所有一千種情節的風險剖析（risk profile）。通常這都以圖表來代表，此圖表是以適當的測量值當作水平軸（例如收益），百分比爲垂直軸。如果在圖上有一點（$500，23%），它表示 23%的模擬情節會產生少於或等於五百美元的值。

我們必須指出，我們的術語並未標準化。有些人使用「策略」一詞只是表示一般目標的達成（如：我們的策略是避開計畫中明顯的高風險），而不是執行計畫的詳細說明。有些人使用「情節」一詞來表示策略的結果，和所有伴隨之不確定性。有些人以「試驗」來取代我們的「情節」一詞。無論如何，我們希望能精確地使用這些詞，因爲我們覺得這樣將會提供更明確的解釋。

↳ 例子

亞瑟在一家區域性超級市場中擁有一間小蛋糕鋪。他的蛋糕供應商同意每天送一定數目的蛋糕來，每個十美元、持續一星期。在週末時，亞瑟也許會更換下一星期的訂單。亞瑟儘量將供應量保持得與每日的蛋糕需求量相近。每天平均賣出 3.3 個蛋糕，但每日不同，如表 3.2 所示。

表 3.2

蛋糕需求量的機率	=	1	0.10
	=	2	0.20
	=	3	0.25
	=	4	0.25
	=	5	0.15
	=	6	0.05

亞瑟不認爲清掉當天庫存會影響未來幾天的需求量；反而，他相信上述的需求分配會每天持續著。

亞瑟最初的蛋糕庫存是零。他總是留住任何未賣掉的蛋糕，在第二天或接下來的幾天以十八美元的全額價格試著賣掉。如今，亞瑟要去度兩個星期的假，留下來的蛋糕將捐給慈善機構。請問，這個星期亞瑟每天該訂多少蛋糕？

↳ 解答

請注意如果亞瑟這星期每天訂五個蛋糕，他下個星期的訂單會視這個星期剩下的蛋糕數而有所不同。因此，雖然這個問題無關下星期發生的事，但是我們也需將其視爲分析時考慮的一部份。

擁有臨界分位數分析法的知識讓我們可以非常容易地解決相關問題。如果蛋糕需要新鮮地販賣（就是在亞瑟收到它們那天），然後每天都是一個獨立的問題。當這些蛋糕沒有人要的時候損失 10 美元；若順利賣出的時候就賺 8 美元，此臨界分位數可計算出來，即 8／（8+10）=44%，由此估算出每天三個蛋糕是最合適的訂單量。

然而，如果當天未賣完的蛋糕不丟棄的話，我們可以再積極一點，每天訂四個蛋糕合理嗎？五個呢？如果每天訂五個，我們可以預期將會留下很多庫存，但是根據亞瑟的方針，這些庫存可以留到下週再賣掉。

第二星期我們可能需要較爲慎重些，每天訂三或四個蛋糕，且假設任何庫存品到了第七天都是沒有價值的。第二個星期對我們訂單的最佳策略可能爲「如果前一個星期沒有剩餘的蛋糕，則每天訂四個蛋糕；如果剩餘量在一至七個之間，則每天訂三個；如果剩餘量在八至十四個之間，則每天訂兩個」，依此類推。事實上這個問題其策略的形式是「第一個星期每天訂這麼多，第二個星期每天所訂的數目需視第一星期剩餘量而定」。

不確定性的清單是此相關聯的十四天，每天需求的機率分配。請注意如果每天需求量都不同，則此問題的結構會有多複雜一尤其是如果根據蛋糕新鮮程度而販賣量有所不同時。

情節則爲這連續十四天來每天的銷售量。

評估系統相當容易。每個蛋糕訂單價格爲十美元，每個售價爲十八美元。我們將會忽略名氣的效益、金錢的時間價值，雖然他們可以很容易地融入在分析中。

執行模擬

通常我們會在記事本上作分析，但首先讓我們認清該如何更生動地完成模擬。假定我們有二十一個學生，其中七個學生願意依其策略來測試亞瑟的案例（稱這些學生爲 A、B、C、D、E、F 和 G）。其餘的十四個學生每一個人將扮演這個問題中的不確定性（稱這些學生爲 1、2、……、14）。有一個裝著二十張紙片的容器是給這十四個學生抽取紙片用的，其中有兩張紙片標示著「需求=1」，有四張紙片標示著「需求=2」，依此類推。

現在就是第一個試驗如何進行。學生 1 抽出一張紙片以顯示第一天的需求。學生 A 到 G 注意他們會賣多少個蛋糕，以及會有多少庫存留到第二天。學生 1 再把紙片放回容器中。接著再由學生 2 抽出一張紙片顯示第二天的需求，以此繼續下去。直到十四個學生都抽取過紙卡，學生 A 至 G 便個別計算，如果亞瑟在學生 1 至 14 扮演的情節中，使用她們不同的策略分別會賺多少錢。

簡單地將資訊在紙上整理，使我們更容易明瞭。見示圖 1。此表中評估的策略顯示在圖中的左上角。在這個試驗中，第一星期每天的訂單量設定在 3。如果第一星期庫存等於 0 或 1，則第二星期每天的訂單量被選爲 4；若庫存量爲 2 至 7，則選爲 3；若庫存量爲 8 或 9，則選爲 2；若超過 9，則選爲 1。情節顯示在以「天」和「需求」帶頭的那一欄。第一天的需求爲五個蛋糕，第二天爲兩個蛋糕，依此類推。

評估顯示在最後兩欄。爲了決定亞瑟在這兩周內所產生的收入，我們必須計算在此情節下賣了多少蛋糕。第一天，他店裡只有三個蛋糕，因此如果需求爲五，明顯地他將賣掉三個蛋糕，而有兩個想買的顧客沒有蛋糕。次日，第二天，他同樣有三個蛋糕，但只賣掉兩個。第三天他有四個蛋糕：三個新鮮的蛋糕，加上前一天留下來的一個。

在一週結束後，我們可看出在這個情節中，亞瑟剩下零個蛋糕。根據我們事先決定的策略，這表示下一週他應該提出每天四個蛋糕的訂單。

我們現在計算他這兩週來的利潤。首先，讓我們計算他的成本。在第一星期期間，他以每個十美元買了二十一個蛋糕。第二週他以每個十美元買了二十八個蛋糕。我們現在知道他賣了三十九個蛋糕（注意他還剩下十個），總收益爲 39× $18=$702。減去四百九十美元的成本，剩下的利潤爲二百一十二美元—如示圖 1 所示。

這樣就完成了此策略的一項試驗。此策略另外進行了九項試驗（結果未在本文中顯示），十項試驗的平均利潤爲二百八十七美元，範圍從二百一十二美元至三百九十二美元。

示圖 2 顯示將第一星期訂單設定爲每日 4 個的類似計算；這次的淨收益爲二百四十八美元。做十次試驗的淨收益平均爲三百五十二美元，大體上更高。

我們可以將其認定爲：對亞瑟來說，第一星期每天訂四個蛋糕比每天訂三個好嗎？答案是否定的，有兩個理由：

1. 沒有理由可以假設我們已經正確地選擇了第二個星期的策略。

2. 如果我們計算超過十個試驗，或選擇（即使是隨意的）另一組完全不同的十個試驗，平均利潤的數字會改變。

示圖 3 中，我們展示了對此問題的模擬進行了三千三百三十次不同試驗的結果。我們考慮了三種策略（第一星期每天訂三個、第一星期每天訂四個、以及第一星期每天訂五個），每一種都與相同的第二星期策略（如前述）配合。

沒有人曾經報導以這種方法模擬的結果；我們這樣做的原因只是想要解釋：處理多少次試驗會產生多麼不同的結果。在示圖 3 的前三欄，我們可以看到，對三種策略的每一種執行十個試驗所得到的結果。因此在第四欄的二百六十美元，是十次試驗的平均利潤；二百八十九美元（此欄底端）是一百次試驗的平均利潤。最後，最後三欄包含了一百次試驗的平均值，最底端的一列顯示了一千次試驗的平均值。

依據示圖 3，我們能不能決定在這三種策略中哪一種最好？如果我們對這三種策略，每個策略只執行一次試驗，以第一列的前三個數字爲例，我們每天訂三個蛋糕的利潤爲二百一十二美元、四個爲三百九十二美元，以及五個爲三百三十六美元，顯示出每天訂四個蛋糕是較好的訂單量。即使超過十次試驗的平均仍顯示訂四個蛋糕是較好的選擇（三個利潤二百八十七美元、四個利潤三百五十二美元、五個利潤三百四十七美元）。看一眼最後三欄最底下的數字，我們可以看到超過一千次試驗的平均值，3 個的利潤是二百九十三美元、4 個是三百二十美元、5 個是三百三十四美元。已經被誤導過一次，我們可以滿足於這樣的結果嗎？我們現在該做一組一萬次的試驗嗎？還是十萬次試驗？什麼時候該停止呢？

決定試驗的正確數目

參考較多次試驗所產生的結果通常會比較可靠。這是我們本來就知道的。但是我們什麼時候才應該覺得得到足夠的資訊了呢？

這個問題的答案包含在之前我們已經討論過的示圖 3 的其中一組數字中。示圖 3 最後一列是欄位上十組試驗的標準差。所以我們對每天訂三個蛋糕策略所執行的十個獨立試驗，得到一個二百八十七美元的平均值和四十八美元的標準差。

如果結果呈常態分配，表示我們將預期在任何一次試驗有三分之二的機會得到的結果會在（$287-$48，$287+$48）範圍內，也就是二百三十九美元至三百三十五美元之間。事實上，如果你看此欄位的數據，有七次試驗都在此範圍中（這些數字並不是編出來的，它們都是記錄紙上〔包括資料磁片〕真實的結果）。我們同時也預測試驗的 95%會落在平均值的兩標準差之間，也就是，一百九十一美元至三百八十三美元的範圍內。事實上，有九個結果在此範圍內。這意味著每個策略只進行一次試驗對於決策的目的來說是不夠的。任一試驗的結果很容易就偏離真正長時間對此策略的平均值（期望值）達例如一百美元。

但也許我們可以信賴十次試驗的平均值？要看看這是不是真的，請看示圖 3 的四、五、六欄。它們變動的範圍有多大呢？從第 4 欄顯示之範圍爲$260～$334 即$74。這些平均值的標準差爲二十三美元，仍然非常沒有說服力。

現在讓我們看最後三欄。注意不只「訂五個」會有最高的平均利潤（$334），而且幾乎所有的結果都很相近。範圍爲$325～$339 即$14。標準偏差爲四美元。我們有信心說，即使進行十萬次試驗，出來的平均值還是會很靠近三百三十四美元。「訂四個」的策略也是相似的。雖然它的總平均三百二十美元相當接近三百三十四美元，但相當令人驚訝的是如果進行了一百萬次的試驗，我們發現「訂四個」的平均值例如爲三百三十美元，而「訂五個」的平均值爲三百二十六美元。請看第八欄（此欄顯示「訂四個的一百次試驗」）。如果下一組的一百次試驗的結果具有三百三十美元的平均值，你會有多驚訝？已知目前最高記錄是三百二十八美元，所以不可能達到三百三十美元一點也不讓人驚訝。但如果下一組的一萬次試驗的結果具有三百三十美元的平均值，你會有多驚訝？答案是非常驚訝。在這之前，依照順序「訂五個」的策略會比「訂四個」的情況差，我們同樣會對下一組「訂五個」策略的一萬次試驗感到驚訝。只是這太不可能了，毋須去擔心。

數學上的平均

粗略地說，包圍正確性的不確定性，取其 n 次試驗的平均會與 n 的平方根成正比。

所以，如果某個試驗的標準差值為 48，我們可以算出十次試驗的平均標準差值為 $48/\sqrt{10}$，即約為 15，而一百次試驗的平均標準差值為 $48/\sqrt{100}$，即約為 5。我們從「訂三個」策略所得到的單次試驗的確實標準差為 48，十次平均為 23，一百次平均為 5。這些結果與數學上的預測並未完全相符，因為（a）48 這個數字僅是真實標準差的估計值，而且（b）數字 23 和 5 也是估計值。然而，你可以相當清楚地看出上述特性是存在的。

另一種看出此特性的方法是，為了將不確定「減半」，你必須執行等量試驗的四倍。

很難進一步決定多少次試驗才會足夠。通常都是對每一個可能的策略進行一百次試驗，看看情況如何，再檢視其結果。如果結果很具說服力，你就可以停了。如果不是，就繼續。無論如何，經過十次試驗後，可以對於必需的試驗數目估算出一個粗略的估計值。我們可以看出經過十次實驗後，「訂四個」和「訂五個」的結果非常相近（平均值分別為三百五十二美元和三百四十七美元）。我們自問：如果這些真的是確實的平均值，需要進行多少次試驗才能說服自己「訂四個」確實比「訂五個」好，而且這些結果不是因為運氣而來的？我們算出經過十次試驗後，我們對於三百五十二美元的不確定性為 $33/\sqrt{10}=10.4$，而三百四十七美元為 $23/\sqrt{10}=7.3$。

假設我們進行了足夠的試驗，使這些結果為$352± 1 和 $347± 1，這樣是足以信服的證據嗎（它無疑地可以說服我！）？為了達到這種程度的準確性，我們需要有

$33/\sqrt{n}=1$，這表示 $\sqrt{n}=33$ 或 n=1,089。

這表示經過 1,089 次試驗後，平均值會改變，而更多次的試驗變成是必須的。說實在的，就某些觀點而言並不值得這樣的努力以求得準確性。沒有必要在結果爲 282.46 美元與結果爲 282.62 美元的兩種策略之間進一步區分。

阻擋

我們通常較傾向去比較具有相同情節的策略。相對於產生三百個情節來執行三種策略的一百次試驗，我們會產生一百個情節來評估這三種策略。我們所進行的顯示於示圖 1 和 2。我們同樣也以描述二十一個學生「如何」模擬來進行此種做法。

此一程序稱爲「阻擋」（blocking）。有一個非常簡單的例子可以顯示阻擋是多麼有用。假設有某個策略 A，可以導致非常多樣化的潛在結果，視發生的情節而定。假設策略 B 也會導致與 A 相似的結果，但是除此外再加一美元。也就是說，B 永遠比 A 多一美元。現在如果我們想要去注意這兩種策略在價值上的不同，根據相同情節的基礎上，很快就會明顯地看出 B 比較好。如果情節各自獨立地產生，這個事實將需進行數千次試驗才能弄清楚。

當兩種策略的結果透過情節似乎有正相關時，應該使用阻擋（如果可行的話）。

結語

爲了闡釋「模擬」的優點與缺點兩方面，我們採用了銷售蛋糕的例子來示範。當有非常多的策略要考慮時，以模擬來處理不是很適當，因爲它必須依序評估每一種策略（在這類例子中，決策樹與動態規劃會是較好的工具）。但是「模擬」在處理擁有許多不確定性的案例中，是非常優秀的分析工具。有了一些解釋結果的經驗，統計取樣的力量是很巨大的，使用它可以很有效地解答某些問題。

示圖 1

亞瑟蛋糕店

策略

第 1 個星期的訂單=	3
第 2 個星期的策略=	
如果最後庫存爲	每一天的新訂單爲
0	4
1	4
2	3
3	3
4	3
5	3
6	3
7	3
8	2
9	2
10	1

不確定性

需求的機率分配

1	0.1
2	0.2
3	0.25
4	0.25
5	0.15
6	0.05

情節 / 評估

天	需求	供給	銷售
1	5	3	3
2	2	3	2
3	3	4	3
4	3	4	3
5	1	4	1
6	6	6	6
7	4	3	3
8	2	4	2
9	5	6	5
10	2	5	2
11	4	7	4
12	1	7	1
13	3	10	3
14	1	11	1

淨利=$212

示圖 2

亞瑟蛋糕店

策略

第 1 個星期的訂單=	4
第 2 個星期的策略=	
如果最後庫存爲	每一天的新訂單爲
0	4
1	4
2	3
3	3
4	3
5	3
6	3
7	3
8	2
9	2
10	1

不確定性

需求的機率分配

1	0.1
2	0.2
3	0.25
4	0.25
5	0.15
6	0.05

情節 / 評估

天	需求	供給	銷售
1	5	4	4
2	2	4	2
3	3	6	3
4	3	7	3
5	1	8	1
6	6	11	6
7	4	9	4
8	2	8	2
9	5	9	5
10	2	7	2
11	4	8	4
12	1	7	1
13	3	9	3
14	1	9	1

淨利=$248

示圖 3

亞瑟蛋糕店

模擬摘要

	每個數字代表 1 個試驗的結果			每個數字代表 10 個試驗的平均結果			每個數字代表 100 個試驗的平均結果		
第一個星期每天的訂單=	3	4	5	3	4	5	3	4	5
1	212	392	336	260	323	339	292	321	339
2	302	302	392	271	328	335	284	315	333
3	284	338	336	307	331	357	291	328	333
4	266	338	336	285	351	342	296	319	325
5	248	374	336	281	328	353	293	321	334
6	338	338	336	317	293	314	299	318	337
7	248	392	336	267	311	355	301	321	336
8	284	392	336	334	322	340	295	315	336
9	392	300	394	276	316	347	297	321	333
10	300	356	336	295	354	309	285	319	332
平均數	287	352	347	289	326	339	293	320	334
標準差	48	33	23	23	17	15	5	4	4

個案　漢納福兄弟批發公司

「現在是早上九點，休息時間！」今天是 1986 年 6 月 30 日，當電腦按照固定排程離線半小時，以便傳輸至目前為止的物品訂單，以及列印文件時，大衛葛拉罕(David Graham)待在他的辦公桌前已經超過三個小時了。大衛和他的買家夥伴們趁此享用咖啡和早餐。

漢納福兄弟批發商位於緬因州南波特蘭，為南英格蘭超過一百家超市的大規模配售商。這些超市約三分之一為獨立的加盟店，其餘則全部為漢納福兄弟公司所擁有。通常每星期的六天當中，每一家超級市場會下好幾百種訂單，以補充存貨。如果訂單是在中午進來的，卡車便可在下午裝貨，隔天早上以前貨品便可放在展售架上。簽發帳單的程序對每家商店都大同小異。

大衛部份的工作就是負責保持庫存的某些貨品項目相當充足，確保至少必須有 95%的成功率能滿足超市的訂單。如果超商沒有收到訂單的貨品，必須第二天重訂一次，因此一個商品連續缺貨七天，必須算是七天的訂單未補，而不是一天。即使缺貨的原因全然是製造商的問題，也算違反了 95%的目標。

平常每天早上，大衛要檢視一千五百種物品現行的庫存量，並做出下訂單的建議。下午他則與製造商的業務代表會談，這些業務代表都會試著說服他進一些新產品，或者對現有產品提供限時優惠折扣以促銷商品。提出此種要求的商品通常會打廣告或零售時給予折扣。

「示圖 1 顯示報表紙的一個簡單例子。你可以在上面看到我們採購一種產品——安口牛肉片，這是由安口寵物商品公司所供應給我們的。一年來平均每星期銷售給所有超市的數量爲 65.8 箱。這並不是季節性商品，所以我們預期現在對所有超市來說，銷售量都差不多。在最近四周我們出貨的確實箱數爲 62、58、55 和 53。我們手頭上有 162 箱，可能足夠我們維持大約 2.5 週。前置時間爲十四天，這表示從我訂貨，直到從供應商處送來，必須在十四天內。

「我可以看到最後 13 筆訂單確實的送貨時間，分別爲 9、 10、13、8、8、5、12、9、16、10、11 和 7 天，所以他們通常都在十四天內送達。當電腦計算我們是否該訂貨時，便以十四天爲基準，所以，如你所見，一項安全因素已經內建好了。電腦建議我不需訂貨，這是對的。請記住，如果我今天不訂貨，我明天總是可以訂貨的。事實上，依這樣的狀況，我通常都會等上幾天才訂。」

「而且很幸運地，電腦對此工作駕輕就熟，我真的只要檢視它的建議，以確認是否與現行資訊吻合即可。如果我生病了一兩天，我的祕書簡單地鍵入『A』以接受電腦的各項建議，就可以把工作做得很好了。但是如果經過一個星期，我想你會發現情況惡化得很快。對電腦而言，有太多的考量要記錄，以致於電腦根本無法保持常態的運行。我做這件事主要是靠直覺；如果我停下來思考我在作什麼，我就永遠都作不完了。一般來說，一天當中我通常需要決定三十至四十筆訂單，所以我一點都不能混日子！」

「示圖 2 顯示電腦對 Herb Ox Sales 訂購十件產品所作的建議。電腦指出，目前有三種物品需要運送，每一種都建議只需供應商所能允許的最小訂貨量。供應商對一筆訂單有最大與最小總供貨量的限制。有些供應商是以體積限制、有些是以重量，甚至有些兩者都有限制。他們必須確定這趟運送程序是否值得，而且貨車也不能超重。Herb Ox Sales 是以重量限制，總重量至少需一千一百磅。報表紙最右欄顯示每一種物品每一箱的重量。建議的訂單僅重 20× 13＋30× 4＋17× 2，也就是四百一十四磅。除非我憂心這些物品會缺貨，那我就可以把訂單加到一千一百磅，否則我較傾向於等等再說。Soup seasoning 在夏天並不是種熱賣的商品，而供應商運送時間（6、7、8、5、8、6、7、8、11、9、4、8）的平均少於電腦所列的十天。我不可能看到消費者因爲此品牌的一或兩種商品缺貨而激怒。提醒你，我的顧客是超市，而不是個人消費者；若是雞湯塊或早餐玉米片缺貨，商店經理會打電話給我。」

「最後，示圖 3 顯示由雀巢提供的九種冰紅茶口味，電腦建議的採購訂單，成本是$37,942.40 且重 4,104 磅—剛好比下限多一點。我們可能不需要所有種類的物品；我們有二百四十一箱 Tropical Ice Teasers，一個星期只賣出 94 箱，但是冰紅茶是每年這個時候賣得很快的商品，我並不想冒險缺貨。在這個工作你必須像是一個氣象預報員一般—我聽說下個星期會轉暖，這表示將需要很多冰紅茶和很少的雞湯塊。」

「例行事項中有一件較複雜的事爲折扣。今年 3 月至 9 月間，雀巢低熱量口味（Item 1）一箱可減價$4.80，所以在我今天的決策中，這不是一項關鍵因素。但如果我知道 7 月 14 日開始減價，我也許會試著等到那時候再進貨。同樣地，如果減價快結束了，我也許會下一個特別大的訂單。當然我必須算出加上存貨成本（20%）後，減價是否仍值得；幸運地，在我書桌前的幾個按鈕會告訴我，我現在正考慮的任何採購案之淨現值和內部報酬率。

示圖 1

1986/6/30

供應商：安□寵物商品

前置時間：14 天

最後 13 筆送貨時間：9，10，13，8，8，5，15，12，9，16，10，11

卡車限制：最少 75 箱；最多 5,500 箱

項目#	每層尺寸	裝箱數	物件包裝	尺寸大小	物件內容	現貨	訂單數量	最小訂單	每星期需求	季節性需求
1	10	40	12	502	安口牛肉片	162	0	40	65.8	65.8

最近 4 週的銷售數目				限制條件			
1	2	3	4	開始	結束	數目	重量因數
62	58	55	53	—	—	—	1

訂購項目：0　　總訂單金額：$0.00

示圖 2

1986/6/30

供應商：HERB OX SALES

前置時間：10 天

最後 13 筆送貨時間：6，7，8，5，8，5，6，7，8，11，9，4，8

卡車限制：最少 1,100 磅；最多 3,600 磅

項目	每層尺寸	裝箱數	物件包裝	尺寸大小	物件內容	現貨	訂單數量	最小訂單	每星期需求	季節性需求	最近 4 週的銷售數目				限制條件			
											1	2	3	4	開始	結束	數量	重量因素
1	10	30	24	8env	Herbox Inst Bf Broth	38	0	20	20.0	13.6	17	17	13	13	8/30	9/26	2.52	4
2	10	30	24	4 oz	Herbxo Bf Ins Bou Jars	35	0	20	17.3	11.8	9	11	18	9	8/30	9/26	4.5	13
3	10	80	24	4 oz	Herbox Ch Ins Bou Jar	19	20	20	19.5	13.3	12	16	15	12	8/30	9/26	0	13
4	15	150	24	8env	Herbox Beef Bul Cubes	39	30	30	38.5	26.2	31	32	26	18	8/30	9/26	2.52	4
5	15	180	24	1.55oz	Herbox Beef Bul Cubes	38	0	15	22.3	15.2	16	22	17	12	8/30	9/26	2.46	3.5
6	15	180	24	1.6oz	Herbox Chick Bul Cubes	42	0	15	24.9	16.9	17	20	17	14	8/30	9/26	2.46	3.5
7	25	300	12	3.25oz	Herbox Beef Bul Cubes	89	0	50	58.4	39.7	45	36	43	41	8/30	9/26	2.28	2
8	17	51	12	8s	Herbox Ls Bf Broth	25	0	17	20.3	13.8	7	8	15	18	8/30	9/26	2.04	2
9	17	85	12	8ct	Herbox Ls Ch Broth	20	17	17	20.2	13.7	13	11	20	17	8/30	9/26	2.04	2
10	22	264	12	3.33oz	Herbox Chick Bul Cubes	85	0	44	63.9	43.5	52	36	44	45	8/30	9/26	2.28	3.5
訂購項目：3　訂購總金額：$0.00																		

示圖 3

1986/6/30

供應商：雀巢公司

前置時間：10 天

最後 13 筆送貨時間：6，8，7，7，8，12，4，8，5，7，9，10，9

卡車限制：最少 4,000 磅；最多 34,000 磅；訂購數量：4,104 磅

目	每層尺寸	裝箱數	物件包裝	尺寸大小	物件內容	現貨	訂單數量	最少訂單	每星期需求	季節性需求	最近 4 週的銷售數目				限制條件			
											1	2	3	4	開始	結束	數量	重量因素
	15	75	12	3.3oz	Nestea Ice Tea Fr	218	0	15	28.7	61.1	21	29	40	55	3/26	9/29	4.8	10.6
	10	100	12	26.5oz	Nestea Iced Tea 10 qt	596	0	100	73.4	156.3	108	137	115	145	3/21	9/20	6.8	20
	10	30	12	40oz	Nestea Iced Tea 15 qt	409	0	30	27.4	58.4	39	30	42	75	3/26	9/29	4.5	34
	8	32	12	4.9oz	Nestea free Ice Tea	102	40	32	19.2	40.9	27	26	36	24	3/26	9/29	5.42	13
	10	70	6	53oz	Nestea Iced Tea 20 qt	397	0	40	64.3	137.0	50	153	92	103	3/21	9/20	6.66	22.4
	20	60	24	1.7oz	Nestea Ice Teas Cit 8	269	80	40	45.7	97.3	14	10	19	32	3/20	10/31	4.32	5.6
	20	60	24	1.7oz	Nestea Ice Teas Orange	149	180	40	43.8	93.3	11	15	19	30	3/20	10/31	4.32	5.6
	20	60	24	1.7oz	Nestea Ice Teas Lemon	156	280	40	50.9	108.4	18	23	25	54	3/20	10/31	4.32	5.6
	20	60	24	1.7oz	Nestea Ice Teas Trop	241	100	40	43.9	93.5	18	15	15	28	3/20	10/31	4.32	5.6

訂購項目：5　訂購總金額：$37,942.40

個案　馬許馬克里曼公司 (A)

馬許馬克里曼公司(Marsh & McLennan)爲國際性保險經紀商和員工福利顧問公司。此公司依每個案件獨立訂定合約，再以收取手續費或基本酬金的方式計酬。它的主要功能是協助委託人在現有保險市場中於各種情況下設定保險額，以及對保險公司與被保險人雙方都公平的保險費，並且也對委託人的員工福利計畫提供諮詢、保險精算和宣導等服務。馬許馬克里曼公司的服務對象主要爲公司行號和機關團體，它們通常需要專業輔導，以評估自身所承受的風險、以及履行保險和員工福利的支出要求。

航空保險

在 1969 年初，爲了準備更新三年保險單上條款的承保範圍，馬許馬克里曼公司開始重新檢視其中一個委託人一東方航空(Eastern Airlines)公司一的保險計畫。

直到第一次世界大戰前，航空保險甚少受到重視。一直沒有特定的格式涵蓋航空風險，也僅有少數的保險適用於一般的火災和汽車險。最初，保險契約是由相當多的試驗和錯誤所訂定出來的。因爲航空業的規模還很小，所以單次風險的價値很高，而且預測事故發生率的經驗也很缺乏。早期保險公司設定很高的保險費，並使用很複雜的保險條件。

經過很長的時間，保險公司組成承攬保險的大財團，以處理規模日漸增加的航空業務。此種大財團仍然在業界中佔有重要的一席之地，特別是保護大型的航空運輸公司和飛機製造公司。

乍看之下，航空的承保範圍似乎與一般熟知的汽車承保範圍類似。案例都分爲兩種：直接損失和義務責任。無論如何，與汽車風險相較，航空保險每次意外的總金額較鉅大，使直接損失保險金、貶值、逾期變成重要的因素。

機體保險

對於東方航空公司全體噴射機隊所設定的特別保險條款（見示圖 1），正由馬許馬克里曼公司研議中。航空機體保險的保險費通常是追溯既往來決定的，且以承保期間損失的數量爲基準。保險費是有上限的，以轉嫁一些風險給保險公司，而且保險公司通常須依合約直接賠償損失。有多種可供選擇的賠償算法，讓保險公司相對於花費和風險保險費有不同的利潤，但是東方航空公司只考慮兩種由相關航空保險業者所提出的機體保險計畫。至於第三種選擇一自我保險，此時並不在東方航空公司的考慮中。

損失轉換計畫

東方航空公司曾經使用過損失轉換計畫的算法。在此計畫下，每年的保險費等於在該年內所遭到之全部損失的135%，條件爲投保價值每一百美元的最大年費率爲$1.05、最小年費率爲$0.50。以此種保險費的計算方式，如果計畫執行滿三年期限，獎勵額度等於三年的保險費減去三年的損失之後的 10%。

利潤佣金計畫

馬許馬克里曼公司的會計主管約翰勞頓 (John Lawton) 建議東方航空公司修正保險計畫，採用累加三年利潤佣金的方法來計算。在此計畫下，每年保險費等於損失，加上每一百美元的投保額再交$0.25，但每年最高保險費爲投保價值的 1%。此計畫最後拿回的獎勵額度將是下列兩者的差額（a）付過的保險費減去（b）總損失加上每年每一百美元價值計$0.20。

當利潤佣金計畫提交給東方航空公司的保險主持人彼得穆林(Peter Mullen)先生時，他表示重點是此計畫將比損失轉換計畫來得貴。他指出東方航空公司擁有二百零六架噴射飛機，總值將近十億美元，每架飛機平均價值四百六十萬美元。如果假定每年平均損失一架飛機，損失轉換計畫可比利潤佣金計畫節省許多費用。除此之外，在東方航空公司一整隊二百零六架噴射機中，除了其中兩架外，以飛機現值來計算，若發生事故，損失轉換計畫將會產生較低的花費。

約翰勞頓先生認爲還有其他的因素需要考量。彼得穆林先生指出東方航空公司每年的保險費依損失轉換計畫會較少，這在損失為「平均」水準的狀況時是正確的。但如果在某一年內沒有任何損失或有損失兩架以上的事件發生，則選擇利潤佣金計畫的花費會較少。三年內考慮各種可能發生之損失的組合，利潤佣金計畫在十項理賠樣本中的八個會有較少的花費。提交給東方航空公司的理賠樣本請參見示圖 1。

為了準備一個與彼得穆林先生與其他東方航空公司主管討論且即來臨的研討會，約翰勞頓商請一位馬許馬克里曼公司的保險精算師查理司波特(Charles Porter)協助估算兩項計畫的相對優勢，俾在會議前事先準備好他的提議。

額外的資訊

有一些業界的統計是可以運用的。損失可以依不同的飛機形式及造成不同的損失、飛航次數、收益里程數、飛行時數等詳細研究出來。為了試著估算出一架飛機在一整年的飛航中損失的機率，查理司波特先生找到了美國聯邦航空局的研究報告。此統計調查報告顯示了各種形式的飛機每飛行小時的肇事率大致是相同的。為了調整起飛和降落會有較高的肇事率，每趟飛行都多加了 3.7 小時的飛行時數。因此，紐約至舊金山的飛行（飛行時數六小時）風險估算上將約等於 9.7 小時的飛行時數；而紐約至波士頓之間的飛行（飛行時間約 45 分鐘）雖然只有上述飛行時間的八分之一，但也等於 4.45 小時的飛行時間。

爲了確定所有噴射飛機在國內航線的「飛行時數當量」，查理司波特先生找到了 1967 年和 1968 年兩年的詳細數據。在一千五百六十六萬「飛行時數當量」的記錄時間內，噴射飛機整體損失的數目爲十。雖然東方航空公司以現今的經驗來說比前述的平均數好多了，但是與東方航空公司相關的數據太貧乏了，以致於無法提供有意義的根據。除了整體的損失外，東方航空公司依經驗估算的部份機體損失（例如，起飛或降落時較小的飛機損傷）每年在五十萬美元至一百萬美元之間。

關於未來飛機團隊的擴增和飛行行程表的資訊還未固定，但查理司波特先生被告知以現行飛機團隊的規模（示圖 2）和每架飛機每年估算有 10,060 的「飛行時數當量」來分析。最近東海岸航線的擁塞將會減少較高利用率的可能性。

握有這些資料，查理司波特先生準備對兩項保險計畫進行評估。

示圖 1

東方航空機體保險—基於災難損失的成本比較

	損失	損失轉換計畫	利潤佣金計畫
1.	$1,000,000	$5,000,000	$3,500,000
2.	1,000,000	5,000,000	3,500,000
3.	1,000,000	5,000,000	3,500,000
總數	$3,000,000	$15,000,000	$10,500,000
獎勵		1,200,000	1,500,000
淨成本		$13,800,000	$9,000,000
1.	$1,000,000	$5,000,000	$3,500,000
2.	1,000,000	5,000,000	3,500,000
3.	6,000,000	8,100,000	8,500,000
總數	$8,000,000	$18,100,000	$15,500,000
獎勵		1,010,000	1,500,000
淨成本		$17,090,000	$14,000,000
1.	$1,000,000	$5,000,000	$3,500,000
2.	6,000,000	8,100,000	8,500,000
3.	6,000,000	8,100,000	8,500,000
總數	$13,000,000	$21,200,000	$20,500,000
獎勵		820,000	1,500,000
淨成本		$20,380,000	$19,000,000
1.	$6,000,000	$8,100,000	$8,500,000
2.	6,000,000	8,100,000	8,500,000
3.	6,000,000	8,100,000	8,500,000
總數	$18,000,000	$24,300,000	$25,500,000
獎勵		630,000	1,500,000
淨成本		$23,670,000	$24,000,000
1.	$1,000,000	$5,000,000	$3,500,000
2.	1,000,000	5,000,000	3,500,000
3.	11,000,000	10,500,000	10,000,000
總數	$13,000,000	$20,500,000	$17,000,000
獎勵		750,000	0
淨成本		$19,750,000	$17,000,000

續示圖 1

東方航空機體保險——基於災難損失的成本比較

	損失	損失轉換計畫	利潤佣金計畫
1.	$1,000,000	$5,000,000	$3,500,000
2.	6,000,000	8,100,000	8,500,000
3.	11,000,000	10,500,000	10,000,000
總數	$18,000,000	$23,600,000	$22,000,000
獎勵		560,000	0
淨成本		$23,040,000	$22,000,000
1.	$1,000,000	$5,000,000	$3,500,000
2.	11,000,000	10,500,000	10,000,000
3.	11,000,000	10,500,000	10,000,000
總數	$23,000,000	$26,000,000	$23,500,000
獎勵		300,000	0
淨成本		$25,700,000	$23,500,000
1.	$6,000,000	$8,100,000	$8,500,000
2.	6,000,000	8,100,000	8,500,000
3.	11,000,000	10,500,000	10,000,000
總數	$23,000,000	$26,700,000	$27,000,000
獎勵		370,000	0
淨成本		$26,330,000	$27,000,000
1.	$6,000,000	$8,100,000	$8,500,000
2.	11,000,000	10,500,000	10,000,000
3.	11,000,000	10,500,000	10,000,000
總數	$28,000,000	$29,100,000	$28,500,000
獎勵		110,000	0
淨成本		$28,990,000	$28,500,000
1.	$11,000,000	$10,500,000	$10,000,000
2.	11,000,000	10,500,000	10,000,000
3.	11,000,000	10,500,000	10,000,000
總數	$33,000,000	$31,500,000	$30,000,000
獎勵		0	0
淨成本		$31,500,000	$30,000,000

示圖 2

東方航空噴射機團隊（1969 年 1 月 1 日）

機種	數量	帳面價值 飛機價值	帳面價值 團隊價值	投保價值 飛機價值	投保價值 團隊價值
DC-8-61	17	$8,709,000	$148,053,000	$9,000,000	$153,000,000
DC-8-63	2	11,100,000	22,200,000	11,300,000	22,600,000
	19		$170,253,000		$175,600,000
DC-9-14	15	$3,310,000	$49,650,000	$3,400,000	$51,000,000
DC-9-21	14	2,772,000	38,808,000	3,000,000	42,000,000
DC-9-3	62	3,825,000	237,150,000	3,900,000	241,800,000
DC-9-31	5	3,825,000	19,125,000	3,900,000	19,500,000
	96		$344,733,000		$354,300,000
720	15	$2,455,000	$36,825,000	$3,200,000	$48,000,000
	15		$36,825,000		$48,000,000
727	50	$3,854,000	$192,700,000	$4,200,000	$210,000,000
727-225	1	6,092,225	6,092,225	6,200,000	6,200,000
727-QC	17	5,710,000	97,070,000	5,900,000	100,300,000
727-QC	8	5,710,000	45,680,000	5,900,000	47,200,000
	76		$341,542,225		$363,700,000
總數=206			$893,353,225		$941,600,000

個案 DMA 電腦公司

「每個人都會喜歡這套軟體的，」DMA 公司總裁勞騰勃格(Lee Rautenberg)於 1998 年，在將 PC MacTerm 介紹給訪客時如此表示。指著他面前的兩台電腦，他繼續說道：「如同大家所見，麥金塔電腦可以在 IBM PC 中的硬碟直接執行 Lotus 1-2-3，而要達到此一目的，僅需要 PC MacTerm、pcAnywhereIII 以及一條十五美元的串列線，其他一概不需要。」

背景

DMA（Dynamic Microprocessor Associates）由勞騰勃格在 1979 年創立，主要是爲新興的微電腦業開發軟體。到 1988 年，該公司已經成長至十二位員工，並區分爲在長島的技術開發部門、以及在紐約的業務與行銷部門。它在 1987 年的專案銷售額將近四百二十萬美元（參見示圖 1 與 2 有關 DMA 的最新資產負債表與損益表）。

自從創立以來，DMA 已經爲不同的電腦系統開發了八套軟體。其中三套還獲得了 PC Magazine 的「特選」獎。這家公司向來以自己在產品上的優異技術而自豪。

DMA 銷售最好的產品是 pcAnywhereIII，它可讓 IBM 相容個人電腦透過數據機與電話線來存取另一台 IBM 個人電腦。而該公司的最新產品 PC MacTerm，則可讓麥金塔電腦以同樣簡易的方式來操作 IBM 相容個人電腦。而一些先前的評論指出，PC MacTerm 的企圖是要獲得廣泛的接受度。

美國企業（意即不包括家庭與教育單位）在 1987 年的個人電腦安裝數量估計爲一千五百一十二萬台，且在後續的五年當中，每年的成長率約在 11%。這些個人電腦有著多種不同的硬體標準，其中最普遍的兩種是 IBM 相容個人電腦與蘋果麥金塔電腦。

IBM 相容個人電腦與麥金塔電腦在許多方面皆不相同。其中最大的差異在於麥金塔電腦的介面，它主要是使用圖示（icon）與滑鼠；麥金塔電腦也以「所見即所得」、也就是 WYSIWYG 的模式來操作：出現在螢幕上的文字與圖形將會與印在紙上時相同。IBM 相容個人電腦與麥金塔電腦在內部架構上也不相同。舉例而言，它們是以不同的微處理器（IBM 相容個人電腦採用英代爾；麥金塔電腦採用摩托羅拉）來設計，也以不同的電腦語言與連接器來傳送資料至印表機與其他裝置上，而儲存資料至磁片也採用不同的格式。以上種種的差別使得兩種標準之間並不相容。

IBM 相容個人電腦已成爲普遍接受的商業標準。IBM 個人電腦與相容機種在辦公室市場的佔有率超過 75%（相較之下，麥金塔只佔有 5%）。大家普遍認爲麥金塔電腦是使用上較爲簡易的機器，且麥金塔電腦使用者的數目也在增加當中。

連接—將電腦連結起來以達到共享資料的目的—在處理來自不同廠商的系統時將是一大問題。連接層次共有三種：（1）僅能交換資料檔案，（2）增加執行程式的能力，

（3）能與主機電腦完全連接，且能無限存取硬體、檔案、程式與周邊（例如印表機）。pcAnywhereIII 爲 IBM 個人電腦之間提供第三種層次的連接能力。PC MacTerm 則保證能讓 IBM 個人電腦與麥金塔電腦之間具有相同的連接能力，能讓麥金塔電腦完全控制 IBM 個人電腦。PC MacTerm 開發者布萊得法克斯(Brad Farkas)表示：「隨著麥金塔電腦的使用人數增加，此種產品也亟待開發。」

PC MacTerm 的市場

PC MacTerm 是爲大約三十萬名同時使用 IBM 個人電腦與麥金塔電腦的客戶而開發。勞騰勃格並不確定 PC MacTerm 能斬獲的市場佔有率：具有混合式電腦環境的公司一直僅擁有有限的連接能力。一般而言，大部份的個人使用者通常僅使用一種系統，而非同時使用兩種。他們將欣賞 PC MacTerm 所提供的彈性嗎？許多試用過 PC MacTerm 的專業人員與評論家認爲它是一項非常有用的產品。但是企業用戶會有相同的反應嗎？勞騰勃格本身也不確定市場的大小。「三十萬」這個數字不過是個預估值。真實的數字可能介於二十萬至一百萬之間。

勞騰勃格另外擔憂的，則是競爭產品的出現。許多軟硬體公司都在連接能力上大作文章，而且有可能推出更具效率且更便宜的產品。即使競爭者並未出現，勞騰勃格估計以電腦產業的快速發展，將會使得 PC MacTerm 的產品生命周期最多僅能維持四年。之後，競爭產品（可能是由

DMA 所開發）的出現，或是硬體廠商將會開發出取代方法，克服所有的連接問題，都會使得軟體的解決方案不再被需要。

行銷

勞騰勃格撥了二十萬美元的經費作爲 PC MacTerm 的行銷費用。其中大部份的錢將會花在引起消費者興趣與提升知名度上。他知道光是大打廣告並不夠。經銷商也必須了解 PC MacTerm 的優點，這可並不容易。大部份的經銷商都只專精於他們的 IBM 或蘋果牌產品，即使是兩種系統都賣的經銷商，通常也將它們區分在不同的展示室裡。儘管有了非常積極的行銷計畫，勞騰勃格對於 PC MacTerm 在第一年及後續幾年的市場佔有率仍不甚樂觀。他估計第一年市場佔有率約介於潛在市場的 2%至 5%之間；而後續幾年的市場佔有率則有賴於市場的反應。

PC MacTerm 的零售價格定在九十九美元，比起許多專業性資料交換程式的價位稍低，同時也低於該公司定價一百四十五美元的 pcAnywhereIII。PC MacTerm 與 pcAnywhereIII 合在一起才能使麥金塔電腦連接 IBM 個人電腦。批發商所付的價格通常是零售價的一半。因此，他們以五十美元的價位向 DMA 購買產品。DMA 對每一套 PC MacTerm 產品並收取六美元的程式磁碟片、列印手冊與包裝費用。一家專業承包商將負責製造程序，產品支援則由 DMA 現有的行銷與程式開發人員來提供。示圖 3 則是新產品的推薦廣告稿。

卡他林那公司的合約

DMA 希望獨力行銷新軟體。就在該公司準備開始行銷之前，卡他林那電腦公司(Catalina Computing)這家資本額三千萬美元，專精於網路通訊公用程式產品系列的開發與行銷公司，向 DMA 提出一些提議。卡他林那公司提議由它買下 PC MacTerm 的獨家行銷權，並冠以自己的品牌來銷售這套軟體。 DMA 可獲得簽約金五萬美元，再加上銷售毛利（以每套五十美元計算）的 15%權利金。大部份的軟體銷售合約還會加上廣告費用的最低金額，但是在 PC MacTerm 這個案例上卻無法援用，因爲卡他林那公司計畫將它結合自己的產品線，因此將會難以分辨哪些費用是花在 PC MacTerm、而哪些又是花在整體的產品上。因此，卡他林那公司提議前六個月每月的最低權利金費用爲一萬五千美元，之後兩年內每月的最低權利金費用則爲一萬美元。最低費用可說是一項誘因，迫使卡他林那公司不得不全力地推銷 PC MacTerm。

卡他林那公司是一家大型且有聲譽的麥金塔電腦軟體經銷商，並在麥金塔電腦用戶間建立了良好的名聲。勞騰勃格了解卡他林那公司擁有許多通路，而且能比 DMA 銷售得更好。但是 15%真的是合理的權利金嗎？卡他林那公司是否也會受到競爭產品出現的影響？將 DMA 產品的行銷交由一家在麥金塔電腦軟體市場頗有名氣的公司負責，是否還有其他的優點？

也許勞騰勃格所犯的一個錯誤就是，只在財務問題上考量。DMA 是一家 IBM 個人電腦的軟體開發商，在麥金塔電腦族群裡可說較不具知名度。與卡他林那公司牽上關係將可爲該公司貼上「認可標籤」。卡他林那公司的合約也可免除 DMA 在行銷與支援 PC MacTerm 的風險；該公司也可將有限資源集中在自己的專長上—開發新的軟體程式。

作出決定

DMA 的傳統重心一向是放在產品的開發上，而勞騰勃格也了解到由於該公司狹隘的技術取向，使得在銷售成果上一直表現不佳。假使 DMA 的產品要發揮完全的潛力，就必須對產品的行銷更加重視。PC MacTerm 在每一方面的表現上都可說是贏家，這使得它的行銷決策更加困難。與具知名度的軟體出版商合作固然可獲得更廣的通路與更加輕易地進入麥金塔電腦的領域；但是它也是一項珍貴的學習經驗。另一方面，假如產品大爲成功，DMA 將會失去受到形象認同的機會、以及實質的金錢利益。PC MacTerm 是否是達成此一任務的最佳產品？還是會有更好的產品？

勞騰勃格準備了一張表，上面列出對市場的期待及圍繞在銷售計畫上的不確定因素（參見示圖 4）。在作出最後決定之前，他想要重新審核這些數字，並充分了解財務上的涵義。

示圖 1

1987 年損益表

銷售額	$3,692,130
銷貨成本	184,774
研發	558,524
行銷及產品支援	534,078
管理費用	261,095
通貨膨脹貶值	166,760
稅前淨營收	$1,986,899

示圖 2

1987 年 12 月 31 日資產負債表

資產		**負債**	
現金	$215,848	應付帳款	$177,484
應收帳款	719,348	股東權益	5,058,315
投資	2,059,690		
固定資產淨值	2,240,913		
總資產	$5235799	總負債	$5,235,799

示圖 3

PC MACTERM 的廣告影本

Now a Macintosh Here...

Now the industry's top-rated PC-to-PC remote computing program lets you run a PC from any Macintosh® including the Mac II! And by "run," we mean more than emulation!

Completely control all IBM PC™ programs, data, attached peripherals, and internal cards from your Mac. The connection can be by modem, direct cable link, or through an AppleTalk® network (with PC MacTerm/Network).

You simply need two software programs—pcANYWHERE III™ (on the PC) and PC MacTerm™ (on the Mac). pcANYWHERE III is the latest release of the PC Magazine #1 Editor's Choice in PC-to-PC remote computing.

Unbeatable Breakthrough. There's nothing else like it on the market. It's as if the Mac user is actually sitting in front of the PC! Even keyboard differences don't matter. No other approach to Mac-PC connectivity is as complete or inexpensive as the all-software solution—pcANYWHERE III plus PC MacTerm.

Get the Best of Both Worlds. Run DOS programs residing on your PC from your Mac, with the benefit of built-in Macintosh capabilities, such as copying and pasting between two DOS programs, or between Mac and DOS programs!

Transfer files. Print on the Mac printer from DOS applications. Use the mouse to press DOS function keys. PC MacTerm is fully compatible with Apple's MultiFinder,™ so you can even run DOS programs or transfer files in the background while running other Mac applications. Bridge the gap between Mac users and PC users with pcANYWHERE III plus PC MacTerm.

Make Contact. To order, or for more information about pcANYWHERE III ($145), PC MacTerm ($99), or PC MacTerm/Network* ($395), call (212) 687-7115 today. Or write to: Dynamic Microprocessor Associates, 60 E. 42nd St., NY, NY 10165.

Can Run a PC There.

pcANYWHERE III plus PC MacTerm
The Practical Choice in Remote Computing

DMA

*Includes network versions of pcANYWHERE III and PC MacTerm.

pcANYWHERE III and PC MacTerm are trademarks of DMA, Inc. IBM PC is a trademark of International Business Machines Corp. Macintosh, Mac II, MultiFinder, and AppleTalk are trademarks of Apple Computer, Inc.

示圖 4

1987 年市場預測

假設	最佳預測	範圍 低	 高
最初市場大小	300,000	200,000	1,000,000
市場成長率	11%	8%	14%
幾年內將退化	2	0	4
DMA 的配銷			
廣告預算	$200,000		
給批發商的價格	$50.00		
變動成本 [a]	$15.00	$12.00	$20.00
最初市場佔有率	3.5%	2.0%	5.0%
每年市場佔有率成長倍數 [b]	1.5	1.2	1.8
卡他林那的配銷			
簽約金	$50,000		
權利金	15.00%		
第 1 年最低權利金	$150,000		
第 2 年最低權利金	$120,000		
變動成本	無		
最初市場佔有率	10%	5.0%	15.0%
每年市場佔有率成長倍數 [b]	1.5	1.2	1.8

a 變動成本包括了 6 美元的製造費及 9 美元的預期產品支援支出

b 如果在第一年裡未飽和的市場佔有率是 10%,成長倍數 1.5 即表示第二年市場佔有率是 15% (10%x1.5), 而在第三年是 22.5%..等等

個案　大西方鋼鐵公司

大西方鋼鐵公司(GREAT WESTERN)位於美國西岸港口區的碼頭上，它在此卸下由委內瑞拉運來的鐵砂。碼頭的設備可以同時裝卸兩艘船。貨船的大小與外型大致相同。裝卸一艘船的時間約需要一天二十四小時，但是偶爾設備損壞則會造成裝卸時間的延長，如示圖 1 所示。工人隨時都可待命。當沒有船可供卸貨時，該公司並不需要根據時間支付水手的費用。另一方面，該公司可以視貨船抵達的數目來施行三班制、七天的工作時間。

這項安排已經平穩地行之數年。貨船會提早以無線電通報抵達的時間，因此可以先找好水手，停泊船的位置也沒有太大問題。常常有船在抵達時發現碼頭上的兩個船位都已停滿，只好等待卸貨，但是拖延的時間通常不會超過幾個小時。在 1955 年 9 月，這些安排開始引起一些關切，因為即將完成的新鐵工廠需要更多的鐵砂，因此船期次數必須隨之增加。每年的船運次數大約需要五百趟，先前則僅需二百五十趟，原先的安排可能會造成貨船在卸貨前必須等待非常久的時間，而該公司付出的每日雇用費為一千四百美元。

於是他們做了一項研究，研判使船期抵達時間更規律的可能性，但是很明顯地，航行期間的多種變化，使得船期規律化根本不可能（貨船當然可以依指示以較低的速度航行，以免以正常速度抵達時卻發現港口壅塞）。根據過去的研究記錄顯示，貨船抵達的時間根本無法預測—經常是整年性的不定期，完全沒有明顯的模式可依循。示圖 2 是用來蒐集貨船抵達時間與碼頭利用情形的觀察工作表。從過去的觀察所得，隨著交通的擁擠，貨船抵達時間的間距之最佳預估顯示在示圖 3，其中時間分配的平均值當然等於 365÷ 500＝0.73 天。

另一項研究則調查延伸港口或在附近建造新碼頭的可能性。這項研究顯示，利用最具經濟效益的位置，該公司將會花掉大約一百三十萬美元來建造只有一個停泊位置的港口、以及安置所有必需的設備，例如起重機、防滑軌等。新設備的維護成本約爲一年二萬八千美元，營運費用則可以忽略，因爲它是視貨船抵達的數目而定，而非可停泊船的位置（碼頭工作人員在夜間或假日工作也不須額外付費）。新設備的壽命估計約爲二十五年，而該公司的政策是除非投資能在稅後達到 15%以上的利潤，否則將不作投資。除非立刻開始興建新碼頭，否則碼頭的建設與設備的安置將無法在新鐵工廠開始營運前完成。

示圖 1

卸貨時間

時數	百分比
24	4
25	9
26	18
27	13
28	10
29	5
30	4
31	4
32	6
33	8
34	11
35	6
36	2

示圖 2

工作表

抵達時間	卸貨時間	1 號停泊處		2 號停泊處	
		進來時間	出去時間	進來時間	出去時間

示圖 3

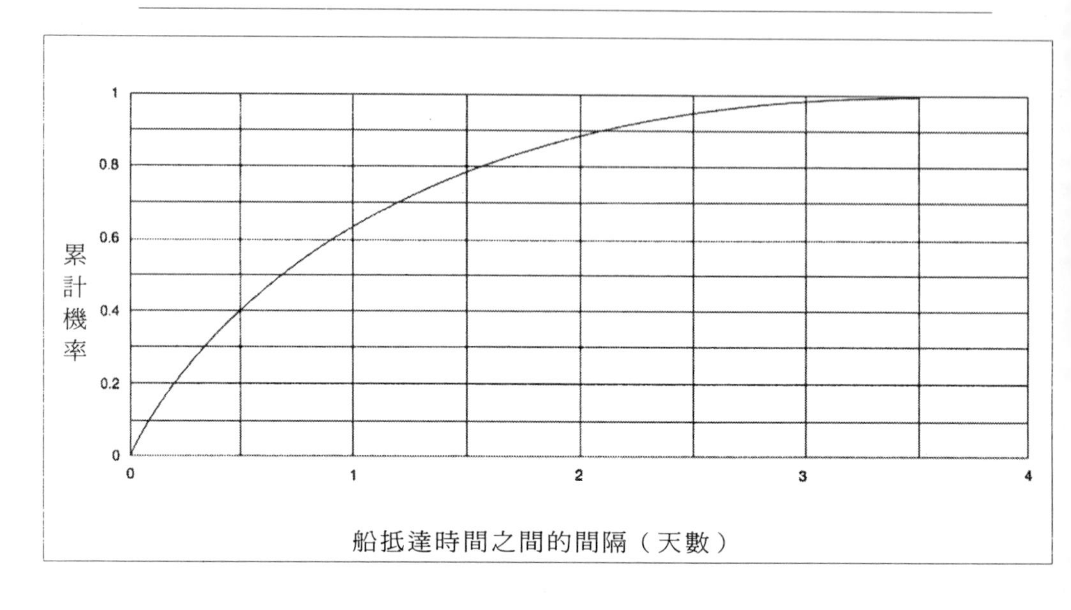

個案　捷肯多孚公司

威廉捷肯多孚（William L. Zeckendorf）以顯示在他電腦螢幕上的試算表起頭道：「我們有一筆六百萬美元的利息償付預算，將在 68 街及百老匯興建大樓。依照利率，我們應該會少花一百萬美元左右。事情將會相當的糟，如果費用超出預算。聽到這你可能會相當驚訝，但是即使是五千萬美元的大樓，我們也可以相當準確地估算出非利息成本。這一點使銀行非常高興，因爲他們是以逐項的方式借錢給我們。這也使我們的合夥人（在此指日本廠商）非常高興，他們認爲成本失控至少是缺乏競爭力的訊號。儘管有百萬美元的緩衝，我仍然擔心事情可能會出錯。與這些夥伴建立起良好關係對我們十分有利，但是如果我們的預算失控則會引起間隙。因此我要求我們的銀行將固定利率與浮動利率提供給我，好解決問題。

公司歷史

老威廉捷肯多孚在第二次世界大戰後創立了公司，並擔任開發者的角色興建了許多北美的地標，包括紐約市的聯合國廣場、丹佛的 Mile High Plaza、蒙特婁的 Place Ville-Marie。雖然在 1985 年 7 月在曼哈頓僅有一小撮的開發人員，捷肯多孚公司卻比其他位於曼哈頓的開發公司進行更多的商業計畫。

威廉捷肯多孚（1984 年取得哈佛商學院企業管理碩士學位）是創建人的孫子，也是目前公司領導人的兒子，他談論到家族的歷史：「我的家族一直都是企業家。我的曾曾祖父從新墨西哥搭乘十二輛車廂的火車到塔克森，帶了價值 3 萬美元的貨品；本地的零售商人立刻以六萬五千美元的價格買光了所有貨品。自當時起，就常常見到威廉捷肯多孚發現新的賺錢方式。我的祖父在 1925 年開始置產，藉著積極的銷售手段，他設法租下他叔叔在曼哈頓大樓裡的每一樓層。祖父日漸壯大。他銷售、再銷售與租借不動產，即使是在大蕭條期間。在 1960 年代，我敢說他已經累積了好幾億美元的個人財產。但是他失去了一切，部份原因是六〇年代中期利率的上揚。他的高度槓桿平衡因爲一家銀行取消贖回權、而其他銀行隨之跟進的骨牌效應而遭到破壞。現在你應當可以了解爲何我們對於銀行的利率問題非常謹慎。

68 街與百老匯計畫

這項建設預定在 1985 年的夏季末開始，目標是興建 28 層的出售大廈，在基地上建有一百六十三間公寓與一座佔地二萬平方英呎的 A&P 超級市場。Great Atlantic & Pacific Tea Company 當時擁有二萬二千平方英呎的地基，在上面經營商店。該公司同意出售基地，並在新建築完成後以長期租約的方式遷回原址。

蓋好的建築物將會有二十二間工作室，平均爲五百四十平方英呎；六十四間單房公寓，平均八百二十平方英呎；五十八間兩房公寓，平均一千一百五十五平方英呎；以及十七間三房公寓，平均一千六百九十平方英呎。此外還有二間頂樓套房。每平方英呎的售價預計爲三百五十至四百美元。新建築還有一座八千平方英呎的健康俱樂部，以及可停放五十七輛車的車庫。

身爲開發者的捷肯多孚引進日本的大建築公司作爲合作夥伴、確保所需的土地、雇用建築公司來設計大樓、並且監控建造程序。

估計貸款償付

雖然利率可能無法確定，但是未清償的貸款仍然可以正確地預測出來。購買土地將會立刻用去部份的貸款，當開始興建時則會更進一步地消耗。在十八個月新建築完成之後，公寓銷售的收益將會用來償還貸款。由於這項計畫可帶進不錯的利潤，應不會有總收益少於總貸款的危險。每月預估的貸款平衡顯示在示圖 1。

「假如我們的利息償付真的超過六百萬美元，公司對於前頭超出的數十萬美元可能必須自掏腰包，這絕對不是我們樂意見到的事。原因只有一個，那就是我們必須在合作夥伴的心目中建立固守預算的名聲。相信我，他們非常在意每塊錢的用法;他們對我們的數字調查得非常詳細」，威廉捷肯多孚繼續說道：「如果超出預算，我們可以依據合夥合約向合夥人要求增資。但是他們可能不會與我們再次合作。無論如何，這太不確定了，因爲我們的銀行會在一週之內對我們要求的金額做出回應。通常我們會付出比商業本票的利率高出 2.25 點，而且當然會有浮動變化。我已經提出了固定利率的喊價與 13%資金的浮動利率基差(cap)。

可選擇的貸款合約

1985 年 8 月初時，信孚銀行對於捷肯多孚的固定利率與 13%基差費用喊價作出回應。固定利率爲 10.35%（加上 2.25 點，也就是 12.60%）。此利率會根據示圖 1 的排程適用於所有的借貸。銀行也將會提供三期的基差。在這項程序中，在每個月初，捷肯多孚的公司都能以高於現行三月期的商業本票利率 2.25 點的利率，借貸爲期三個月的資金。如此捷肯多孚將可以有效持有三個對外借款，每一個可在三個月後到期。如果捷肯多孚要償付資金，任何一個三月期借貸所收取的利率將是商業本票利率與基差的孰低值，並再加上 2.25 點。三項可能基差的總成本（當然是基於示圖 1 的排程）請參見表 3.3。

表 3.3

基差利率	9%	11%	13%
費用	$808,000	$456,000	$265,000

「這些基差權利率是很好的主意，但隨著一個 10.35% 的固定利率，我實在不會出錯，因爲 $ 5,966,535 的利息支出保證還在我的預算之下。提醒你，利率近來很穩定，現行的商業本票利率是 8.2% （示圖 2），或許在這交易上我不用如此保守。」

示圖 1

貸款計畫

	總貸款需求	3 個月貸款數
1985 年 9 月	$9,060,883	49,060,883
1985 年 10 月	9,703,531	642,648[1]
1985 年 11 月	10,110,873	407,342
1985 年 12 月	10,635,298	9,585,308
1986 年 1 月	11,480,026	1,487,376
1986 年 2 月	12,308,554	1,235,870
1986 年 3 月	13,495,551	10,772,305
1986 年 4 月	16,182,114	4,173,939
1986 年 5 月	18,941,661	3,995,417
1986 年 6 月	22,639,474	14,470,118
1986 年 7 月	26,075,966	7,610,431
1986 年 8 月	28,933,574	6,853,025
1986 年 9 月	31,671,109	17,207,653
1986 年 10 月	34,337,160	10,276,482
1986 年 11 月	36,726,143	9,242,008
1986 年 12 月	39,580,010	20,061,520
1987 年 1 月	41,718,766	12,415,238
1987 年 2 月	43,839,800	11,363,042
1987 年 3 月	45,732,122	21,953,842
1987 年 4 月	39,056,031	5,739,147
1987 年 5 月	30,609,923	2,916,934
1987 年 6 月	21,884,678	7,943,271[2]
1987 年 7 月	12,786,586	0
1987 年 8 月	731,564	0

[1] 以這個數字而言，捷肯多孚須在 10 月借款，以符合現金需求。

[2] 3 個月貸款數確實爲$731,564，2 個月爲$9,138,088，而 1 個月爲$3,358,945，總數爲$13,228,597，因此我們可忽略現有淨值，估計出重要付費爲：

$$\$7,963,271 = \$731,564 + \left(\frac{2}{3}\right)(9,138,088) + \left(\frac{1}{3}\right)(3,358,945)$$

示圖 2

主要利率

1977 年 1 月	6.025	1979 年 3 月	10.050	1981 年 5 月	17.525	1983 年 7 月	9.750
1977 年 2 月	5.900	1979 年 4 月	10.150	1981 年 6 月	17.650	1983 年 8 月	9.800
1977 年 3 月	5.900	1979 年 5 月	10.300	1981 年 7 月	18.025	1983 年 9 月	9.900
1977 年 4 月	5.900	1979 年 6 月	10.150	1981 年 8 月	17.900	1983 年 10 月	9.525
1977 年 5 月	5.900	1979 年 7 月	10.400	1981 年 9 月	15.900	1983 年 11 月	9.525
1977 年 6 月	5.775	1979 年 8 月	11.350	1981 年 10 月	14.900	1983 年 12 月	10.250
1977 年 7 月	5.775	1979 年 9 月	12.150	1981 年 11 月	12.025	1984 年 1 月	9.650
1977 年 8 月	6.275	1979 年 10 月	14.650	1981 年 12 月	13.275	1984 年 2 月	9.950
1977 年 9 月	6.650	1979 年 11 月	12.850	1982 年 1 月	14.150	1984 年 3 月	10.550
1977 年 10 月	6.900	1979 年 12 月	13.900	1982 年 2 月	14.400	1984 年 4 月	10.750
1977 年 11 月	6.750	1980 年 1 月	13.650	1982 年 3 月	15.400	1984 年 5 月	10.950
1977 年 12 月	7.050	1980 年 2 月	15.100	1982 年 4 月	14.775	1984 年 6 月	11.650
1978 年 1 月	7.000	1980 年 3 月	17.525	1982 年 5 月	14.025	1984 年 7 月	11.600
1978 年 2 月	6.900	1980 年 4 月	13.400	1982 年 6 月	15.275	1984 年 8 月	11.775
1978 年 3 月	7.000	1980 年 5 月	9.775	1982 年 7 月	12.025	1984 年 9 月	11.275
1978 年 4 月	7.250	1980 年 6 月	9.400	1982 年 8 月	10.400	1984 年 10 月	10.050
1978 年 5 月	7.550	1980 年 7 月	9.275	1982 年 9 月	10.525	1984 年 11 月	9.150
1978 年 6 月	8.150	1980 年 8 月	11.525	1982 年 10 月	9.525	1984 年 12 月	8.650
1978 年 7 月	8.100	1980 年 9 月	13.275	1982 年 11 月	9.275	1985 年 1 月	8.600
1978 年 8 月	8.350	1980 年 10 月	13.900	1982 年 12 月	9.525	1985 年 2 月	9.150
1978 年 9 月	8.950	1980 年 11 月	17.025	1983 年 1 月	8.900	1985 年 3 月	9.200
1978 年 10 月	9.500	1980 年 12 月	18.650	1983 年 2 月	8.650	1985 年 4 月	8.600
1978 年 11 月	10.400	1981 年 1 月	17.275	1983 年 3 月	10.025	1985 年 5 月	7.950
1978 年 12 月	10.800	1981 年 2 月	15.650	1983 年 4 月	8.800	1985 年 6 月	7.950
1979 年 1 月	10.250	1981 年 3 月	14.650	1983 年 5 月	9.150	1985 年 7 月	8.200
1979 年 2 月	10.250	1981 年 4 月	16.400	1983 年 6 月	9.650		

第四章

資訊的價值

如果今天你就可以窺見明天的報紙，那豈不是一件很棒的事？假如給你六十秒的時間閱讀明天的當地日報，你會出價多少？回答這個問題時，你是否確實想過你要如何利用這六十秒？你又要如何利用這些你得到的資訊？管理者通常將錢花在可以幫助他們作出好決策的資訊上。他們進行市場調查、作專利搜尋，並且等著對手先作出第一步行動。但是，通常在決定尋求哪些資訊之前，他們並沒有深思熟慮過如何確實利用它們。本章中，你將學習如何認定和衡量資訊的價值。雖然本章沒有任何例子，但是練習題卻充滿挑戰性並具多樣性。在本章結束前，你必須能以決策樹的方式來解決資訊問題。此外，你必須學習在一般性的問題面對新證據時，如何修正自己的主張。

收集資訊的價值

對決策者而言，收集資訊是一項利器。資訊的收集有時可幫助我們獲得一般性的了解，有時僅能滿足我們的好奇心，但是偶爾卻可促成我們作出特殊的決定。例如，一家消費性產品公司會對於尚未定案生產的新產品設計進行市場調查。採購經理在對供應商施加壓力迫使他們降低價錢之前，必須先暸解其他產業所面臨的成本支出。

通常只有花些錢，才能得到想要的資訊。行銷研究必須花費金錢和時間；進行市場測試是很昂貴的，而且更重要的是，會因此延誤一項也許是成功商品的上市時效。決定是否收集可分析的資訊將視資訊的預測價值是否超過收集資訊的支出而定。

資訊極少是完美的。樣本資訊基於下列幾項理由也許是不正確的：純粹的取樣錯誤、測量的誤差（受訪者可不一定照著自己說過的話去做）、以及選擇的誤差（樣本不能代表母體）。基於上述任何或全部的理由，市場測試的結果對於一項新產品的上市結果來說，也許並不是一個完美的指標呢！

蜜雪兒搬家公司

蜜雪兒搬家公司一天出租的基本量是以卡車加上兩個工作人員來計算，顧客通常是搬家的家庭或須送貨的公司。有一天蜜雪兒突然缺少一部卡車，想要向當地的租車公司租用一部。她所面對的問題是：她需要租用一部多大的卡車呢？一部大卡車每天必須花費二百美元（包括保險、燃料等），而小卡車則是每天一百三十美元。無論如何，如果搬運的負擔過重，工作人員必須跑兩趟，這樣會削減租用小卡車的優勢。蜜雪兒評估跑兩趟的額外開銷（加班費和卡車的里程數）是一百五十美元。她估算出必須跑兩趟的機率是 0.40。

> 問題 1
> 假如對於她的決定沒有其他資訊的話，那麼蜜雪兒公司該租輛大卡車或小卡車呢？

回答問題 1，我們可以畫出如圖 4.1 的樹狀圖：

 4.1

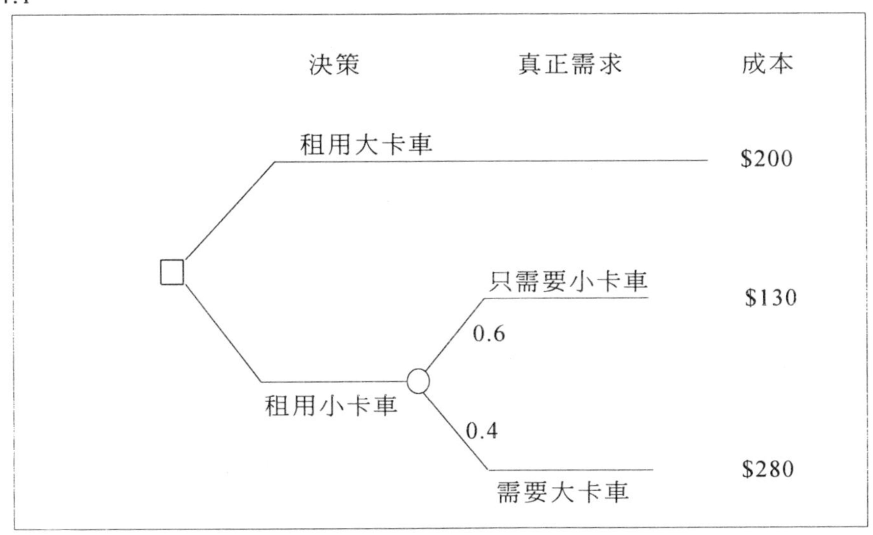

租用小卡車預計花費 0.6×130+0.4×280=$190。因此她應當租一部小卡車。

回答問題 2，讓我們先假定以上所討論蜜雪兒所得到的資訊並不需要懷疑它們的準確性，也就是說它們都是「完美」的資訊。要分析蜜雪兒的問題，我們必須畫一個更複雜的樹狀圖，如圖 4.2 所示：

圖 4.2

問題 2
對蜜雪兒而言，爲了確定是否爲這項工作租用一輛小卡車，什麼事是確實值得知道的（例如，她也許該派某個人利用一天的時間去進一步探查這項工作）？

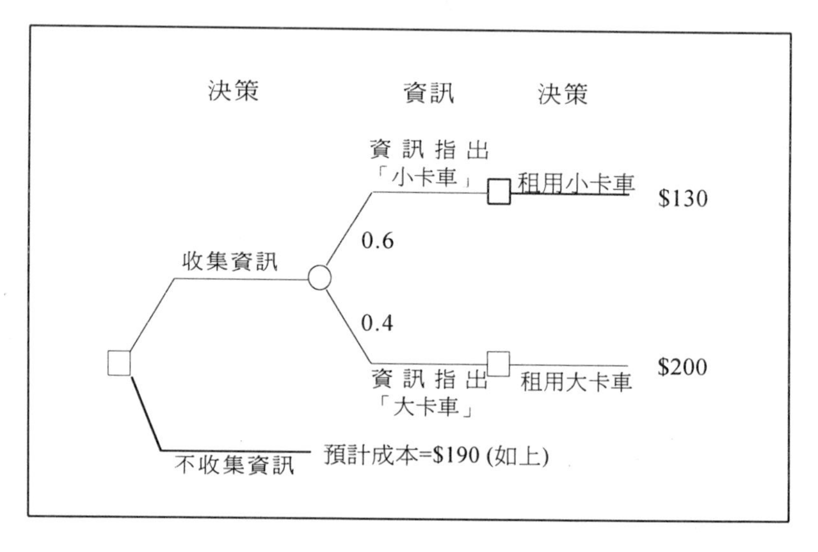

收集資訊的期望值爲 0.6×130+0.4×200=$158，比沒有這些資訊的預期花費便宜了三十二美元，所以此資訊的期望值爲三十二美元。因此花費若少於三十二美元，蜜雪兒最好先得到這些資訊，然後再下決定。但如果花費超過三十二美元，她就可以直接去租部小卡車。

如果需要的是一部大卡車，你可以直接看出若收集資訊我們將節省八十美元。因爲需要大卡車的機率是

0.4，所以資訊的期望值為 0.4×80 或三十二美元。

不完美資訊的價值

我們假定得到的資訊是完美無誤的，但事實常常不是如此。

被派去進一步探查這項工作的人也有可能產生錯誤。蜜雪兒相信即使這個人回報「需要大卡車」，實際上需要大卡車的機率也僅有 0.80。同樣的，如果回報的是「需要小卡車」，需要小卡車的機會亦僅有 80%。這些進一步資訊的真正價值到底是多少呢？

繼續進行分析之前，請注意這些資訊的價值有可能確實少於三十二美元。我們能以圖 4.3 所示的樹狀圖來解決這個問題：

圖 4.3

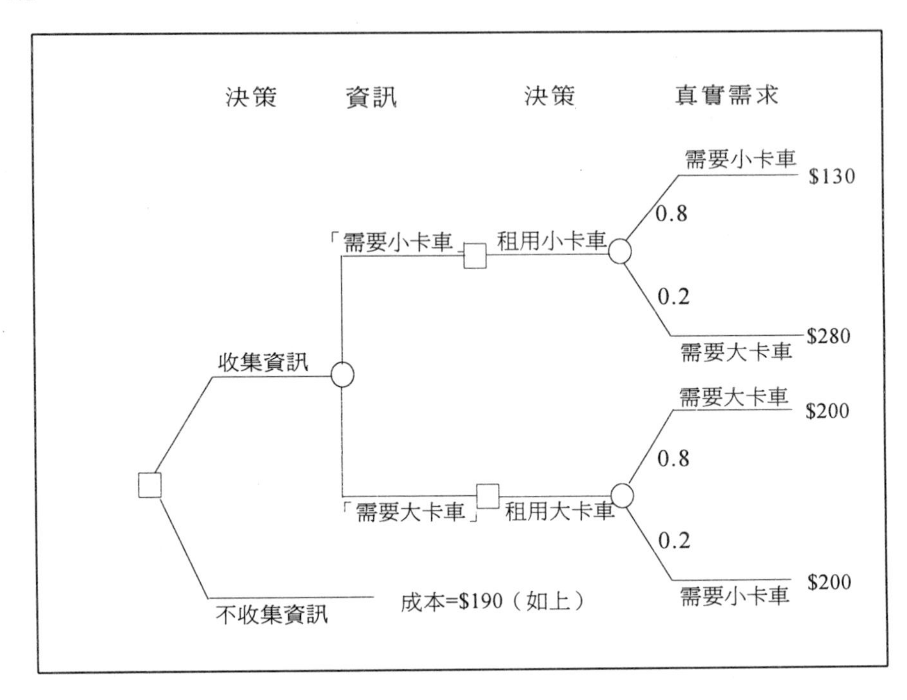

這個樹狀圖幾乎是完成了。但是它還欠缺了一小部份關於或然率的資訊：由我們的資料提供者說出「大卡車」或「小卡車」的可能性各有多大？你也許認爲適當的機率應分別是 0.6 和 0.4，因爲這些是需要一部小卡車或大卡車的機率值。但這並不完全一致。請考量圖 4.4 所畫出的樹狀圖。

圖 4.4

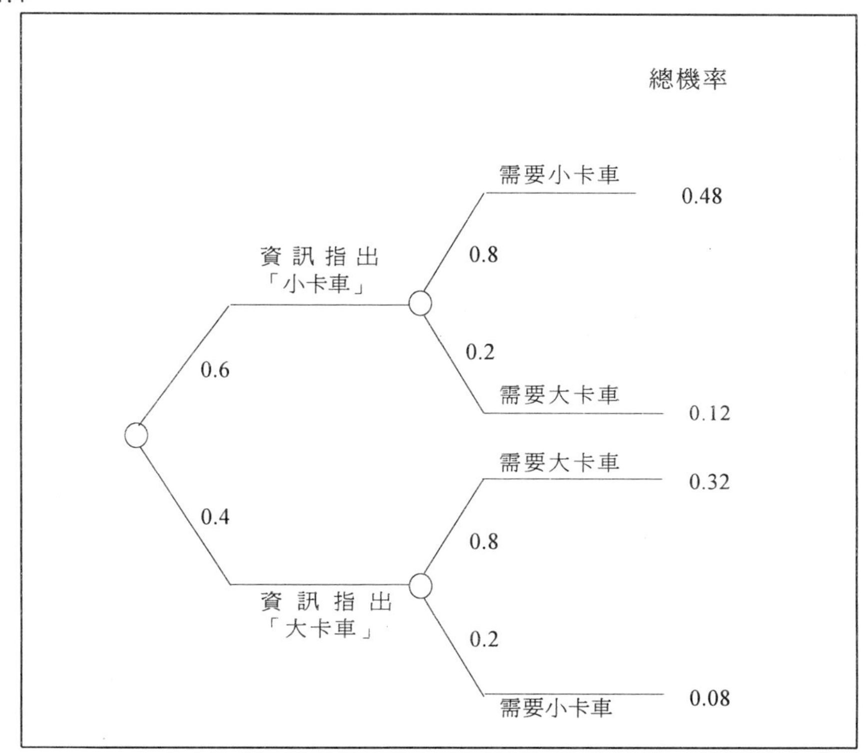

根據此樹狀圖，事實上需要小卡車的機率是 0.56（0.48+0.08），而需要大卡車的機率是 0.44(0.12+0.32)。這數值並不完全和 0.6 及 0.4 相同。更明確地來看這個問題，假定我們的資料提供者有一半的時間是正確的，而一半的時間是錯誤的，那麼即使我們幾乎確定需要一部大卡車，我們的資料提供者還是有可能將「大的」說成「小的」。

爲了尋求我們的資訊提供者說出「需要大卡車」的

正確機率 p，我們必須先解出下列的方程式：

$$p\times0.8+(1-p)\times0.2=0.4$$

或者可以用文字來表示：

〔資訊提供者說「大卡車」的機率〕×〔這是正確資訊的機率〕+〔資訊提供者說「小卡車」的機率〕×〔這是錯誤資訊的機率〕=大卡車的總機率

此方程式的答案是 p=1/3

將這個新得到的資訊放入圖 4.3，我們再折回樹狀圖找出「收集資訊」這個分枝的期望值：

$$\frac{2}{3}(0.8\times130+0.2\times280)+\frac{1}{3}\times200=\$173\ \frac{1}{3}$$

這表示我們須預備爲「不完美」的資訊繳付$16.67（是未有進一步資訊即採取行動的預期花費一百九十美元，減去有了不「完美」資訊而行動的花費$173.33）。

貝氏法則（Bayes' Rule）

資訊並不會總是剛好以你所須要用在決策樹狀圖的格式出現。例如，當你真正想知道一個擁有企業管理碩士學位的人成爲一個成功企業家的機率時，也許你只知道一個成功企業家擁有企業管理碩士學位的機率。將某種機率的形式轉換為另一種機率的思考過程稱為貝氏法則（因為由貝氏發明這項法則）。

讓我們假設所有成功企業家的 60%擁有企業管理碩士學位（而 40%沒有）。我們再進一步假設不成功的企業家有 20%有企業管理碩士學位，80%沒有。為了得到我們想要的答案，我們還須要知道企業家成功的比例，先讓我們假定是 5%。現在我們可以畫出如圖 4.5 所示之樹狀圖：

圖 4.5

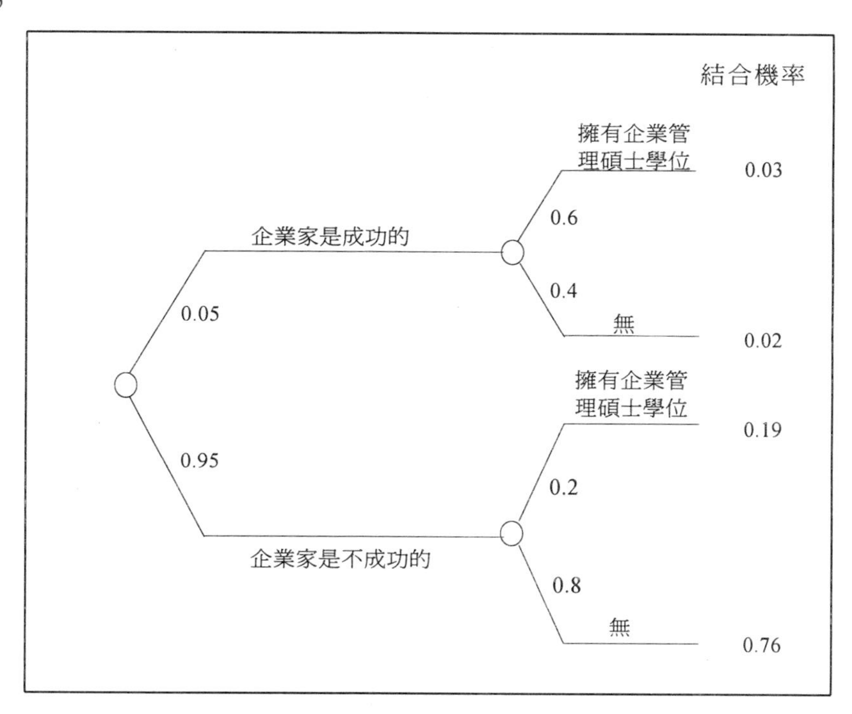

我們寫出結合的機率來看結果；例如，一個企業家是成功的且擁有企業管理碩士學位的機率爲 0.03。

我們想回答問題的是：「擁有企業管理碩士學位的企業家成功比例有多少？」從樹狀圖我們可以看出擁有企業管理碩士學位的企業家是 0.22（=0.19+0.03），在這 0.22 中有 0.03 是成功的，所以是 0.03／0.22 或 13.6%，這是我們尋找的答案（這些數值也告訴我們：沒有企業管理碩士學位的企業家只有 0.02／0.78=2.6%成功的機會）。

在數字 60%（成功企業家擁有企業管理碩士學位的比例）和 13.6%（擁有企業管理碩士學位之企業家成功的比例）之間存在著相當大的差距，一般人卻將此二項敘述視爲可互相交換！

資訊的價值練習題

1. 在某個比賽中，酬金依擲骰子決定，如下表所述。

	1	2	3	4	5	6
A	100	200	300	400	500	600
B	600	200	500	200	200	200
C	700	500	400	400	200	100

例如，你擲出的點數是「1」，如果你選的是 A，那麼你就贏了一百美元，如果選的是 B 就贏六百美元，選的是 C 贏七百美元。

a. 如果使用期望值準則，你會選什麼？

b. 在這場擲骰子比賽中，你最高會付費多少以取得正確的資訊？

2. 假設你可以利用星期六下午在一個繁忙的廣場上販賣沙拉三明治賺取一點零用錢。如果是一般的星期六，一天的努力可以淨賺一百五十美元。但不幸地，有 30%的機率會下雨。如果下雨的話，你就只能賺到五十美元(奮力來買濕透的沙拉三明治的人畢竟是少數！)假設你可以用一天二十五美元的價錢租到一頂特大的傘。在下雨的情況下，如果你的沙拉三明治並沒有濕掉，你有可能賺到一百美元（傘的花費未扣）。

a. 你該租傘嗎？在你發現是否會下雨前你必須先決定要不要租傘。而且租了之後，不管會不會下雨你都必須付租傘的費用。

b. 你最高會付費多少以取得有關天氣預報的正確資訊？

3. 你是凱樂氏（Krusty）穀類食品的行銷經理。儘管現今這個品牌一年的利潤是一百萬美元，你的老闆還是覺得你可以靠一項新的改良穀類食品將利潤提得更高。她估計這項穀類食品一年的利潤有可能同樣達到五十萬、一百一十萬或一百八十萬美元。

a. 你應當讓這項新的改良凱樂氏穀類食品上市嗎？

b. 假設一個市場測試可以提供你關於這項改良穀類食品未來成功機率的正確資訊。在這樣一個市場測試中，你最高會付費多少？

4. 某個開鑿油井者擁有一塊土地的所有權，如果她鑽井挖掘，有 20%的機會可以挖到原油，這樣她就能得到二十萬美元的利潤。鑽井挖掘須花費二萬美元。
   a. 她應當挖掘嗎？
   b. 如果付費請地質學家提供完全正確的原油探勘評估服務，你最高會付費多少？

5. ABC 公司每年製造一萬個攪拌器。現在必須決定自製或外購攪拌器的馬達。很不巧地，ABC 公司現今並沒有自製馬達的技術。開發製造馬達的技術是二階段的程序。第一階段有 75%成功的機會，將花費一萬美元。第二階段成功的機會爲 90%，並將花費五千美元。如果開發成功，製造每具馬達的變動成本是六美元。如果任一階段不成功，則 ABC 公司需向外購買每具十美元的馬達。
   a. ABC 公司應當向外購買馬達，或開始自行開發呢？
   b. 在作出第一個決定之前，你最高會付費多少以獲得第一階段是否會成功的資訊？第二階段呢？

不完美資訊的價值練習題

1. 請閱讀下列摘錄自波士頓全球週日報（Boston Sunday Globe）的文章（示圖 1）。對 AIDS 抗體所做的 ELISA 測試將宣告陽性（有抗體即患病者）或陰性（未患病者）反應。如果一個人事實上並未患病，但有 5%的機率 ELISA 會呈現陽性反應結果。對於那些患病者，ELISA 呈現陰性反應記錄的機率是 10%。估計在麻薩諸塞州的低危險群中，罹患 AIDS 的機率是 0.002 或 0.2%。如果你是一個典型的低危險群者，你已經作過測試，而且結果是陽性反應，你罹患愛滋病的可能性有多少？如果某個人的 ELISA 測試是陽性反應，那麼此人作西部墨點法（Western Blot）測試也是陽性反應的機率是多少？如果此人兩項測試均呈陽性反應，他或她罹患愛滋病的機率是多少？

2. 在電視競賽節目「讓我們來進行交易！」的最後結尾片段，競賽者被帶至三扇門之前。其中一個門有一項大獎（例如一輛汽車），其他兩個門沒有任何獎品。競賽者必須選擇一扇門，然後主持人蒙提．侯爾（Monty Hall）會在剩餘的兩扇中選擇一扇，打開它，發現門內什麼都沒有。此時可允許競賽者考慮堅持原來所選的門，或改選另一扇未開的門。如果你是那個競賽者，你該堅持原先之選擇或改選另一扇門？你可以放心地認為在節目進行中，獎品並不會移動位置。你也必須假設蒙提．侯爾知道獎品在那裡（獎品絕不會出現在他打開的門中）。

3. 傑克．葛瑞森（Jack Grayson）是一個專門開鑿油井的投機份子，他在一些未經探勘的區域開採原油。別的開發者是另一種完全不同的類型，他們只開採已知的原油產地。但是傑克對於他預備開採的那片遼闊土地卻有不同的看法。傑克估計這個地方發現原油的機會雖然只有 10%，但是這樣的勝算似乎值得冒險：從事挖掘只需花費七萬美元，而發現原油的利潤(對一個開發者而言)將達到一百萬美元。傑克知道在他的土地下是否藏有原油，須視地質是否為含油結構而定。如果是這樣的結構，發現原油的勝算將為一比一。如果不是這樣的結構，發現原油的勝算將會降至一比三十。不幸地，除非動手挖掘，否則沒有其他方法得知是否有含油結構存在。無論如何，他可以花一萬美元請人為這塊土地進行地震測試。傑克的女兒正在休士頓大學的石油工程學系攻讀碩士學位，她說如果真有含油地層，就有 80%的機率可經由測試證實其存在，但是若無此結構，還是有 10%的機率測試會指出存在著含油地層。傑克懷疑花錢進行地震測試是個好主意。

4. 一個投資銀行家昨夜因疑似攻擊他人而被波特蘭(奧瑞岡州)的警方逮捕。事實是這樣的：昨天傍晚大約 5 點 30 分，一個老人走向他停在市區停車場的車，這時有一個高個的金髮年青人過來向他勒索。老人給了他一張縐巴巴的五十美元紙鈔，這是他為應付這種突發狀況一直藏在鞋裡的錢。年青人拿了錢後便逃遁至街上去了。老人揮手攔下一輛正好經過的警車，警車載他沿著劫匪逃逸的方向追去，希望能將其逮捕。兩分鐘內警察請他指認一個靠在辦公大樓邊喘息的金髮高個年青人。老人大叫：「就是他，就是這個人！」警察詢問這個嫌犯，他同意將口袋裡的東西都翻出來。口袋裡僅有一支鑰匙和一張縐巴巴的五十美元鈔票。嫌犯堅稱自己是清白的，並解釋說他是一個投資銀行家，剛好外出散步，而且自從離開公寓後就沒有跟任何人交談過。在這個故事中，沒有辦法明確地判定嫌犯到底有罪或無罪（並不是因爲這個故事是假想的）。無論如何，你必須考慮的問題是該嫌犯真正犯罪的機率是多少？儘管有這些間接證據，你實在無法想像一個投資銀行家會做出如此愚不可及的事。

5. 在你面前有兩個信封，每個信封內都有現金。其中一封內的金額是另一封的兩倍。
   a. 你隨便選了一封，發現裡面有十美元。你會拿這十美元，還是改變你的決定選擇另一信封？
   b. 你隨便選了一封，而且沒有打開。你會拿這信封內的錢，還是改變你的決定選擇另一信封？

示圖 1

不可靠的測試結果之機率偏高

目前相當流行的愛滋病抗體測試是最足以信賴的醫學診斷工具之一。但如果測試者身處低危險群中—這其中僅有千分之一的血液樣本真正帶有抗體—測試結果發生錯誤的機會就增大了。這對於個人及在低危險群中進行篩選具有重要的涵義。

有兩項測試常常用來偵測愛滋病病毒的抗體，為偵測感染的指標。最初血液樣品會先經過一種稱為 ELISA 的測試。如果 ELISA 的測試呈陽性反應，通常會再進行一項稱為「西方墨點法」（Western blot）的檢測，以確認測試結果。

在理想的實驗室技術下，ELISA 有 99%的正確性，西方墨點法可能有 95%的正確性。但是最近美國疾病控制中心隨機將幾個測試樣品送至不同的實驗室，發現 ELISA 的方法對含有抗體的樣品只有 90%呈現出陽性反應；而應該呈現陰性反應的樣品中卻有 5%呈現陽性反應。

麻薩諸塞州健康中心應用這個「真實世界」的可靠度來探討測試低危險群時會發生什麼事，結果是：海灣州（Bay State）每年有十萬個居民結婚。他們發現 ELISA 加上西方墨點法測試的偽陽性反應結果多於人們真正感染愛滋病病毒。

因此，麻州傳染病理學家喬治（George F. Grady）警告：對低危險群的廣泛測試「充滿了各種惡作劇」，因為偽陽性反應的結果無法避免，而這樣的問題可能會危害人們的生命安全！

第五章

競標

從本章起，我們開始進行本書的第二部份，並進入稍微不同於分析的範疇。至目前爲止，讓你的生活陷於困境的「敵手」都是「自然力」（例如不可預測的天氣），或是某種程度的好或壞運氣（研發計畫可不可行；業績高或低）。但在許多問題中，生活事實上是更爲複雜的。本章我們開始檢視某些問題，這些問題中的不確定性係導源於不知道我們的競爭者接下來會做些什麼而產生的。例如，當我們降低售價時，競爭者並不一定會坐以待斃，他們也許會有自己的動作。

本章中，我們將檢視出價的問題，尤其是各個有意願的團體須提出密封標價時所產生的問題。這真是一個十分微妙的過程：毋庸置疑地，我們都不想出多於所需的價錢；另一方面，又不能因出價過於保守而錯失得標的機會。

拍賣與競標出價：前言

1981年11月發生於蘇士比公園拍賣屋中是一次非常特殊的拍賣處理案例。出售的物件不是藝術收藏品或古董，而是關於 RCA 新型 SATCOM 四號衛星的轉播裝置使用權。七個稱為雷達用收發報機（transponders）的裝置，僅以少於一小時的時間即以總價超過九千萬美元的價錢售出。以當時而言，這是蘇士比這家公司自 1744 年執行拍賣業務以來最大的拍賣金額。

自久遠以來就已有以拍賣的方式來販售各式各樣的物品。根據希羅多德（Herodotus）的記錄，早在西元前 500 年的巴比倫，即曾採取拍賣的方式。在西元 193 年波第那斯大帝被殺後，羅馬執政官的守衛軍便進行拍賣，賣掉整個羅馬帝國。出價贏的一方承諾給守衛軍每人 6250 德拉克馬（drachma，希臘貨幣單位）。勝利者迪笛厄斯朱力安那斯(Didius Julianus)適時宣稱為皇帝，但在他被砍頭前僅持續了兩個月。當時沒有退貨這回事。

現今以拍賣的方式售出的物品種類愈來愈多，而且處理的總量已經增加至十分驚人的規模。藝術品和古董總是在拍賣主持人的槌聲下售出，但這只是冰山的一角。無數的日常用品，從香煙、魚、新鮮的花到廢鐵及金塊，都以各式各樣的拍賣方式售出。在公開場合舉行的拍賣，慣例將所有權判定給出價最高者。在海域外大陸礁層的近海石油礦探採權一向由美國內政部以數億美元拍賣出去。某次由摩根・史坦利（Morgan Stanley）執行的拍賣會中，殼牌石油（shell oil）以超過三十五億美元的價錢獲得貝力奇（Belridge）的石油處置權，據說這是一項記錄。公共事務的合約通常拍賣給投資銀行業務的財團。長期債券在美國國庫每週舉辦的拍賣中售出，以便融資給需要借錢的政府，現在每年的發行量大約爲二兆美元左右。

出價競標的過程是拍賣的另一種形式，其中出價者競標以取得供應某種產品或服務的權利。美國政府以此方式進行價值幾十億元美金的採購案，在商業上也十分普遍，並非區域性的特例。在本章中，拍賣將視爲包括經由競標的採購過程。當然，在這種情形下，出最低價的一方將贏得合約。

爲什麼拍賣和競標會這麼普遍呢？拍賣在哪些特殊的情況下特別適用，相對於例如說，固定或公告價格？從出價者的觀點看來，何謂好的出價策略？從販賣者或採購者的觀點看來，以何種特殊的拍賣方式才能得到較多的利益？這些及其他的問題都將是分析的主題。

本章將簡短陳述各種不同形式的拍賣，分析拍賣的觀念性架構和出價所遇到的狀況。較深入的主題將舉例並在練習題中加以討論。

何謂拍賣？

「拍賣」（auction）這個字一般認爲源自拉丁文的「auctus」，意思是增加。最爲大家熟知的拍賣形式爲一以拍賣者喊出的最低價開始，之後出價者接續地抬高價錢直到最後僅剩一個人感興趣爲止。我們將以較寬廣的涵義來使用「拍賣」一詞。雖然上述這種口頭上向上追加的拍賣爲一般人最熟悉的形式，但在實務上並不是唯一的。事實上存在著豐富且令人訝異的各種形式，有密封出價、秘密拍賣，甚至價錢是往下減而不是向上增加的拍賣、日本式同時出價系統，以及其他許多種類。有時只是要賣出一件物品，但經常是有多種並不相同的物件待售。我們的目的不僅是對常見的拍賣形式提供一種有用的分類，並研究每種形式的策略。

拍賣典型上意味著一個販賣者對一群潛在的買家公開販售所有權。販售的物件通常現有市場很少見，如果不是不存在。更進一步說，此物件的價值通常是不確定而且是非常主觀的價值。例如沒有一項東西像林布蘭特的作品般保有持續上漲的價格。每件畫作都是獨一無二的，甚至相同畫家的不同作品之價值也會隨著各式理由而改變。繪畫的主觀意見是十分獨特的，它也許是風格上異於其他作品，或是具有一段有趣的歷史。相同地，油田亦具有獨特的特性：大小、位置、地域方便性及開發潛力。基金的叫價便因其投資計畫所需面對的風險不同而不同。明顯的是，此等情況很難去訂定一個「買」或「不買」的價格。最新發現的達文西傑作該掛上標價多少的標籤呢？拍賣可以爲這些「無價」的物品提供決定價碼的機會。

不確定的價值和拍賣

從這些例子可以明顯看出，這些欲販售物件之價格的不確定性是問題的關鍵。讓我們先從買方的觀點來看問題。如果你對一幅罕見的畫作出價，你也許不知道它確實的優劣，也許它出自名家之手或只是名家的某位學生模仿大師風格的作品。它是贗品嗎？如果你出價的是一口油井的鑽探權，此區域的潛在價值對你而言是未知的。你需挖掘多深？你可以獲得多少油量？如果你出價的是國外工廠的興建權，也許你對於興建這樣一個工廠的成本及合約的價值一無所知。同樣重要的是，你也不知道對你的競標者而言，物件的價值到底是多少？這會決定他們的出價策略並影響你在面對競標者時所出的最佳價錢。如果能對這些情況作出粗略的分類，將是非常有用的。

在某些情況下，也許你可以確知拍賣物對你或你的公司之真實價值，但卻無法得知拍賣物對競標者的價值是多少。上述情形意謂著出價需考慮「個人價值」。例如，假設你爲取得某公司的建廠權而與人競標，根據你以往的經驗，你認爲投資成本十分合理。興建類似工廠約需要一千萬美元，這樣的估計對於現在的新工廠十分合理。另一方面，你面對了來自海外的競爭者。對你而言，你很難知道興建這樣一個廠、你的競爭者會估算多少價錢。你的對手可能因爲採用了一項特別的技術或設計，而在提出的價格內包含這些些微不同的特殊要素。你只能估算出他們的花費大約在八百五十萬元至一千二百萬美元之間。同樣地，你的對手也只能確知自己的估價，而無法得知你的出價。在這種情況下，估價及得到合約的最終價格都是「主觀的」。

相較於個人價值的定義，還有另一種情況是：也許你無法確定你所出價之物品的價值，但是可確定的是無論它最終的價錢爲何，對所有的出價者來說都是相同的。此種狀況意謂著涉及了「共通價值」。用油田的例子來說明再恰當不過了。由於存在著油田的貯存量（如果有的話）、開鑿的深度、未來的油價等因素，使得我們很難去界定一塊油田的特定價值。但是，無論此一價值最後的轉變爲何，將其假定爲對所有出價者而言價值是相同的，並非不合理。在此等案例中，假定物品的價值（雖然未知）對所有出價者是「共通的」是很適當的概念。

個人價值與共通價值之間的區別很重要，因爲這會影響買家的出價行爲和賣家的收益。

在共通價值的定義中，也許出價者對物品的真實價值無法確實知道，但是假設他們擁有一些關於物品價值的資訊（估價），這是可以理解的；更有甚者，也許這些資訊是獨有的。你也許有親信的專家瞭解某些畫作，因而給你一些專業上的衷心建議。你也許已經儘可能收集了關於拍賣油田的地質資料，以便估算貯油量。自然地，有可能你的競標者和你有不同的資料來源。例如，讓我們假設你的對手擁有鄰近的油田區，因此可以合理推測：他對於此拍賣油田的價值較爲清楚，而你就缺乏了這方面的資訊。策略性地利用在這些資訊上的優勢可以幫助你在拍賣時嚇阻其他競標者，或修正他們的出價。

總結而言，在「個人價值」的情況下，出價者須知道拍賣物對其他人的確實價值（例如價格）；在「共通價值」的情況下，出價者只須以自己對拍賣物估算的價格出價即可。

個人價值的拍賣

我們首先來看看四種主要形式的個人價值拍賣：（1）一般的公開向上追價拍賣；（2）第一高價秘密出價的拍賣；（3）公開向下減價拍賣；（4）次高價秘密出價的拍賣。第三種與第四種不如前面兩種普遍。每種形式的通則將在下面的章節中說明。

公開向上追價（或英國式）拍賣

「拍賣」這個字讓人聯想到的畫面是：一間房間裡擠滿了焦慮的競標者，隨著拍賣人甜言蜜語的導引，人們爭先恐後地出價。通常在開始時，拍賣人會勸誘買家出一個相當低的價錢，意圖讓出價者儘可能愈多愈好。只要還有感興趣的出價者在，價格就會持續追加，直到只剩下唯一一個堅持者為止，這個人也就是獲勝者。由於這種形式在英國使用了一段很長的時間，所以有時被稱為「英國式拍賣」。因為一般人對於它的通則十分熟悉，所以它的一些變化就值得注意了。

日本式的變化是將逐步揚升的價格顯示在螢幕上，而所有的出價者被要求必須持續按鈕以象徵仍然保持意願。

當價格高出某個出價者的極限時，他只要將手指從按鈕上移開，就表示他不再感興趣了。當只剩下一個持續按鈕的出價者時，拍賣就結束了。倒數第二個出價者退出時的價格，以及持續至最後的出價者一也就是獲勝者的身分會顯示在螢幕上。雖然此形式十分不同於傳統的公開拍賣，還是很容易看出兩者之間的重要相似處。雖然甜言蜜語的拍賣人被電子裝置取代，但是當出價者都十分洗練時，這就變得不是很重要了。

當拍賣人存在時，他們有時扮演的角色具有特殊意義。有時當買者在出價過程中想要匿名的話，可與拍賣人事先約定好暗號（例如當我搔左耳時，表示我再加一百美元）。有時買者會找代理人代表他出價以便保持匿名。

要了解一個人如何決定其出價策略，應對所有出價人分辨究竟對他是屬於個人價值或共通價值的情況，仍然是很重要的。所謂的最佳競標策略將隨每個不同的案例而全然不同。

在個人價值的定義中，每個出價者均確定物品對於自己的價值，但卻不確定對於其他競標者的價值。舉個例子，假設你正為一件傢俱出價，此傢俱未來轉賣的機率微乎其微。它如此合你的意，你願意買下它的上限是 50 美元。因此這物品對你的個人價值是五十美元。房間裡有另一個買家也對這件傢俱有興趣，但你並不知道他願意出多少價錢。那麼你究竟該為這東西出多少價呢？以拍賣的過程而言，你的出價即是當價錢揚升至某種程度時你寧願退出。我們可以推論出你的出價應等於你的估價。為探討此事，讓我們來看一些假設的情況。

很明顯地，當價錢往上超過五十美元時，繼續出價就變得沒有意義。因爲在這種情況下，如果拍賣物品的價值對你而言只有五十美元，你會冒著付出超過五十美元的險。那麼當價錢低於五十美元時你能夠甘願地退出拍賣嗎？答案再度是不。來看看爲什麼，假設喊到四十美元時你決定退出。如果你的競爭者在三十五美元時退出，你便可能以三十五美元的價錢獲得此物品（這很重要），而且你可以獲得你原本願意付出的價格與你實際付出的價格之間的差額。這差額爲十五美元。但是如果你所堅守的價格是五十美元而不是四十美元，你還是贏了，而且所獲得的仍是十五美元。再來假設你的對手出價超過五十美元，那麼無論你出價四十或五十美元，對你來說都沒有差別，因爲你獲得的都是 0。只有在一種出價低於你的估價之情況下會有所不同；那就是當你的對手所出的價錢在四十及五十美元之間，例如爲四十五美元。如果你鎖定的價錢是四十美元，那麼這項拍賣就此結束，你什麼也沒得到。另一種情況是你鎖定價錢是五十美元，你就可能以四十五美元買到，最後獲利五美元。

我們剛剛討論了在你估價範圍內的最佳出價策略，這種論點也許有點微妙，但相當值得你徹底了解一番。簡而言之，在這種屬於私人價值並以往上加價方式的公開拍賣中，得標的最佳策略就是以你的估價出價。如果喊價超過你的私人估價時，就不值得冒著得標的危險再繼續加價，以免得到你不想要的結果（例如，價錢超出你的預算）。如果你想得標的話，也不值得冒著輸的危險喊價低於你的私人估價。注意，以你的估價出價不表示你期望的獲利等於 0。記得，在口頭上喊價的拍賣中，如果僅剩你一個出價者，那麼出價過程就結束了。因此，如果你贏了，你可能以付出相當於第二高價的價錢來結束拍賣。在此例中，你的獲利相當於你的估價與第二高價間的差額。

第一高價秘密出價的拍賣

在秘密出價的拍賣中，所有感興趣的團體都被邀請參加競標。如名稱所暗示，所有的出價一直保密直到預定開標日才會同時公開。如常例般，出價最高者可以獲得拍賣品。在第一高價秘密出價的拍賣中，出價最高者必須付出他爲拍賣品所喊出的價錢（我們隨後會檢視與此項不同之處）。這種拍賣方式幾乎都用在採購上。在這種例子中，合約是判定給出價最低者，而且贏家可獲得爲合約所喊出的價錢。大多數大筆的財務交易（證券的讓渡、基金的發行等等）通常採行秘密出價方式進行。再次強調，欲分析出價問題，分辨個人和共通價值仍是相當有幫助的。

讓我們再回到上文中所舉的簡單例子，現在假設拍賣形式改爲第一高價秘密出價的拍賣。如果你對拍賣物的估價爲 50 美元，那麼你該出多少價錢？明顯地，如果出價超過五十美元就沒有意義了，因爲屆時你必須以超過心目中理想價格的價錢終結拍賣，取得拍賣品。記住，在第一高價秘密出價的拍賣形式中，如果你贏了，就必須付出所喊出的價錢。就算你出五十美元的價格贏得拍賣品，如果你的淨利爲 0 也同樣沒有意義，如同你根本沒有參與般。因此，在第一高價秘密出價的拍賣會中，你必須以低於心目中理想價格的價錢取得拍賣品才有價值。你應如何略減你的出價呢？再次強調，沒有絕對佔優勢的策略，端視你對競爭者之行爲的評估而定。因爲你不知道拍賣品對你的競爭對手之確實價值，所以你的評估僅有幾分正確性，例如「我想我的對手大概會出價在三十五美元至六十美元之間；據我所知，任一出價的可能性都差不多」。基於這個情況，你可以估算出你的最佳價格，一個預估你可獲得最大利益的價格（要如何確實做到，將會在下文中的案例及練習題中詳述）。歸納的通則爲：在屬於個人價值的第一高價秘密出價的拍賣中，你必須喊出你所估計其他出價者之估價中的第二高價，並假設你所喊出的爲最高價。

如你所見，此通則並非如上一個例子－公開向上追價拍賣那麼簡單。但如果我們再詳加探討這個通則，即可看出其中意義。假設在出價的過程中，你對拍賣品的估價最高。當然你希望儘可能出最低的價格取得拍賣品，意即贏得拍賣的最低可能價格。因爲你不知道其他出價者的估價，所以對你來說最好的方法就是喊出估價的第二高價，這就是通則所指示的價格。雖然完整的說明有些複雜，試著思索通則帶來直覺上的合理性（如果你已經被弄昏了，別責怪自己，本來就很複雜。給自己充分的時間了解通則在說什麼，練習題和課堂上的討論會幫助你深入了解）。

前述的兩種拍賣形式在實際生活上很常見。再來要說明的兩種拍賣形式比較特別，也沒有那麼常見。無論如何，這些對於你增加對出價過程的了解都是很有助益的。

↳ 公開向下減價（或稱荷蘭式）拍賣

在一個公開向下減價的拍賣中，拍賣人會爲拍賣品喊出一個非常高的價格—通常超過任一出價者可能出價的範圍。然後這個價錢被逐漸降低，直到其中一個出價者喊出「我要」，然後這個拍賣就此結束，獲勝者必須付出他（或她）終止拍賣時所喊出的價錢。這種形式的拍賣常在荷蘭使用來交易新鮮的花，所以稱之爲荷蘭式拍賣。拍賣會定期在阿斯米爾（Aalsmeer）舉行，然後這些花再由臨近的機場送至世界各地。現在拍賣人經常被一項機械裝置取代：一個巨大的鐘立在屋子中間，初始的最高價已經設定好了，然後當鐘滴答滴答往下走時，價格就跟著下滑。每個競標者都配備了一個可將鐘停止的開關，一旦鐘被停止，就會自動顯示出贏家的身份和價格。

在荷蘭式拍賣中，該運用何種出價策略呢？答案說起來真是極度簡易。從出價者的觀點來說，荷蘭式拍賣和第一高價秘密出價的拍賣沒有什麼不同。在荷蘭式拍賣中，所出的價格就是你決定把鐘停下來的那一刹那。況且，贏家需付出他（她）所喊出的價格。所以，無論是個人價值或共通價值的案例中，荷蘭式向下減價拍賣就等於第一高價秘密出價的拍賣。對於這種論調似乎有一點值得懷疑。假設你在共通價值的情況下，你估計拍賣品的價格爲一百美元，而且你決定出價八十美元。當鐘往下擺，而你看得出沒有人想去停止它時，你能推論出拍賣品真正的價值嗎？一旦鐘已經到達八十五美元時，你該不該順應時勢修正你的策略，讓指針繼續往下走到七十五美元呢？答案是

「不」，你可以想想爲什麼是這個答案以測試自己的了解程度。

次高價秘密出價的拍賣

如名稱所示，這也是一種秘密投標的拍賣法，但是有一些有趣的變化。在前述中，贏家是提出最高價者；但是現在所需付出的價錢數目爲第二高的喊價，而不是他（她）所喊出的價錢。舉一個例子，假設在一個拍賣會中有三種出價：三十五美元、五十美元、六十美元。最後出價六十美元贏得拍賣品的人，只需付出五十美元。雖然這樣聽起來有點奇怪，但在次高價秘密出價的拍賣會中確實是這麼做的。試著回想前文所述，當開放式拍賣僅剩一個出價者方可宣告終結。前例中指出，一旦喊價到達五十美元（或超過五十美元），如果僅存一個不願放棄的出價者，雖然他預計堅持到價格爲六十美元，但此時他僅需爲拍賣品付出五十美元即可。次高價拍賣法爲公開向上追價拍賣法的秘密出價版。

當價值爲私人性質時，英國式拍賣與次高價秘密出價拍賣之間便具備了相當的相似性。因此，兩者的出價策略也相同：在屬於私人價值的次高價秘密出價拍賣中，得標的最佳策略就是確實以你的估價出價。採取這種策略所持的理由與前文所提及的公開向上追價拍賣法相同，因此再次強調了以自己估計的價值出價是最好的策略。這是因爲在兩個例子中獲勝的價格與得標者的出價無關。

共通價值的拍賣

我們現在開始爲共通價值的拍賣作一個簡短的討論，在此情況下拍賣品的價值對所有參與的出價者而言都是相同的。

➪ 公開向上追價（或英國式）拍賣

一旦我們所面對的是共通價值的情況時，在公開向上追價拍賣、屬個人價值情況中採取的最好策略，也就是直接以自己的估價出價，便不再適用，因爲情況變得不再那麼簡單了。爲確認這一點，讓我們再來檢視一個簡單的例子。假設有一個外海油井的鑿井權正欲出售。前文中所討論到對共通價值的定義此時便可用到，假設你已經盡可能取得了一些公開的資料，你已經看過了地形圖和地震數據，並獲得一些對於油田儲油量現階段的粗略估計值。而你的競爭對手因擁有鄰近地區的土地，所以在油田儲油量方面取得較正確的資訊。在一個公開的拍賣中，也許可藉由觀察你的對手之表現來更新你原先的估計值。如果你發現他的出價超出你原先的估價，那麼也許指出了油田事實上比你預想的有價值，你便可決定繼續出價。另一方面，如果你的對手知道你在觀察他，他也許會試著假裝油田並非如此有價值來誤導你。如你所見，策略的交互運用是十分微妙而且複雜的。雖然不確定性的特殊形式之平衡出價策略可以推演出來，但事實上並沒有絕對的最佳策略，也就是沒有簡單的方法來描述這些情況。通常，這有賴於出價者之間的資訊結構（例如，誰知道什麼），以及在拍賣期間可得到額外資訊的機率。個人價值與共通價值之情況最大的差異在於，後者有機會在拍賣期間獲知潛在的共通價值。而在個人價值的例子中，無法藉由觀察競標者的出價行爲來獲知拍賣品的真正價值，因爲只有每個出價者自己才知道拍賣品對他們的真正價值。

➭ 第一高價秘密出價的拍賣

在共通價值的情況下，即使對所有出價者而言，待售拍賣品的價值都是相同的，但是基本上每個出價者對此價值的預估仍會有所不同。而隨著各出價者獲得不同獨佔性的資訊，甚或對所得到之相同的公開資料作出不同的評估，都會拉大這些預估值的差異性。如果所有的出價者以他們的預估值出價，那麼具有最樂觀預估值的出價者將會喊出最高的價錢並贏得拍賣。事實上過於樂觀的估計可能會超出物品原有的價值。因此，得標者會發現拍賣品的價值比他原先想的還少。這種情形稱爲「贏家的詛咒」（如果你輸了，你就是輸了；如果你贏了，你還是輸了）。明顯地，如果要避免贏家的詛咒，你必須以低於你的預估值之價錢出價。再度強調，在共通價值的情況下並沒有簡單的規則可以遵循。真正的答案必須視不確定性的精確性質和出價者所獲得的資訊而定，下文中你可以看到一些例子。

➭ 公開向下減價（或荷蘭式）拍賣

本章較早前曾提及荷蘭式拍賣相當於最高價祕密出價

的拍賣法，此種相似性在共通價值的情況下仍適用。你可以藉由查證之前的論證指出關鍵不在於個人所估的價格，來檢視你對此說法的了解程度。

次高價祕密出價的拍賣

在共通價值的情況下，分析起來總是比較複雜。首先，英國式拍賣法與次高價祕密出價的拍賣法具有相同出價策略的說法在此並不適用。英國式拍賣是開放式的，可公開出價。在共通價值的情況下，觀察其他人出價（就是說，觀察他人何時放棄出價），對你來說可得到許多珍貴的資訊。在祕密出價的拍賣中，便沒有機會觀察他人出價，整個出價過程都祕密進行。所以在次高價祕密出價的拍賣中，什麼樣的出價策略是最好的呢？通則為：以你的預估值出價，但是必須確定你的預估值剛好超過其他出價者預估的最高價格。此規則看起來很複雜，讓我們試著釐清它。因為存在著贏家的詛咒，所以單獨考慮以你自行初估的預設值出價是不正確的。如前文所述，你必須把贏了就表示你的估價將是最高估價這件事考慮在內。這可以推論出在次高價祕密出價的拍賣中所採取的策略比最高價祕密出價拍賣要積極進取多了，這樣的說法其實是依循以下的事實：在最高價祕密出價的拍賣中，你的出價可以決定你是否會贏，但是在次高價祕密出價的拍賣中，當你得標時需付出的價錢則需視次高價而定。這樣的方式通常會導致次高價祕密出價拍賣法比最高價祕密出價法拍出更高的價錢。

購者留心

做這些形式上的分析是爲了幫助你避免因遵循直覺或想表現「有膽識」而誤入陷阱。例如，了解到出價的理由並不是爲了總是要贏是很重要的，但若值得就非贏不可。當你得標的機會只有五分之一，那麼你應該抗拒提高出價的誘惑。如果你以高於該出的價錢出價，最後你可能成爲被詛咒的贏家。如果你太常贏了，最後你可能會以賠錢收場。好的策略會讓你避免這種錯誤。

如同慣例，之前所敘述的規則和策略必須視情況使用。首先，你必須先決定個人價值分析或共通價值分析何者較適用。在真實的情況中，也許兩種型式混合發生。接著，你對於潛在的不確定性必須有些了解，並能評估其機率。這樣的要求似乎多了點，但是如果你實際參與其中，就能逐漸嫻熟這些影響出價過程的種種因素。雖然要想歸納出規則性，發展出一套合理的出價策略作爲準則，並不是那麼快的事情，但也並非想像中的難。我們的目的是想幫助你集中注意在某些影響因素上，如此在一些特殊的情況下就會知道那些考量很重要，就不會因爲相信無經驗的直覺而誤入歧途。如果以這樣的方式來使用文中所述之要點，它們就會成爲珍貴而有系統的準則。

出價練習

1. 你被委派參與一個發電廠的拍賣會，這個發電廠爲抵押品，因爲喪失贖回權而被法院拍賣。你代表瀑布公園公司（Waterfall Park, Inc.）—這是一家位於佛羅里達的公司，擁有並掌控多家主題樂園和遊樂場。這個發電廠預計用做其中一家樂園的備用供電設備。你估計這些設備對公司所能提供的淨利約爲八十萬美元(節省購買能源的成本減去運作電廠的花費，費用節省了 15% ）。你聽說僅有的競標者是來自加拿大的採礦公司。因爲是以不同的領域來使用這些設備，所以對於你的競標者會出多少價錢，你一點概念都沒有。你會代表瀑布公園公司出多少價呢？（注意：對於這個問題沒有絕對正確的答案，你只要努力想想在這種情況下你採取什麼樣的作法，並準備爲自己的立論辯護）
2. 你的祖母準備以拍賣的方式賣掉她的財產，然後再將所獲得的淨利平均分給三個活著的孫子。祖母共有三個孫子，其中一個就是你。你出席了拍賣會，想要買其中一件物品，這是一幅對你而言極具情感意義的織錦畫。拍賣會將織錦畫定價爲三千六百美元，如果不包含感情因素的話，這樣的價錢實在遠遠超出你想購買的額度。拍賣是採取公開向上追價（英國）方式。買方和賣方都需付得標價格的 10%佣金予拍賣會（解釋得更清楚一點就是，如果你以 1 千美元的出價贏得織錦畫，你必須付一千美元給賣方，且付一百美元給拍賣會。另外賣方也必須付一百美元給拍賣會）。為了幫助你深思熟慮你究竟願意為這幅織錦畫出多少價錢，假設你的財務狀況十分充裕。如果織錦畫是在藝品店中販售，而且並沒有感情的成份在，你便可以最多以一千美元的價格購得。如果你的祖母已經將這幅織錦畫賣給了藝品店，你準備最多以三千美元來購買它，其中額外的二千美元反映了對於感情價值的評估。當然你會希望對於這件物品，大家不要出價得太踴躍。但是如果這幅織錦畫競標得很厲害，而且假定在這種沒有標價的情況下，你準備的最高出價額度是多少？

3. 你被委派參加一場關於加州海岸線一個廣闊區域內油田開鑿權的秘密競標拍賣會。這個區域的擁有者（美國政府）發表一些關於本區的地理資料，而且專家們也同意發現油的機會將近 20%。除了購買開鑿權的費用外，買家還要負擔探勘油田開鑿地洞所需花費的一千萬美元。如果發現石油，這個區域的價值估計將躍升至一億五千萬美元（擁有者可自行開發或賣給別人）。但是如果沒有發現石油，開鑿權就變得毫無價值了。僅有另外一人對競標此區域有極高的興趣，你研究過他們以往競標過的案子，得出以下結論：以將近五百萬「低」價競標的機率為 25%；以一千萬「中」價競標的機率為 50%；以一千五百萬「高」價競標的機率為 25%。假設你代表了一家大公司，而這個決策只是例行性（意謂著這並不牽涉到長程策略，也不視為特殊的冒險），該如何適當地出價呢？

4. 你是正在競標位於西雅圖新摩天樓設計權的兩家建築公司之一，費用已經固定了，唯一的問題是你們兩家廠商中誰會得標。很明顯地，對出價公司和委託人而言，小比例的模型會比簡單的設計圖令人印象深刻多了。雖然對於支出在建造小模型上的費用並沒有限制，但是，當然，如果花在模型上的錢超過了獲得合約後所能得到的利潤是沒有意義的；因爲輸掉的出價者什麼也得不到，所以必須避免在製作模型上過度花費。假設多花錢在模型製作上的公司得標，而得標後所能獲得的淨利爲三十萬美元(減去製作模型的支出)，那麼你該花多少錢來贏得合約？如果在進行的過程中每個公司可去觀看另一公司的模型時，你的決策分析該如何修改？
5. 爲了競標 1992 年在巴塞隆納所舉行之奧林匹克運動會的電視轉播權，三家美國電視網（ABC、CBS 和 NBC）均向國際奧運委員會秘密投標。開標並公告出價數字後，奧委會宣布這些出價都未達到奧委會的最低標準，希望這些電視網能在一小時內以較高的價錢進行最後出價。如果這些電視網事前知道奧委會會進行第二回合出價，那麼他們在第一次時可能會採取較具策略性的出價行動。特別是沒有理由會在第一回合以超過所需的高價投標，以標榜自己是一個很有興趣的參與者。假設如前所述的拍賣規則事先公佈了，也就是第一回合三家美國電視網都秘密投標，而第二回合兩家較高的出價者將繼續參與新的秘密投標，而且這次出價必須高於第一回合，最後第二回合最高價的出價者才可獲得電視轉播權。如果你代表了其中一家電視網，你該使用何種出價策略呢？

個案　波特司茂斯造紙公司

柏那薛爾頓（Bernard Sheldon）是波特司茂斯造紙公司三個股東之一，他專心坐在書桌前規劃一些事情。他向新罕布夏州物材採購部投標的標案將在六個星期內，也就是1985年10月15日到期，然而對該州要採買的四種紙袋，他尚未決定該出多少價錢。

新罕布夏州僅允許州內七十三家酒商販賣烈酒，而這些酒商的低價策略不僅吸引了當地居民，也吸引鄰州麻薩諸塞州的買家前來購買。州政府要求每六周必須重新招標以供應酒商四種不同大小的紙袋：

四分之一加侖裝（$4\frac{1}{2}$"×$16\frac{1}{4}$"，$2\frac{1}{2}$"打摺）；10磅裝可負重荷的食品雜貨袋（$6\frac{1}{2}$"×13-$\frac{5}{16}$"，4-$\frac{1}{6}$"打摺）；20磅裝可負重荷的食品雜貨袋（8-$\frac{3}{16}$"×16"，$5\frac{1}{4}$"打摺）；$\frac{1}{8}$桶的大袋子（$10\frac{1}{4}$"×14"，$6\frac{1}{4}$"打摺）。

波特司茂斯造紙公司和其他的競爭者必須提出四種袋子、每種一千個的價錢。新罕布夏州物材採購部指出，他們對出價廠商的要求爲：每種需求類型的袋子有多少綑？在一綑中有多少個？採購部將各供應商所提出價合約中的價格加總，最後將合約判給最低的出價者。採購部要求前來投標的廠商需提供產品的樣本。

波特司茂斯造紙公司背景資料

波特司茂斯造紙公司是新英格蘭境內最大的紙張、塑膠包裝材料和維修設備的配銷商之一。此公司向四十家以上的製造商買材料，將其製為成品後供應給工廠、商社、醫院和政府機構。組裝和包裝材料（包括膠帶）大約佔全年交易量一半以上，而辦公室用品則另佔 10%，清潔或維修用的材料和工具亦佔了 10%，另外 20%的營業項目為食品相關產物（紙盤、杯子、餐巾及其他類似物）。

1981 年，波特司茂斯造紙公司營業額的 2%來自合約，如此案例中的新罕布夏州酒商包裝，便需從競標者手中贏得合約。

波特司茂斯造紙的成本

柏那薛爾頓開始估算司茂斯造紙公司製造所需的袋子要花多少錢，以此決定出價。表 5.1 顯示合約所限定每種類型袋子的綑數、每綑的袋數、總袋數和波特司茂斯造紙公司製作每一千個袋子的成本。

表 5.1

袋子的型式	捆數	每捆袋數	總袋數	波特司茂斯造紙公司每千個成本
1/4 加崙袋子	2,193	3000	6,579,000	$7.83
10 磅重雜貨袋	3,321	1000	3,321,000	$11.81
20 磅重雜貨袋	2,919	500	1,459.5,000	$17.07
1/8 桶大袋子	2,500	500	1,250,000	$16.22

從表中可看出，柏那薛爾頓先生瞭解波特司茂斯造紙公司在整個合約花費的成本將爲$135,923。

除了銷貨成本之外，其他開支也必須考慮在內。爲了符合合約，波特司茂斯造紙公司必須保持四種類型袋子的庫存。柏那薛爾頓先生估計在六個月合約期間，波特司茂斯造紙公司必須維持價值二萬五千美元的存貨。爲此合約並不會增加員工、行政管理或文件上的成本，但不可諱言，運輸成本上的小額增加是難免的，例如，波特司茂斯造紙公司的車隊必須開往以往毋需抵達的州境。這些例行事務的延伸，柏那薛爾頓先生估計需花費大約六百美元。柏那薛爾頓先生決定針對與此一合約有關的現金流動，申請調降 8% 稅率。1982 年，波特司茂斯造紙公司面對 46%的稅率。

評估競標者出價的分布情形

柏那薛爾頓先生接著考慮競爭者可能採取的出價策

略。他將自己的預估值與之前幾件相似類型的成功得標案在價錢上相比較。經過分析，柏那薛爾頓先生判斷競爭者可能的出價在十六萬美元上下。判定競標者出價分布的中位數之後，柏那薛爾頓先生以中位數繼續推論其他的出價。

他想僅有 0.25 的可能性，競標者會以低於中位數 97% 的價錢出價。另一方面，他感覺會有 0.75 的機會，競標者出價會少於中位數的 103%。對手的出價幾乎會落在中位數 91%和 111%之間。利用這些推論，柏那薛爾頓先生覺得他可以為波特司茂斯造紙公司選擇一個適當的出價。

個案　庫寧號運輸船

1981 年 4 月 9 日，庫寧號（SS Kuniang）運輸船因為遭受惡劣氣候的侵襲而擱淺在佛羅里達的海灘。賓州海運公司的麥克里維(Mclver)船長致電新英格蘭電氣系統的董事長兼總裁愛德布朗（Ed Brown），建議他們可將此不幸的意外轉換為對彼此都有利。

庫寧號運輸船的擁有者，英國的船主想要宣告這隻船的全部損失，這表示新英格蘭電氣系統和賓州海運公司有機會獲得這艘船，修理它，然後再用它來運送煤炭。

新英格蘭電氣系統的管理階層曾經為了如何運煤至工廠而苦惱了一些時日。新英格蘭電氣系統和賓州海運公司近來合資進行建造可自動卸貨達三萬六千二百五十噸的煤船，命名為 GD-I 運煤船。麥克里維計畫以庫寧號運輸船來進行類似形式的合資案。

新英格蘭電氣系統公司

新英格蘭電氣系統公司（NEES）是一家國營公司，擁有四家電氣子公司的經營權，這四家公司分別爲：麻薩諸塞州電氣公司—服務麻薩諸塞州的七十五萬個客戶；拿拉加賽特（Narragansett）電氣公司—服務羅德島的二十六萬五千個客戶；葛蘭耐特（Granite）電氣公司—服務新罕布夏的二萬五千個客戶；以及新英格蘭電力公司（發電子公司）。除此之外，新英格蘭電氣系統公司另外擁有一家服務性質的子公司，新英格蘭電力供應公司，和燃料探勘公司，新英格蘭能源公司。

能源價格經過1970年代早期的大震盪後，新英格蘭電氣公司擬訂的長程計畫在於減少對於國外原油的依賴，以及使發電廠採用的燃料能夠多樣化。新英格蘭電氣系統公司希望採用的能源能達成以下的比例：燃煤發電佔39%、核能發電佔25%、以國內產製的燃油發電佔18%、以進口的燃油發電佔10%及8%的水力發電、風力發電以及其他。這個計畫要求將一半以上利用燃油發電的產能轉換爲煤炭火力發電。經過完全轉換後，新英格蘭電氣系統公司的發電廠每年對煤炭的需求量將達到四百萬噸：麻州布萊敦點電廠（Brayton Point）三百萬噸、麻州薩連哈柏電廠（Salem Harbor）七十五萬噸，以及位於羅德島的譜溫登斯（Providence）發電廠二十五萬噸。

新英格蘭電力服務公司（NEP）爲新英格蘭電氣系統公司的子公司，於是被交付了此項每年運送四百萬噸煤炭的任務。因爲新英格蘭電力服務公司並沒有運輸方面的經驗，所以便與賓州船運公司進行合作。

運輸

現有的協商

GD-I 是正由位於麻州昆西（Quincy）的全自動船隻建設部門（General Dynamics Ship Building Division）所建造、首艘預計在二十五年內運送燃煤的船隻，每年將從維吉尼亞州運送二百二十五萬噸的煤炭至麻州的布萊敦點電廠。運送的船隻準備在 1983 年 4 月 1 日開航。以往對煤炭的需求是由瑪靈電子號(Marine Electric)供應，新英格蘭電力服務公司與其簽訂 1981 年初至 1982 年 4 月的合約。另外，新英格蘭電力服務公司具有無限期延長合約時間的選擇權。除了瑪靈電子號之外，新英格蘭電力服務公司也與全美平底貨船股份有限公司（UABC）訂立連續航運合約，以便於有需要時提供更多的運煤量。與全美平底貨船公司之間的合約分爲兩個階段，視 GD-I 開始生效的日期而定。一旦 GD-I 開始運作，全美平底貨船公司的合約便會中止或運送 GD-I 無法負荷的剩餘部份。

考慮中的選擇

基於實際的考量，新英格蘭電氣系統公司將從下列項目中挑選一些選項：

零選擇：繼續與全美平底貨船公司（或其他公司）簽訂航運合約，運送所有 GD-I 裝載不下的煤炭。

GD-II：向全自動船隻建設部門訂製另一艘船。在造船合約期間，全自動船隻建設部門有義務建造第二艘船。GD-I 行駛六個月後，新船即可使用。估計過通貨膨脹之後，所需花費的成本基本上與姊妹船不相上下（七千萬美元），而且具備相同的貨運量（三萬六千二百五十噸的煤炭）。

如此一來可提供比所需更多的載貨量，而且多餘的容積有其實際上的需求。客戶來源主要有兩種：（1）對運煤有需求的其他公用設施，以及（2）幫美國政府運送穀物。第二種交易係源自公共法案 480—美國捐贈穀物給第三世界國家。新英格蘭電氣系統公司樂觀的認爲，這兩種客戶的需求將非常充足，保證任何多餘的容積都會被填滿。結果，依照愛德布朗的分析評估，採取興建 GD-II 的選項將較「零選擇」可爲新英格蘭電氣系統公司多帶來現值二百一十萬美元的淨利。

選擇庫寧號運輸船：對庫寧號運輸船出價。除了出價的成本以外，如果新英格蘭電氣系統公司得標了，還必須付庫寧號運輸船的修理費用才能再度出航。這筆費用大約估計需花費一千五百萬美元。

但是庫寧號運輸船有其潛在的重大缺點。在 1920 年的瓊斯法案規定下，只有美國人建造、美國人持有或美國人掌舵的船隻才能在美國的兩個港口間進行貿易（近海貿易）。庫寧號運輸船並非美國建造，新英格蘭電氣系統公司卻需要這艘船進行近海貿易。雖然如此，還是有可能可以解決這個潛在的問題。有一條更上層的法律（1852 年 11 月 23 制定的美國法規第四十六條第十四節），允許外國建造的船如果符合下述兩個條件的話，可被視爲美國的船隻而符合瓊斯法案：（1）先前的擁有者必須宣告船隻完全破產（庫寧號運輸船的船主已經這樣做了）；以及（2）修復的成本至少須爲船隻殘值的三倍。

第二項條款製造了一個兩難。船隻的殘值是由海岸防護隊來決定。當時並沒有規範殘值的法則，僅有少數的前例可依循。海岸防護隊是否根據船的殘餘物、拍賣的價格或其他任何基準來評估，都是十分不明確的。直到庫寧號運輸船以秘密投標方式拍賣後，海岸防護隊才不再管這件事。所以對這個問題的決策明顯地將會影響它的價值。

要想擁有庫寧號運輸船還必須面對另一個決定。庫寧號運輸船並沒有自動卸貨的功能。安裝自動卸貨機將可減少從庫寧號運輸船卸貨的時間，可以有效地增加這艘船每年的效能。在庫寧號運輸船上裝自動卸貨機是可行的，但必須花費二千一百萬美元。整體修復費用達到三千六百萬美元之後，庫寧號運輸船便可輕易通過瓊斯法案船隻的資格認證，不管海岸防護隊的估價是多少。

如果新英格蘭電氣系統公司在拍賣中贏得了庫寧號運輸船，如果不具自動卸貨機，估計其現值約爲四千一百七十五萬美元。這個數字並未包括修復花費和出價的數目。若具有自動卸貨機，庫寧號運輸船估計的現值爲四千六百萬美元，不包括修復、自動卸貨機和出價的數目。

如何進行決策？

愛德布朗評估賓州航運公司具有多年的運輸業經驗，並受其提出庫寧號運輸船之替代方案的熱誠鼓舞。無論如何，如何對庫寧號運輸船出價並不明朗，而且是否該出價更是不清楚。

➭ 對庫寧號運輸船出價

賓州貨運公司的麥克里維船長已經建議出價三百萬美元，也就是把庫寧號運輸船當作殘骸的價值。但是愛德布朗擔心其他公司，包括其他公家機關會來競標，因而抬高得標的價格。因爲拍賣採行秘密出價方式，所以必須等到開標，新英格蘭電氣系統公司才能知道其他出價者的身份。愛德布朗確定出價一千萬美元一定可以贏得庫寧號運輸船，但此出價在瓊斯法案嚴苛的條件下，新英格蘭電氣系統公司必須想辦法增加修復費用。在這同時，他認爲不太可能以三百萬美元的價格獲得這艘船。愛德布朗估算出以不同價格出價，新英格蘭電氣系統公司得標的機率，如表 5.2 所示。

表 5.2

新英格蘭電氣系統公司出價	贏的機率
3 百萬美元	0.05
4 百萬美元	0.15
5 百萬美元	0.25
6 百萬美元	0.40
7 百萬美元	0.55
8 百萬美元	0.70
9 百萬美元	0.85
10 百萬美元	1

選擇庫寧號運輸船的可行性端賴拍賣中購買的價錢和海岸防衛隊因瓊斯法案對其估算的殘值。愛德布朗認爲勝算在於海岸防衛隊對於庫寧號運輸船會不會以殘值來估算，他評估這樣的機率約達 30% 。愛德布朗也感覺到海岸防衛隊並不會以殘值來估算，他們會以得標的價格來估算。這些都會使新英格蘭電氣系統公司是否應對庫寧號運輸船出價，以及該出多少價錢的問題複雜化。

個案　墨斯哥公司和康比特公司

背景

墨斯哥（Maxco）和康比特（Cambit）兩家公司都是相當完整且居於領導地位的石油公司。兩家公司每年的營業額均超過十億美元，而且探勘與研發費用預算亦超過一億美元。現在兩家公司都準備爲路易斯安那州的高孚（Gulf）外海岸 A-512 區的油礦權進行祕密競標。雖然提出標價的期限僅剩下三個星期，但是兩家公司均尚未進入出價的最後決斷階段。事實上，墨斯哥公司的決策階層都還未決定是否參加競標，更不用說要出多少價錢了。雖然康比特公司實際上已經確定決定出價，但是離出價價格塵埃落定還有一段距離。兩家公司對於出價準備過程的躊躇，最直接的原因是標案的 A-512 區周圍之特殊性。

位於雅里蓋托（Alligation）暗礁區域的 A-512 區，鄰近已知爲產油區的南邊（參見示圖 1）。就在北邊，A-497 區和 A-498 區都已經租給了康比特公司。在這些租地中，康比特公司擁有兩個已經完成的油井，它們開始生產已有一段時間了。另外，康比特公司還擁有另一個進行初期開發的對照油井，此油井位於現今租地與 A-512 區的邊界。

當這個油井完成後，康比特公司就可獲得在 A-512 區下藏有多少儲油量的直接資訊。另一方面，墨斯哥公司最靠近的租地大約在東南方七哩左右的距離。因此，墨斯哥公司提出的標價僅能根據間接資訊。

資訊在開採權標價過程中扮演的角色

在任何拍賣的情況中，與物品的出價或競標者關注的事項有關的資訊都會受到高度的關切。競標地底下數千呎儲油的開採權時，這種情形尤其明顯。當然，競標開採權的出價者可獲得各式各樣的資訊，這些資訊大致分爲兩大類：直接或間接。

開鑿該油礦區域部份的土地所獲得的資訊稱爲直接資訊。很明顯地，這可獲得關於地層結構最正確的資訊。從開鑿過程中取出地層土質樣本，將這些樣本做詳細的實驗室分析，再將這些參考資訊累積起來—除了有沒有儲油之外，也包括型態、厚薄、組成成分，以及所遇到不同地層的物理性質。這些資訊可幫助開鑿者相當正確地評估地層間的儲油量。關於鄰近地層的直接資訊可藉由開鑿支脈的對照油井而獲得（支脈對照油井係鑿於主要生產地的支脈，鄰近待租地的邊緣。這種井可提供關於待租地之地層正確且珍貴的資訊）。

間接資訊可從開鑿之外的其他來源獲得，且大約分爲兩種：偵查性與非偵查性。偵查性資訊可從觀察其他開鑿者的作業而獲得。經由計算引入洞中之開鑿管線的組件數，加上每個組件已知的長度，由此偵查者也許可以指出這個洞的深度。藉由觀察用來填塞各種多孔地層的堊土數量（在法律許可範圍內），即可確定出地層的厚薄。通常這種型態的偵查性資訊，其正確性無法與開鑿者自身所得到的資訊相提並論。它僅能用來確定某個區域是否存在石油，但在確定儲油量多寡上就不是那麼有用了。

更明確的偵查性資訊有時可從較私密的方式獲得。在公共場合偷聽別人的對話，或藉由賄賂和詢問的方式，甚至潛入競標者的鑿井處，都可以提供更多詳細以及更珍貴的資訊。有一則軼事爲，兩個人偷閱競標者的鑿井日誌—也就是鑿井者獲得直接資訊的文件來源時被逮個正著。據傳，他們在槍管下渡過數天後，最後在投標期限前一天終於逃出來。這兩個人趕回去回報他們在日誌上所看到的內容，結果競標者因爲這本日誌的資訊被偷看而被迫以抬高出價價錢七百萬美元的方式解決。

如果少掉通俗鬧劇的成分，重要的意義在於除了藉由偵查以外，還有其他的方法可獲得間接的資訊。要獲得非偵查性資訊的方法，來源包括出版品來源，例如政府的地質或地理調查，以及之前的探勘結果。其次，非偵查性資訊也可以從公司內部或私人承包的當地地震性調查獲知。第三種非偵查性資訊的來源爲乾油井的買賣資料。鑿井作業者傳統上一向會將其乾油井的經歷與他人分享。這種感覺似乎是，將乾油井的資訊賣給他人分享，總比眼睜睜看著競爭者投入大筆資金在乾油井上，能獲得更多吧。最後，非偵查性資訊也可以從獨立的採礦者、贊助者和貿易商等過去對某些小區域相當熟知者身上獲知，因爲或許他們基於互惠的基礎，願意對這些資訊進行交易。

想像一下，當某個區域的環境資訊極其珍貴時，內部的防護措施將極爲重視。銀行用的金庫、荷槍的警衛以及通電流的圍籬都是最普遍的方式。有時，也會將全套的鑿井裝備套上帆布套，以規避刺探者的眼睛（這樣也許會減緩操作上的速度，甚至幾乎是令人不能忍受的工作狀況）。一旦有意投標，就會衍生出一籮筐的安全防護措施：出價的資訊較油井價值的資訊來得珍貴。阿拉斯加北面坡的普路德歐（Prudhoe）海灣周圍區域競標時，某家公司在投完標之後爲了防止洩密，於是帶領所有的投標小組成員坐上火車，在同一區域來來回回跑上好幾趟，直到投標的時限過去爲止。

最後，因爲資訊是如此重要，所以出價者通常會嘗試放出錯誤的訊息。如果管理者能夠成功地對特殊地層洩露出錯誤的負面資訊，之後他也許可以藉此以低價「偷到」這個地層。另外，爲了將眾人的注意力從特殊的地層轉開，競標者也許會藉著在某地進行測試，假裝對另一個地方感興趣。

墨斯哥公司的出價問題

墨斯哥公司探勘發展部門副總經理布卡南（E. P. Buchanan）先生受命，負責準備墨斯哥公司的出價事宜。如前文所示，布卡南先生所獲得關於A-512 區域的資訊都是間接的。雖然也從康比特公司的支脈對照油井獲得一些偵查性資訊，不過主要的資訊來源都是私人的地震調查，以及政府出版的地理地圖和報告。墨斯哥公司爲了獲取調查資料，便與康比特公司共同出資與諾伯爾（Noble）和史帝文（Stevens）簽訂私人合約以探測地層。早在幾年前 A-497 區和 A-498 區預備出售探採權時，諾伯爾和史帝文就已經準備對雅里蓋托暗礁區域做完整而詳細的調查。由於是兩家公司共同出資，因此相同的完整報告分別提交給墨斯哥和康比特公司。這種安排雖然不尋常，但是在所知的產油區並不是無前例可循。示圖 1 是包括在諾伯爾和史帝文報告中之更新版本的平面地圖。

基於手邊的資料，布卡南先生判斷 A-512 區域下藏油量的經濟價值，以機率的表示方法列於示圖 2 。此外，布卡南先生將以此表列之儲油量價值，作爲墨斯哥公司出價的唯一依據。因爲十年內附近並沒有任何區域被拍賣，所以布卡南先生並不認爲會有任何資訊會對 A-512 區域的租約有所幫助。

布卡南先生也覺得一至少現在覺得一事實上康比特公司的不確定性與他自己不相上下。他確定康比特公司的支脈對照油井在提交標價的期限前會完成，屆時，康比特公司對於儲油量的價值評估之正確性也許將升高 ±5%或 ±10%。

過去幾年來，只要布卡南先生感覺與競爭者相較，明顯處於劣勢時，布卡南先生就會拒絕對此地層進行競標。如果競爭者擁有的是關於地層的直接資訊，而墨斯哥公司僅有間接資訊，那麼布卡南先生會傾向於根本不去競標。

但是在不到五個月以前，在離雅里蓋托暗礁不遠、鄰近墨斯哥公司租地的地方，布卡南先生已經在一次的競標案上失利。墨斯哥公司還花錢在自己的租地上開鑿支脈對照油井，而且發現相當可觀的藏油量。但是，墨斯哥公司竟然在這個標案上失敗，輸給僅根據一些間接資訊的競標者。除此之外，這個競爭者甚至以低得足夠獲致相當利益的標價贏得標案。

因此布卡南先生決定改變政策。因爲他很懷疑會有其他人會來競標 A-512 區域，因此他開始感覺自己該參與出價。如果他決定出價，他需要決定何種出價較爲合理。

康比特公司的出價問題

布卡南先生在康比特公司公司的競爭對手是馬遜(K.R. Mason)，他主要負責準備康比特公司的出價事宜。在康比特公司租地的油井完成之前，馬遜先生手上關於 A-512 區域的資訊基本上都是間接的。這些資訊主要都是以私人地震調查爲主(爲此康比特公司曾與墨斯哥公司合資委託)，以及政府官方的一些地圖和報告。

雖然馬遜先生擁有康比特公司租地上兩個生產油井的詳細生產日誌，但是他感覺這些資訊與 A-512 區域的藏油量問題均無關聯。而且在雅里蓋托暗礁區域存在著一些交叉斷層(參見示圖 1)。因爲交叉斷層可能會使得產油區終止，因此圍繞在 A-512 區域周圍的主要不確定性在於最北方交叉斷層的正確位置。因此，馬遜先生的判斷基本上將不離示圖 2 的機率函數。雖然馬遜先生的判斷當然不會與布卡南先生完全相同，但是提供給兩位判定的事實、和兩家公司的經濟狀況都有極大的相似性。因此，兩位先生由示圖 2 所估計的情況將不會有明顯的不同。

不過，當康比特公司的支脈對照油井完成後，情況將會有所改變。屆時，馬遜先生將可以有較高的準確度來重新估計手上的資訊。

一般來說，馬遜先生可基於較接近此區域的真實價值來出價，這樣仍然可能獲得可觀的利潤。其他不知道此區域之真實價值的出價者，無法採取這樣的策略。他們出價時，如果不是相當低，就得冒著「買高」導致損失慘重的風險。

過去幾年，好幾個競標者對路易斯安那州高孚海岸的某些區域出價時，雖擁有直接資訊，最後還是失敗，不過並沒有出現鉅大損失的例子。因此，若競標者除了間接資訊外別無他物，還是有可能從根據直接資訊的出價者手上「偷走」豐富的油藏。

爲了將上述的情況重新評估，馬遜先生認爲準備一個出價的計畫表將會十分有用。對於每種可能儲油量的「真實價格」，馬遜先生認爲自己應該基於這些儲油量建立一套適當的出價方式。因此，馬遜認爲自己該完成一個類似示圖 3 的出價計畫表。雖然他很疑惑，一個合理的出價計畫表該像什麼樣子。

示圖 1

雅里蓋托暗礁區域的平面地圖

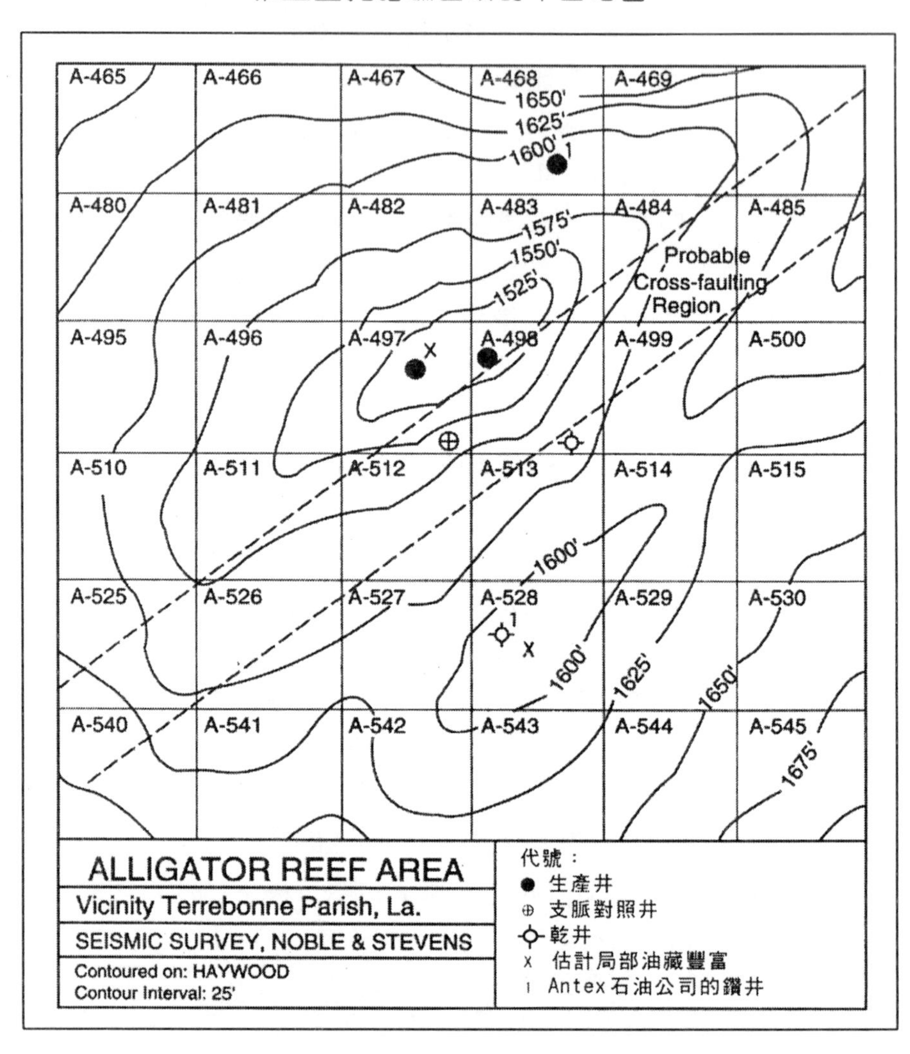

示圖 2

經濟價值的機率分布

儲油量的經濟價值*（百萬美元）	機率
$1.7	0.03
2.7	0.06
3.7	0.10
4.7	0.17
5.7	0.28
6.7	0.18
7.7	0.08
8.7	0.04
9.7	0.02
10.7	0.01
11.7	0.01
12.7	0.01
13.7	0.01
	1.00

平均值=583 萬美元
*10%的淨現值

示圖 3

康比特公司的出價計畫

如果儲油量的真實價值是：	康比特公司的出價爲：
170 萬美元	$ ____ 萬美元
270 萬美元	$ ____ 萬美元
370 萬美元	$ ____ 萬美元
470 萬美元	$ ____ 萬美元
570 萬美元	$ ____ 萬美元
670 萬美元	$ ____ 萬美元
770 萬美元	$ ____ 萬美元
870 萬美元	$ ____ 萬美元
990 萬美元	$ ____ 萬美元
1070 萬美元	$ ____ 萬美元
1170 萬美元	$ ____ 萬美元
1270 萬美元	$ ____ 萬美元
1370 萬美元	$ ____ 萬美元

個案　RCA雷達收發報機拍賣（A）

1981年11月9日，蘇士比舉辦了一次在其歷史上極不尋常的拍賣會。因為拍賣的不是塞尚的作品，而是每顆價值超過一千萬美元的衛星雷達收發報機。此一產品觀念對於通訊工業的衝擊，不下於對於蘇士比的意義。

軌道通訊衛星已經使個人與商業通訊以及諸如氣象和傳播等其他領域起了革命性的變化。這些衛星為許多公司所擁有，包括美國無線電公司、修斯航空器公司、西方聯合公司、衛星公司以及其他公司。其中一個營利上的應用，就是把衛星廣泛運用在傳輸有線電視節目。

每個衛星都包含了許多分開的雷達收發報器——一捆捆的電路組件，體積較香煙紙盒大不了多少，但可接收從地面電臺傳來的無線電訊號並加以放大，再成束的傳至散佈在全球各地的地面接收碟。在最近幾年，這些雷達收發報機的出租與販賣成為一項極大的事業。

為了讓有線電視業者能接收到信號，必須設置價值二萬五千美元的接收碟指向衛星。曾經在某些地方，接收碟可以收到衛星上所有從雷達收發報機傳來的節目，但是若想要接收其他衛星則要用另一個獨立的接收碟指向其他衛星。於是有些衛星定位後，較其他衛星受到更多的搜尋。最知名的即是於1981年發射的美國無線電公司的Satcom III-R。強大的節目陣容表示會有許多接收碟指向天上的衛星，緊接著又會使其他的節目業者想盡可能擠上衛星。Satcom III-R號召了HBO、Showtime、Spotlight、Ted Turner's

Cable News Network 和 Getty Oil's Entertainment 以及 Sports Network 等節目。美國總共有二千七百萬戶有線電視的會員，90%是透過衛星接收節目。

不幸的是，美國無線電公司和其他衛星擁有者無法依照市場所能負擔的價格收費，因爲它們都由美國聯邦通訊委員會（FCC）發給「一般載運者」的執照，僅能就提供的服務收取受管制的費用，如鐵路或卡車業者。

修斯航空器公司改變遊戲的規則。克萊（Clay Whitehead）爲前尼克森總統的特別助理，後來掌理美國通訊政策辦公室，然後轉任修斯航空器公司週邊產品總經理。他聲明，美國聯邦通訊委員會必須呼應通訊工業創造性的再定義潮流。他並不出租雷達收發報器的使用空間，而是販賣雷達收發報器給客戶。修斯航空器公司很快就簽到了第一顆衛星 Galaxy I 的合約。

美國無線電公司和西方聯合公司爲修斯航空器公司的決定所喚醒，發現雖然仍分類爲一般載運者，美國聯邦通訊委員會還是許可如交通般可販賣租貸權，只要他們以「無歧視」方式進行。因此美國無線電公司在蘇士比拍賣會中成爲販售者的一員。示圖 4 是從紐約時報 1981 年 11 月 10 日摘錄下來的參考文件，說明了整個事件過程。

示圖 4

紐約時報　　　　　　　　　　　　　　　　　　　　1981 年 11 月 10 日

蘇士比的衛星設備拍賣會

寂靜的蘇士比拍賣大樓中，當那些緊張的有線電視主管不停議價時，一項震驚工業界的通訊衛星設備終於在昨天以九千零一十萬美元成交。

這項總值創下了蘇士比拍賣記錄，反應出衛星設備使用上的激烈競爭。這些設備將由美國無線電公司的衛星攜帶，且於 1 月 12 日發射升空。

拍賣結束後，在蘇士比的約克大道展覽館簽下了七個稱為雷達收發報機裝置七年的租約，此裝置讓衛星將從地表發射器收到的信號傳播至地面電台，以及間接傳至電視螢幕或其他接收裝置。之所以對於雷達收發報機的需求會如此強烈，大部份是因為有線電視節目可藉此將信號加強。

在拍賣中七名最高的出價者，如同其知名度一樣頂尖的有線電視公司，包括 HBO 電影台， Time Inc. 公司旗下的部門搶得一千二百五十萬美元的租約，而 Warner Amex Satellite Entertainment 公司則得到另一個一千三百七十萬美元的租約。

最高出價者的租約價值一千四百四十萬美元，出價者為「雷達收發報機租賃公司」，由衛星系統公司代表。一位美國無線電公司發言人表示，他並不知道這家公司，但是比列爾（D. H. Blair & Company）這家與衛星系統關係密切的投資公司之一位主管表示，他聽到擔任拍賣人的約翰（John L. Marion），這位蘇士比總經理在拍賣後微笑的說：「以這樣的價錢看來，讓這些人再回來是很可怕的。」

蘇士比先前單次拍賣的總值記錄是以三千四百萬美元，於 1978 年 2 月在倫敦將 Robert von Hirsch 的藝術收藏品賣出。先前單件物品的出價記錄為六百六十萬美元，為前年在日內瓦賣出的一對大鑽石耳環。去年在紐約由蘇士比賣出的泰納（Turner）畫作，以六百四十萬美元被買走，是單件藝術品拍賣的最高記錄。

五十家公司和個人持著蘇士比的黑白拍賣板參與此次拍賣。雖然聯邦通訊委員會（FCC）並未判決這次拍賣是否合法─即使是各主要有線電視節目公司已在上星期對於合法持有權提出陳情。

續示圖 4

相較於拍賣結果，更值得注意的問題是，七個得標者的付款能力。美國無線電公司在拍賣前並未查證競標者的財政狀況，因此美國無線電公司的一位發言人表示，除了租賃雷達收發報機公司之外，美國無線電公司並沒有另一贏家 UTV 有線傳播網這家公司的詳細資訊。他表示，美國無線電公司假定這兩家公司「都是對有線節目感興趣者」。

雷達收發報機租貸公司是第一個租賃贏家。接下來的六個得標者，以及他們得標的價格，依序為：Billy H. Batts，經美國無線電公司查證為 Faith 傳播公司的分支機構，是一個新教福音的傳播集團，得標價格為一千四百一十萬美元； Warner Amex，為上星期提出陳情的一員，得標價格為一千三百七十萬美元；RCTV，為最近由洛克斐勒中心與美國無線電公司成立的有線電視付費頻道，得標價格為一千三百五十萬美元；HBO 頻道為一千二百五十萬美元；Inner City 傳播公司為一千零七十萬美元；以及 UTV 有線傳播網的一千一百二十萬美元。

現在得標者將被要求證明自身的財務能力。美國無線電公司的主管另外表示，但是他們在一月前尚毋須付款。因為在 1 月 15 日，美國聯邦通訊委員會必須做出決定，是否允許拍賣進行。

掌理美國無線電公司週邊產品、主持衛星租賃的美國無線電公司之子公司美國通訊公司的總經理安佐（Andrew F. Inglis）表示，此次總數達九千一十萬美元，較美國通訊公司按原先宣佈的出租價還多出二千萬美元。

關於雷達收發報機租賃公司和 UTV 有限傳播公司，媒體分析師 John S. Reidy 在拍賣後表示，兩個神祕的出價者現在佔了籌募資金的好位置，可藉由借款來償付他們的租約，因為租約的需求是如此高。

而且他強調，如果拍賣受到美國聯邦通訊委員會的支持，美國通訊公司將是雷達收發報機先前宣稱之出租價格的受益人。因為先前的價格，都會由中間人先吸收再出租出去，賺取當中的差額。

續示圖 4

強烈的需求

分析師 J. Kendrick Noble 表示，對於雷達收發報機的強烈需求，是因爲現在極度短缺，未來的需求也將會持續提高。但是他表示這種短缺將在三年內紓解，因爲有許多增加的衛星將被送上太空。

一位美國通訊公司的發言人報告，僅有四或五個衛星現在被用來幫有線電視公司轉播信號。得標者必須證明自己的財務狀況，他表示，但是在衛星發射前他們還毋須付費。一個星期前，美國通訊公司通知美國聯邦通訊委員會關於此次拍賣的計畫，但是美國聯邦通訊委員會並未表示是否需驗證販賣文件或其他販售的背景規則。委員會有關當局最近拒絕預測是否插手此事，但是他們強調，事實上在 1 月 15 日之前，有關當局還是有宣告拍賣會無效的權力。

於上個星期提出陳情的 Warner Amex Satellite Entertainment，即爲一般人熟知的 WASEC 公司，是由 Warner 傳播公司與 American Express 公司各佔 50%合資。其擁有三家有線電視節目服務公司：Movie Channel、Nickelodeon 和 Music Television。

不合法的拍賣收費

WASEC 行文向美國聯邦通訊委員會申告，主張美國通訊公司拍賣中所設置七個雷達收發報機中有一個不合法，據所知爲雷達收發報機 11 號。據稱，有二十四個雷達收發報機在衛星中運轉，每個體積約爲香煙盒大小。WASEC 主管抱怨，美國通訊公司先前透過信件向其承諾將把雷達收發報機 11 賣給 WASEC。

美國聯邦通訊委員會執行部門執行長席爾朵（Theodore D. Kramer）表示，上星期會談中，美國通訊公司必須於 12 月 1 日前回應 WASEC 的控訴，委員會將據此進行裁決。

基本上，雷達收發報機是一個電子組件，用來接收地面設備（例如連接地面電台）來的信號，將信號放大後，並改變頻率，再轉向傳回地面。美國通訊公司的發言人表示，建造和發射如 Satcom IV 形式的衛星，需投資約六千五百萬美元。

續示圖 4

得標清單雷達收發報機編號	標價
2	14,400,000
3	14,100,000
4	13,700,000
11	13,500,000
15	12,500,000
16	10,700,000
23	11,200,000

第六章

契約與誘因

律師是第一批使用決策樹的專業團體當中的一員，因爲在很多的案子中考慮各種可能性來做決策時，這個方法是很有幫助的。法律公司常常對某些訴訟程序做出決策樹圖表，並釘在牆上，在未來兩年的訴訟中，很習慣的去引用它來思考。決策樹對於思考兩個團體之間合約的性質也相當有效。在提出法律訴訟之前，何不一開始先考慮如何處理潛在的情境變數？本章中的案例會教你在這個思考過程中，所需要的各種技巧。

契約與誘因

兩個人想要合作投資，但是如果兩個人的誘因不同，這樣的投資計畫很可能會失敗。有時候但不是一定，一個合法的契約可以挽救這樣的問題。因此我們先檢視一些問題，討論解決方法的指導原則，並且建立一些專有名詞。

誘因的調和

法則：每一方都應有為整體的利益而採取行動的誘因。

有兩個事業夥伴一起創業，每個人都需在波士頓和芝加哥之間做一些旅行。每一個合夥人都是獨立的個體，搭乘飛機頭等艙而非經濟艙時要自付一百美元。因實際增加的票價是一百五十美元，所以每個人「應該」搭乘經濟艙。但是身為創業投資的合夥人，因此需平分所有開銷。無論他們其中之一誰決定乘坐頭等艙，實際的開銷只要多出七十五美元，因為不坐飛機的合夥人也必須付出七十五美元。如果兩個合夥人都因為商務而需要搭乘飛機，那麼這誘因問題立即會變得非常顯著。如果只有一個人搭飛機，這誘因的扭曲會變得不顯眼。對這個問題的解決方法就是改正誘因，讓兩方同意合作投資中只補貼搭乘經濟艙的價錢。每一筆額外的搭乘費用必須自付。

缺乏誘因的調和一直是尚未有效解決的普遍問題。員工沒有獲得金錢的獎勵來節省工作地點對能源的使用或者節省他們對影印機的使用量。

有一個相當簡單的系統可以檢查是否缺乏誘因的調和：只要用決策樹來表達合作上的問題。

法則：在決策樹中，所有的合夥人必須同意每一決策點所偏好的方案（包括權變性決策），而且任一方必須同意在每一個不確定性下所偏好的結果。

明顯的是，合夥人必須同意所有的決策，否則爭執將因之而起。必須同意不確定性的結果，來自實務上人們有能力適當地調整努力的方向來影響不確定性的結果。如果決策樹不能滿足此一狀況，合約應依情況補償受損的一方而重新擬訂，以創造誘因的調和。

不對稱性

在多方參加的協定中一個需克服的困難是：每個人對於手邊的問題都有不同的信念與偏好。

舉一個簡單的例子，假設你和我是兄弟，最近過世的叔叔留下一千美元現金和一幅油畫給我們。油畫是由叔叔在他年輕時所畫的，在市場上實際的價值很少，甚至可說是沒有。他的意願是希望我們能平分他的遺物。我們該怎麼做呢？

讓我們假設你非常富有感情，非常喜歡掛在你家中牆壁上的油畫，但換做是我的話，則認爲最好把它藏在閣樓中。那麼對我而言最高尚的事，就是讓你保有油畫，然後再平分所有的現金。但我可能會認爲平分遺物最公平的方式是讓你挑選畫或一千美元現金。如果你選擇畫，那是因爲你認爲它的價值至少與現金等值，所以你得到了遺物價值的一半。當然你會爭論：也許是因爲我發現這幅畫並無價值，所以我得到的乃是所有的遺產，即 1000 美元。解決這樣的問題，兩個主要法則爲：

- 協商過程應該誘導參與者的誠實（或非策略性行爲）。
- 協商結果應該使各方得到的總價值提升到最高。明顯的是，我不會持有油畫（除非我們有很多幅，或我欺瞞了它對我的價值）。

如果兩個人對於事件發生的可能性看法不相同，不對稱性就會發生（例如我認爲某一事件很可能發生，而你並不認爲）；若其中一個人較另一人反對冒險也會發生不對稱性。

下列例子描述一些典型的誘因問題。它們的確很難正確地解決，但是很值得加以討論。

1. 你看見了幾棟你喜歡的房子正打算出售。它們在價格上有所不同。爲了確定你可以付得起多少錢，你需對現有的房子進行確實的估價。你不能等到現有的房子賣出後再選擇另一間房子，因爲你想要的那一間可能在這期間賣掉。當地的房地產經紀人賣出你現有的房子時，將會收取相當於房屋售價 6%的佣金，你必須倚賴房地產經紀人對你現有的房子會有公平的估價。

   A. 房地產經紀人告訴你房子的價值是否符合他的利

益？

B. 假設佣金收費如下：

a. 房地產經紀人提出一個估價 E 千美元爲房子總值。

b. 房地產經紀人以 S 千美元的價錢將房子賣掉。

c. 房地產經紀人的佣金爲 E（S-1/2E）

例如，房地產經紀人的估價爲十二萬美元，而售價爲十萬美元，那麼佣金爲：

120（100-60）=$4800

這種佣金的安排有什麼優點和缺點？

2. 爲了使公司跟進 1990 年代的腳步，公司的總裁想要決定是否花費一千萬美元架設新電腦網路系統。總裁已經六十四歲了，一生中沒有接觸過電腦，也不太相信電腦能帶給公司多大的利益。公司兩個主要部門是由愛莉絲和博那多掌理。一般咸認爲對公司整體而言，愛莉絲的部門經由建立電腦網路系統所獲取的經濟效益會比博那多部門多，所以問題產生了：投資購買電腦系統的花費兩部門該如何分攤。愛莉絲和博那多所獲得的紅利與部門的績效息息相關。愛莉絲不知道這系統對博那多價值多少，博那多也不知道這系統對愛莉絲價值多少。總裁更不知道這對兩者的價值。試想出一個決定電腦系統是否該買的過程，以及探討該對兩部門各收取多少費用。

3. 在會計年度結束時，公司的總裁需決定付給公司重要幹部適當的紅利，以及未來一年加薪的額度。雖然這些數字並不公開發表，但是無可避免會傳開，覺得受到不公平待遇的員工就會離職或因爲不滿而不事生產。決定重要幹部的相對績效也會因爲他們從事的業務不同而甚難決定。考慮一個投資銀行的業務和外匯部門，業務員和外匯員都有生產力的測量指標（各別的獲利和損失）。雖然如此，還是很難釐清獎勵架構該如何設計。業務員是否該支付佣金？外匯員是否該支付年盈餘的百分之一？或者兩者都該經由主觀的評價程序來獎勵？總裁用來分配薪水和紅利的制度至少需達成兩個目標：

A. 一個人需以他或她個人對公司的價值爲依據來支付，只要對公司而言有這個「市場價值」。

B. 一個人需發現他或她的薪水和紅利，相較於公司其他同事的所得能促進公平性。

總裁該如何做到這些？

個案　庫利基公司

1993 年 9 月中的一個星期天下午，克莉絲丁在庫利基公司（CKC）總經理普賽耳（Ralph Purcell）的辦公室。最近克莉絲丁剛被雇爲普賽耳的分析師，她正在準備下星期六需要報告的詳細分析資料。普賽耳希望在下午之前，藉由克莉絲丁敏銳洞察力的幫助，能對於由托力麥特公司和其執照許可者巴頓研發公司（BARD）所提出對庫利基公司的專利訴訟，加速達成最後的和解方案。

競爭者

庫利基公司成立於1932年在威斯康辛州的米瓦奇，作爲發明天才、也是一個機敏的有機化學家查理斯庫利基博士(Charles K. Coolidge)的銷售通路公司。此公司捱過經濟衰退期，之後也享有第二次世界大戰和戰後帶來的繁榮。1970年前，每年的營業額大約爲三百萬美元左右。

庫利基博士一直擁有並管理公司，直到1980年他想退休，便將公司連同所有專利和產品賣給飛箭醫藥工業公司，這是一家位於芝加哥的小公司。庫利基公司作爲飛箭醫藥工業公司旗下的公司，仍持續成長，至1993年年營業額已經達到一千零五十萬美元，佔飛箭醫藥工業公司總營業額的14%。在1993年，庫利基公司有10%的營業額來自一種叫做Varacil的化學品，它的製造過程正是專利訴訟的主題。其營業額包括範圍相當廣的有機化學產品，另一小部份來自藥品。

托力麥特公司的總部也在芝加哥，是一家大型的化學和藥品製造商，估計1993年營業額超過三億美元。1984年，托力麥特公司曾經獲得一項專利，其中涵蓋一種低成本合成Varacil的新方法。專利中涵蓋的技術在1979年就在托力麥特公司的研發計畫中發現，並作爲另一計畫的主軸之一。因為托力麥特公司既不是 Varacil 的使用者也不是製造者，所以決定提供專利的使用權給巴頓研發公司，這是美國一家主要製造 Varacil 的廠商。

巴頓研發公司位在伊利諾州，從一家小型的研發公司開始創業。1984 年，它撤除所有研究，專門生產 Varacil。為了維持在此產業的領導地位，巴頓研發公司購買托力麥特公司的使用權，並開始將所有的 Varacil 轉為以新方法生產。為回報專利權的使用，巴頓研發公司同意付給托力麥特公司 Varacil 銷售額的 4%。除此之外，巴頓研發公司有權發出執照給任何其他對此製程有興趣的 Varacil 製造商。在此種「次」執照同意權下，專利使用費的 4%歸給托力麥特公司，其他多出來的就給巴頓研發公司。

1989 年，也就是托力麥特公司得到專利權的五年後，庫利基公司的一位研發化學工程師獨力發現一個非常類似，可用來合成 Varacil 的製程。但是，這個研究者並未發覺這項新製程技術有人已經取得專利。因此，未進行專利搜尋，而且製造工廠也採用新的製程方式。此時，庫利基公司沒有一個人發覺新製程與托力麥特公司的製程相似程度極高，以及托力麥特公司已取得專利保護。然後，庫利基公司的管理者驚訝地發現，他們已經受到托力麥特公司和巴頓研發公司的控告了。

Varacil

Varacil 是一種化學物質，幾乎都是賣給製藥業者。雖然它出現在多種藥物的配製中，但是它僅佔任一種藥物很小的比例。此藥必須大量長期製造才符合經濟效益（高固定成本與低變動成本，加上經濟規模的考量），因此大的製藥公司本身都不生產 Varacil。

1984 年以前，Varacil 都是由動物組織中自然產生的化學物質提煉而成。但因爲天然化學品的高成本，所以 Varacil 本身的成本相當高。人工合成 Varacil 的出現，情況便有極大的轉變。人工合成 Varacil 的製造成本約只佔售價的 15%，所以很快地人工合成產物便將天然產品逐出市場（僅有少數使用者仍指定要天然產品，因爲他們相信其具有某些較好的特性）。

1993 年，國際市場對於人工合成 Varacil 的需求量約達到九百萬美元的銷售額。在數量的基準上，這樣的市場已經相當穩定地持續了好幾年。當藥品不再需要 Varacil 搭配時，便有另一種需求量大致相當的新化合物出現。但沒有跡象顯示未來幾年內這種穩定性會消失。產業的銷售量顯示在五至十年間走勢將相當平穩。

在價格方面，則是完全不同的故事。Varacil 的價格和產業銷售額已經持續衰退好幾年了。當製程轉換爲人工合成時，產業中每個競爭者均大量生產以搶佔市場佔有率。之後，當目標市場的佔有率未達成，便互相殺價以維持製造設備的有效運用，或儘可能回收固定成本。這種情況預期至少將持續五年。示圖 1 顯示 1984 至 1993 年間人工合成 Varacil 的產業數量和銷售額，以及 1994 至 2004 年的預測值。

1993 年在人工合成 Varacil 市場存在著七個主要競爭者。巴頓研發公司年營業額六百萬美元，市場佔有率爲 67%。庫利基公司營業額一百零五萬美元，爲第二大製造者，市場佔有率爲 12%。其他五個競爭者，其 Varacil 年營業額均未超過五十七萬美元，共同構成 21%的市場佔有率。1990 年前七個主要競爭者均以幾乎相同的製程製造人工合成 Varacil。只有巴頓研發公司支付專利使用費給托力麥特公司。

訴訟背景

1990 年 6 月 12 日，托力麥特公司和巴頓研發公司在威斯康辛州第五高等法庭聯合提出告訴，控告庫利基公司侵害托力麥特公司在人工合成 Varacil 製程中的專利。爲了補償專利侵權，托力麥特公司和巴頓研發公司根據十七年有效的專利權，要求庫利基公司付出未來每年人工合成 Varacil 銷售額的 10%，作爲專利使用費，總括補償過去的侵權費用。

面對這樣的控訴，普賽耳立即與飛箭醫藥工業公司的律師曼提瑞斯商討此事，兩者都覺得有不少證據顯示托力麥特公司的製程不具有專利。曼提瑞斯建議，庫利基公司可向愛文布列拉克律師事務所（Evans and Blaylock）這家在紐約頗爲知名且受好評的律師事務所，尋求專利代理服務。這些律師也同意曼提瑞斯的說法，認爲托力麥特公司在訴訟上有潛在的弱點。因此，1990 年，愛文布列拉克律師事務所開始準備爲庫利基公司進行辯護。

托力麥特公司的專利原來包含有十二項原創專利權的主張。爲了得到這些專利，托力麥特公司像其他所有成功的申請人一樣，必須向專利員證明沒有前例存在，所以是發明。前例包含之前的專利，也涵蓋申請中的專利，或與公共領域的製程（雖非專利，卻爲一般人所知）相似。爲了證明是發明，必須讓一個在相關化學製程方面具相當知識的人感到申請中的製程是不平凡的。

任何專利總會在法庭中受到質疑的挑戰。整個或部份的專利總是基於前例存在或缺乏發明性而被推翻。依照實際的案例，有時候可能會針對缺乏發明性而爭論好幾年。發明在當時似乎絕無前例的想法，經常因日子久了而更加模糊。專利擁有者在辯護上，通常試著再度強調發明在當時爲史無前例的想法。雖然如此，還是有多項專利成功地被推翻。在人工合成 Varacil 這個事件上，曼提瑞斯認爲，事實上托力麥特公司並沒有引入任何新意。它只是觀察並採用一個自然發生的製程，這並不是專利。

從 1990 至 1993 年，愛文布列拉克律師事務所其中的一位合夥人間歇地與曼提瑞斯聯繫，研究並準備此案件。庫利基公司將此訴訟視爲小麻煩事，企圖以拖延的方式造成托力麥特公司因惰性而撤銷告訴。至 1992 年末，審判的日期暫定在 1993 年 2 月。在確定的日期排定前，普賽耳和曼提瑞斯決定，除了專利代理辯護之外，也須在審判前的和解上做一些努力。它們願意支付所有未來銷售額的 2.5%。這個提議爲托力麥特公司和巴頓研發公司所拒絕。最後,此案已成爲法庭備審案件,審判日期已經排定在 1993 年 10 月。

九月之前,普賽耳對於相當高、且不斷增加的費用感到十分憂慮。這些費用總額已經高達三十萬美元,如果審判依時程表進行,與成功辯護的價值相較,確實會逐漸增加。這些法律上的費用與未來將增加的其他費用將無法回收,即使庫利基公司贏得這項訴訟。

爲了解決訴訟進展和律師費用驚人的累積兩者所引起的不安,普賽耳決定立即進行兩項行動。第一,透過曼提瑞斯的安排,在紐約市與專利代理人重新通盤檢視這個案子。第二,他要求新分析師檢視此案子,希望她能帶來一個全新的觀點。

克莉絲丁的分析及與專利律師的會談

克莉絲丁最近剛從哈佛商學院畢業。她在求學期間,即對於運用形式、定量的架構來解決決策問題相當感興趣。因此,她試著以決策樹的方式來解決這個棘手的問題。她的分析認定了兩種選擇提供給庫利基公司:

- 至法庭進行專利論戰,此舉將會再增加十五萬美元的法律費用,而訴訟獲勝機率爲 X、失敗機率爲 1-X;或者
- 以過去和未來銷售額的 Y%達成庭外和解。她以圖 6.1

所示之決策圖來摘述這些選擇。

圖 6.1

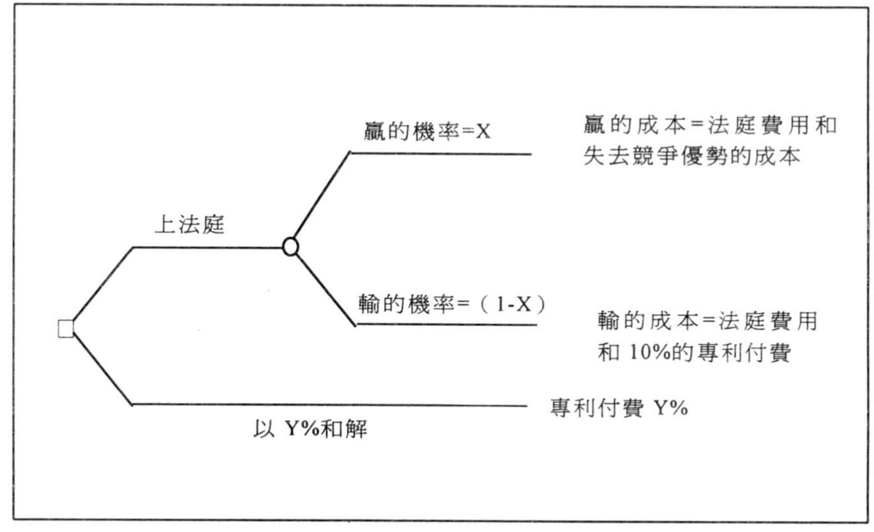

分析的目的在於決定庭外和解所需提供的 Y 以及贏得訴訟的機率 X 有多大？如此一來即可決定是否拒絕付款的要求。爲了進行損益兩平的分析，她解答以下的方程式，以不同的 Y 值求得 X：

〔勝訴的花費〕（X）+〔敗訴的花費〕（1-X）=〔以 Y%和解的花費〕

因此產生的兩平曲線如圖 6.2 所示。若位於曲線上方表示上法庭是較好的解決方法，若位於曲線下方則值得三思了。例如，如果庫利基公司人員覺得勝訴的機率爲 0.6，如此和解的費用比率則可定在 7.5%以下(如圖 6.2 虛線所示)。

圖 6.2

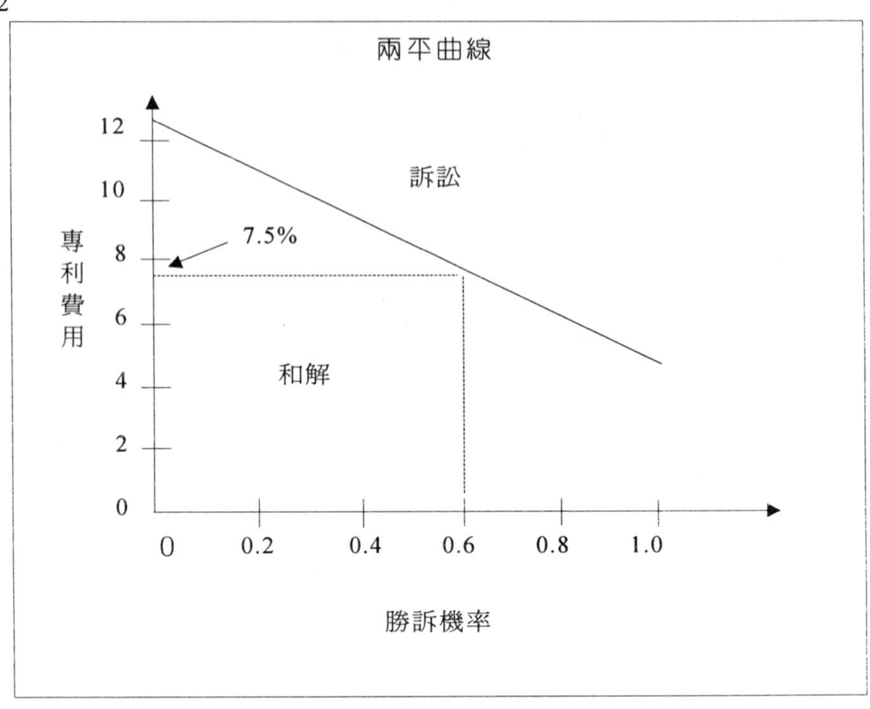

克莉絲丁從此分析得到的主要結論為，除非贏得這次訴訟的機率出奇地差，任何合理的判斷都傾向於付出額外的費用，碰碰運氣上法庭。普賽耳這個化學工程師相當同意這些分析，事實上，他很高興有這麼多數據支持他自己的論調。他對克莉絲丁的報告很感興趣，並且邀請她隨同他和曼提瑞斯前往紐約，去和專利代理人會面。在會談中普賽耳企圖以克莉絲丁的分析面對代理人，促使他們同意將此案付諸審判的好處。

紐約的專利代理人開始開會並報告此案的概要，每位與會人士均認為此案在審判階段具有極高的勝訴機會。當代理人被要求提出能在法庭上獲勝之機率的精確數字時，均頗不以爲然。這時，普賽耳提出了克莉絲丁的分析。之後，他再詢問這些專利代理人，他們是否仍覺得有足夠的成功機率值得上法庭。這些代理人對於克莉絲丁的處裡方式明顯地感到不舒服。雖然他們仍然覺得他們的說法才正確，但同意上法庭前有某些事情需要再考慮。

回米瓦奇的飛機上，普賽耳與法律顧問和分析師討論會談所發生的種種。討論結果他決定，克莉絲丁需更進一步進行分析的工作，需將此案潛在上訴的可能性等等包括進去，並針對基本假設進行敏感度分析。三個人均同意以所有機率來說，採用 2.5%的和解方式較上法庭訴訟好。

第二天是星期六，克莉絲丁依照普賽耳的要求延伸分析的角度。此一擴大的分析把托力麥特公司或庫利基公司再上訴的機率以及額外的法律費用包括進去。修正結果產生的兩平曲線如圖 6.3 所示，更強化了上法庭是較好的解決方式之結論（完整的分析請參見附錄）。星期六下午在一個例行性會議中，克莉絲丁向普賽耳報告了她的發現，然後他們開始詳細計畫解決此一訴訟的策略。

圖 6.3

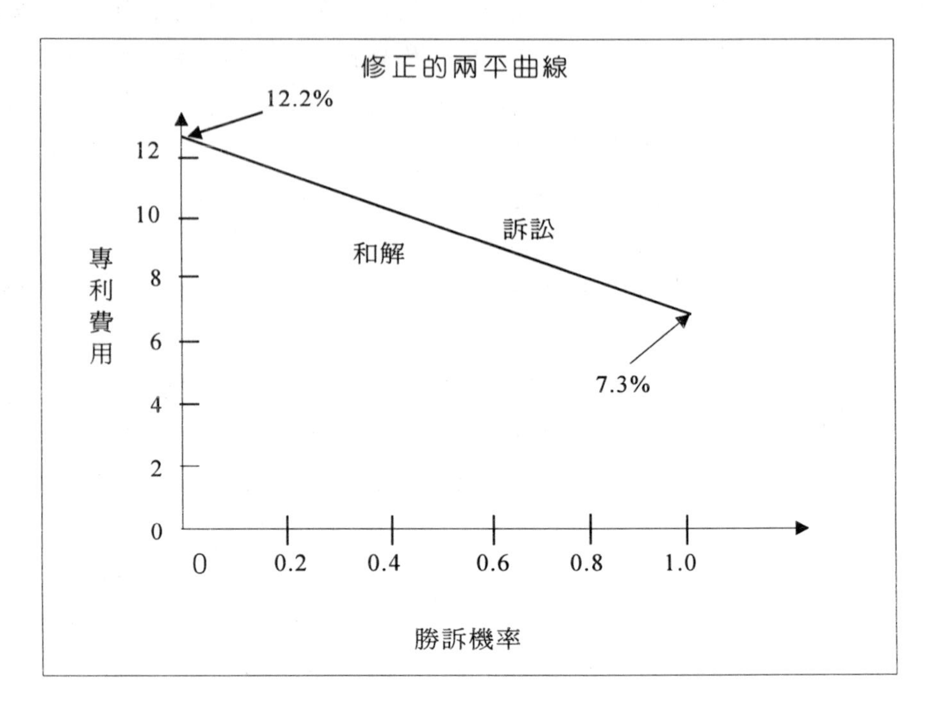

示圖 1

各公司人工合成 Varacil 的銷售量和銷售額

年	巴頓研發公司 磅	巴頓研發公司 銷售額	庫利基公司 磅	庫利基公司 銷售額	其他 磅	其他 銷售額
1984	1,000	153,000	0	0	0	0
1985	5,000	738,000	0	0	0	0
1986	20,000	2,676,000	0	0	0	0
1987	60,000	6,569,000	0	0	0	0
1988	68,000	8,022,000	0	0	0	0
1989	76,000	9,045,000	0	0	0	0
1990	83,000	9,624,000	1,000	111,000	0	0
1991	89,000	9,546,000	6,000	576,000	2,000	213,000
1992	94,000	7,899,000	11,000	936,000	19,000	1,608,000
1993*	100,000	6,000,000	17,000	1,050,000	35,000	2,100,000
1994	100,000	6,000,000	17,000	1,020,000	35,000	2,100,000
1995	100,000	5,700,000	17,000	969,000	35,000	1,995,000
1996	100,000	5,400,000	17,000	918,000	35,000	1,890,000
1997	100,000	4,800,000	17,000	816,000	35,000	1,680,000
1998	100,000	4,500,000	17,000	765,000	35,000	1,575,000
1999	100,000	4,500,000	17,000	765,000	35,000	1,575,000
2000	100,000	4,500,000	17,000	765,000	35,000	1,575,000
2001	100,000	4,500,000	17,000	765,000	35,000	1,575,000
2002	100,000	4,500,000	17,000	765,000	35,000	1,575,000
2003	100,000	4,500,000	17,000	765,000	35,000	1,575,000
2004	100,000	4,500,000	17,000	765,000	35,000	1,575,000

資料來源：庫利基公司

註：Varacil 總銷售量（包括未加工的產品）約十五萬磅（1993），1984-1993 年為真實資料；1994-2004 年為預估資料。

附錄：克莉絲丁的分析

目標

決定相對於未來的花費，飛箭醫藥工業公司在審判前和解所能提出之和解費率，和上法庭成功的機率。

結論

如果審判獲勝的機率在 75%至 100%之間，則飛箭醫藥工業公司在審判前和解所能提供的專利使用費率爲 8.5%，而且能省錢。事實上，即使審判獲勝的機率爲 100%，由於未來的律師費用和繼之而來的上訴費用，使得飛箭醫藥工業公司所能提供的專利使用費率最高僅能達 7%。

假設

1. 預期的情況：
   - A. 如果飛箭醫藥工業公司贏得審判，則托力麥特公司上訴的機會有 90%。
   - B. 如果托力麥特公司贏得審判，則飛箭醫藥工業公司贏得上訴的機會有 10%。
   - C. 如果飛箭醫藥工業公司贏得審判，則飛箭醫藥工業公司贏得上訴的機會有 75%。
   - D. 如果托力麥特公司贏得審判，則托力麥特公司贏得上訴的機會有 75%。
2. 未來的律師費和法庭的開銷爲：
   - A. 審判：$150,000

B. 上訴

a.如果飛箭醫藥工業公司獲勝：$150,000

b.如果托力麥特公司獲勝：$75,000

3. 潛在的負債：

A. 過去的負債

a.如果托力麥特公司贏得審判，將要求支付 1990 年至 1993 年營業額的 10%：負債總數爲$267,300。

b.托力麥特公司在審判前的和解會訴求過去與未來採相同的專利使用費率（參見 3.B.b）

B. 未來的專利使用費

a. 如果托力麥特公司贏得審判，將要求支付未來營業額的 10%。

b. 托力麥特公司審判前和解所要求的專利使用費是未知的，但是可模擬爲使飛箭醫藥工業公司在面對開銷和冒險審判能達到兩平的費率（參見圖 6.3）。

4. 事實上涉及的專利使用費：

A. 在未來七年內，庫利基公司每年仍將繼續生產 17,000 磅的 Varacil（仍然在專利權期限內）。

B. Varacil 每磅的價格預期會下跌，所產生的銷售額參見表 6.1。

C. 此產業具有高固定成本和低變動成本的特性，對於價格會有沉重的壓力，因此巴頓研發公司的競爭優勢直接與它和庫利基公司之間的專利使用費率價差成正比。假設它不僅只是簡單地得到額外的好處，並且還可以降低價格。巴頓研發公司使用這項優勢的程度，以及對庫利基公司之收益性的重大意義都將在此分析中描述。〔譯注：若飛箭最終勝訴，表示該專利權失效，則巴頓也不必再繳交4%的專利費給托力麥特公司，於是就有降價的空間，也連帶使飛箭必須跟著降價。〕

D. 「金錢的價值」對公司而言將近10%。

表 6.1

專利費用的現值和損失的競爭優勢

年	折現因子[a]	10%專利付費成本和過去的專利負債 銷售額	專利費用（10%）	NPV[b]	損失 4%競爭優勢的成本 失去的競爭優勢 4%	NPV	以 8%專利費用和解的成本 專利費用（8%）	NPV
0	1.000	$2,673[c]	$267.3	$267.3	–	–	$213.9	$213.9
1	.909	1,020	102.0	92.7	$40.8	$37.2	81.6	74.1
2	.826	969	96.9	80.1	38.7	31.8	77.4	63.9
3	.751	918	91.8	69.0	36.6	27.6	73.5	55.2
4	.683	816	81.6	55.8	32.7	22.2	65.4	44.4
5	.621	765	76.5	47.4	30.6	18.9	61.2	38.1
6	.564	765	76.5	43.2	30.6	17.4	61.2	34.5
7	.513	765	76.5	39.3	30.6	15.6	61.2	31.2
				$694.8		$170.7		$555.3

[a] 利率=10%
[b] 淨現值
[c] 過去的銷售額（1990-1993）

分析

此分析的目標是以一般的術語來定義未來的費用和訴訟中面對的風險，與立即和解的花費之間的關係。係嘗試將整個問題打散爲許多小事件，接著評估每個事件發生的機率及結果之合理範圍。最後以這些元素間的相關數學關係得到解答。

使用這種處理方式可以闡明，相較於使用單一處理方式來解決整個問題時潛藏的盲點，本法有其實質上的優點。無論如何，解決複雜的問題時，在數量化和簡化方面有潛在的危險：結果是如此正確而直接，很容易就忘記了結果是根據假設做出來的。

基於以上的假設，和圖 6.4 所示的決策圖，計算出來的花費爲：

1. 與結束點（1）有關的成本

（飛箭醫藥工業公司審判獲勝，托力麥特公司上訴，飛箭醫藥工業公司贏得上訴）

失去競爭優勢（參見表 6.1）=$170,700

4%的現值

上訴花費 = 75,000

審判花費 = 150,000

總和 $395,700

2. 與結束點（2）有關的成本

（飛箭醫藥工業公司審判獲勝，托力麥特公司上訴，飛箭醫藥工業公司敗訴）

專利使用費和過去負債 =$694,800

要求 10%（表 6.1）的現值

上訴花費 = 75,000

審判花費 =150,000

總和 $919,800

3. 與結束點（3）有關的成本

（飛箭醫藥工業公司審判獲勝，對方沒有上訴）

失去競爭優勢 4% =$170,700

的現值

審判花費 = 150,000

總和 $320,700

4. 與結束點（4）有關的成本

（飛箭醫藥工業公司審判失敗，飛箭醫藥工業公司上訴，飛箭醫藥工業公司贏得上訴）

失去競爭優勢 =$170,700
4%的現值
上訴花費 = 150,000
審判花費 = 150,000
總和 $470,700

5. 與結束點（5）有關的成本

（飛箭醫藥工業公司審判失敗，飛箭醫藥工業公司上訴，飛箭醫藥工業公司上訴失敗）

專利使用費付費和過去 =$694,800
負債要求 1 0%的現值
上訴花費 = 150,000
審判花費 = 150,000
總和 $994,800

6. 與結束點（6）有關的成本

（飛箭醫藥工業公司審判失敗，飛箭醫藥工業公司未上訴）

專利使用費付費和過去 =$694,800
負債要求 10%的現值
審判花費 = 150,000
總和 $844,800

下一步就是根據一個已知的和解費率 Y%的專利使用費，去找出可使上法庭的預期花費與和解花費兩平的審判獲勝機率。例如，假設和解費率 8%的專利使用費，和解花費的現值為$506,100，如表 6.1 所示。獲勝的機率 X 可從下列算式中得出：

上法庭的預期花費=和解花費

$506,100X+846,600（1-X）= $555,300

得到：X = 0.85

由不同的和解費率解上述方程式，得出圖 6.3 所示的兩平機率曲線。

圖 6.4

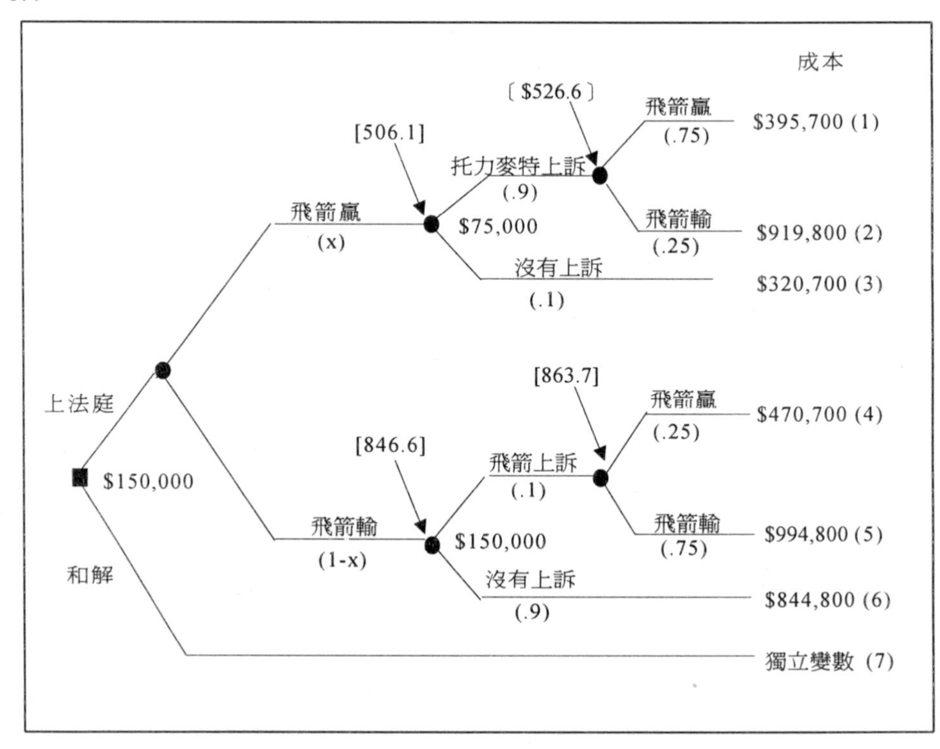

個案　博克威寇特出版公司

A 部份

1991 年 3 月 18 日，博克威寇特出版公司（B&C）總經理湯姆寇特與行銷副總維吉賈克柏及非小說類主編愛鈴迪克林會面，以討論關於莫斐（Murpher）即將撰寫的自傳所進行的協商。莫斐現年八十二歲，在擔任美國眾議院議員服務十六年後，被田納西州州長提名為美國國會議員，以遞補一位任期未滿即過世的議員。此事發生在 1952 年。在 1992 年的任期期滿時，也就是成為議員的四十週年，莫斐計畫退休。他與博克威寇特出版公司以及另兩家出版社接觸，希望能出版他的回憶錄，書名已經定為《服務時光》（Serving Time）。

雖然莫斐從未被提名為總統（甚至副總統）候選人，但是普遍均認為他在白宮相當具有影響力。他的朋友和敵人都尋求他的建言。他是白宮的元老，尤其是在共和黨掌權期間。在過去三十年間他從沒有在一次重要議題的會議中擔任評論者或成為討論的主題。他以身為一個可靠知己的方式維持他與國會和田納西之間良好的友誼。

但是，當他面對退休時，明顯地他想要將過去的經驗兌換成現金，留一些預備金給他的孫兒們。博克威寇特出版公司曾試探他有關《服務時光》可能的內容，很明確地，雖然他想寫一些關於他所知道的政治密謀，但是似乎也打算談一些非政治性的閒話，這樣的一本自傳將有可能成爲暢銷書。

莫斐對於他期望的稿費非常明確，五十萬美元簽下合約，奉上原稿後再收取另外的五十萬美元。需要了解的是，手稿將採取口述的方式：莫斐會將回憶錄口述給博克威寇特出版公司的工作人員，工作人員再寫成書。

湯姆寇特、維吉賈克柏和愛鈴迪克林的會商

湯姆寇特一開始便詢問維吉賈克柏對《服務時光》預期的銷售量。

維吉賈克柏表示：「我想這本書是我們 1992 年重大出擊的好機會。假設每本書賣三十美元的話，我敢說銷售量應可高達一百萬冊。」

湯姆寇特吹一聲口哨後說:「這是一本精裝書，對嗎？」

維吉賈克柏：「當然，當我讀它時，首先它必須是一本政治性的書，而不是一本醜聞報告。沒有道理用平裝版本來迎合下階層讀者。但是不要太興奮，我們必須考量莫斐個人的魅力，此時是最高點，明年就會開始減弱了。我們不知道是否會有其他政治人物在相同的時間出版他們的回憶錄，因而切斷我們的市場。另一方面，1992 是一個選舉年，而莫斐對於大多數有希望的總統候選人，是從包尿布起就認識的。」

「底線？若每本三十美元，有 30%的機率可銷售至一

百萬本，40%的機會可銷售約四十萬本書，30%的機會銷售十萬本書。當然，這些只是爲了計算的代表性情況。」

愛鈴迪克林表示：「不要忘記在我們能賣這本書之前要先寫它。莫斐之前沒有寫過書，所以他對其中的流程一無所知。到了他這個年紀，死亡或生病都有可能在這期間發生。」

湯姆寇特：「我們也尚未完全確定他的回憶錄會如他所說的那樣有趣。我們也必須面對，如果我們的工作人員開始編寫他的故事，他們可能發現這本書死氣沉沉。」

維吉賈克柏：「雖然我不想說，但是我們也不是第一次出版死氣沉沉的書了。真正的問題是，如果我們出版它，我們能不能獲利？幸好莫斐的提案也提到我們看到原稿後也許不想出版的可能性。」

愛鈴迪克林：「這倒是真的，但是只要他送來了完成的原稿，不管我們是否要出版，還是得付給他第二部份的五十萬美元。」

湯姆寇特：「對我而言，莫斐事實上只有 80%的機會會交出原稿。即使假定他真的交出原稿，也只有 25%的機會原稿會貧乏到我們不想出版。如果我們確實要出版這本書，那麼我就準備將維吉賈克柏的銷售預測值變成真正的銷售值。我無法坐視當我們下了印刷的最後決定之後，再來探討可能的銷售量。」

愛鈴迪克林：「爲什麼我們必須簽訂這個他可能不會交稿，但需先付五十萬美元的合約呢？」

湯姆寇特：「如果能的話，我也希望避免這種可能性，我對這種狀況也有些意見。但在深入討論之前，維吉賈克柏，你能不能使用這些銷售計畫和可能性，來檢視這項交易是否有意義？」

維吉賈克柏：「在我做這件事之前，讓我們先看看我寫下來的成本摘要。首先是編輯服務的成本（撰寫、編輯、校對、獲得照片許可等）爲二十五萬美元。這些成本即使我們決定不出版這本書也必須負擔。如果我們真的決定出版這本書，我們必須再負擔照相試印的成本，約爲五萬美元。印刷費用每本四美元。

湯姆寇特：「每本書四元只是一個平均值，對嗎？應該有經濟規模量的限制。」

維吉賈克柏：「對，但是無論如何我們需印十萬本。因此，雖然這樣每本的成本會比一例如二千本的單位成本來得低，但我們所討論的數目已經相當低了。此外，以我們預定的數量，印刷商會允許我們有需要時再印，而我們仍可按相同的費率。這表示我們我們不需庫存大量賣不出去的書。」

愛鈴迪克林：「如果零售商賣不出，我們還是會庫存許多書。你知道在這個行業退書會害死人。」

維吉賈克柏：「事實上，愛鈴迪克林，我提議三十美元的零售價是假設大盤售價爲十五美元。一般像這樣的利潤，我們是不允許退書的。這是再普遍不過的情況了。發書（運送給大盤商）的成本每本約二十五分美元。行銷成本大約佔大盤價的 40%（也就是零售價的 20%）。」

湯姆寇特：「但是行銷成本大部份是固定的。不論是不是要出版莫斐的書，我們都有一個行銷部門和促銷人員。什麼是我們增加的行銷成本？」

維吉賈克柏：「我們付出大盤價的 5%作爲促銷的佣金。我們也會花費五十萬美元在廣告宣傳上。如果我們對於內容的審查不過關，不打算出書，就不需加入廣告宣傳費用。這就是有關的行銷成本。」

愛鈴迪克林：「我想到如果我們只考慮增加的開銷，那麼編輯服務成本將多出十萬美元，而不是二十五萬美元—因爲這些日子裡專職的編輯人員不會很忙。如果莫斐沒有交出他的原稿，增加的成本將只有五萬美元。

B 部份

第二天，湯姆寇特和維吉賈克柏再繼續討論關於莫斐的自傳。

湯姆寇特：「維吉賈克柏，從你的分析我可以看出這本書是相當有潛力的提案，要想出版我們需要在協商上領先。在這上面我已經激發出來一些想法。我認爲我們和莫斐之間的交易，需採取類似版稅的安排。我現在想到的，就是在完成手稿時給他一筆錢，代表版稅的預付款，之後每賣出一本書我們再付給他特定的金額。這種安排的好處是，可以給他完成這本書的誘因，而且會使它盡可能有趣。」

維吉賈克柏：「如此一來，明確的說，就是我們與他簽訂合約時，不預先付給他先前的五十萬美元，但是一旦他完成手稿，就付給他版稅預付款五十萬美元。之後，假設我們將付印這本手稿，則每本書賣出，我們將付給他—例如$2.50—的版稅，但直到我們賣出足夠的書抵掉他預領的五十萬美元之前，不再付給他版稅。」

湯姆寇特：「是的，完全正確。另一種可考慮的方式是，只要他交稿我們就付款，我們付給他的金額採取下列兩者之較大者：(1)五十萬美元或(2)一本二點五美元。版稅的安排對我們而言不僅更合理，而且我敢說如果他接受這個做法，則交稿的機率將大為提高，事實上，我預定為 85%。如果交稿的話，我也將手稿值得出版的機率提昇為 80%。即使莫斐有時需要再給他一點小誘因。無論如何，我絕不會改變你的預測銷售額，假設我們真的要出版這本書的話。」

第七章

談判

前一章的重點在於探討合約令人滿意的特性。本章，我們會集中注意力在達成協定的過程。當大多數不確定的因素來自彼此不完全了解對方的喜惡和需要時，你要如何去談判？這裏有三個非常典型的談判範例。當你接觸運動員合約、真實的不動產契約和能源採購的領域時，準備測試自己有關談判策略的理論吧。

個案 1987 年全美橄欖球聯盟罷工事件（A）

在 1987 年 9 月 22 日，也就是 1987—88 年職業美式足球球季開始的前兩周，來自二十八個球隊，超過一千五百名球員離開球場並且開始集體罷工，這也造成之後的十四場周末比賽被迫取消。這次集體罷工是由全美橄欖球聯盟球員協會（National Football League Players' Association，NFLPA）所發起。這個協會代表球員，在協會和二十八個球隊老板談判失敗後，發起這次集體罷工。這次談判的目標，是在球員和老板之間，談判達成一個新的集體合約，以取代 1982 年簽署，並在 1988 年 2 月即將到期的合約。

談判雙方都預期這次的集體罷工會付出很昂貴的代價，球團老板們預估所有球團合計每周會損失四千萬美元的門票收入，而球員平均每周也將損失一萬五千美元的薪水。

全美橄欖球聯盟

全美橄欖球聯盟（National Football League，NFL）是一個非營利性的組織，它的目標是促使美式足球變爲職業運動。這個組織由位於全美各大都會區的二十八個球隊組成。然而每個球隊都是由以營利爲目標的企業所擁有，並且有一個主要的老板（他有時也代表一大群股東）。這些球隊主要的收入來自球賽的門票收入、球場內的販賣店、以及來自整場比賽的電視或收音機之轉播權利金。

儘管美國職業橄欖球的發展是在十九世紀晚期，然而在 1922 年全美橄欖球聯盟成立之後，職業橄欖球就變成擁有最多觀眾的運動。全美橄欖球聯盟制定了比賽規則的標準，並且根據球隊之間過去比賽的結果，來排定下一年的賽程。在 1950 年代晚期，全美橄欖球聯盟只有十四個球隊，然而全美橄欖球聯盟在 1966 年合併了美國橄欖球聯盟（American Football League，AFL），加上部份的擴展，到了 1970 年，全美橄欖球聯盟已經擁有現在二十八個球隊的規模了。

職業美式足球是在每年的秋、冬兩季比賽。在 1987 年，每個全美橄欖球聯盟的球隊必須進行十六場的定期季賽（regular season games）。每個擁有最佳勝場記錄的球隊就可以打進季後賽（playoffs）。整個球季的最高潮是在冠軍賽，也就是俗稱的超級盃（Super Bowl），是在每年的 1 月舉行。

從 1970 年代開始，球迷對職業美式足球的興趣就持續上升，並且親自到球場看球的觀眾和電視收視率也穩定成長。到了 1980 年代，職業美式足球已取代了棒球，成爲全美最多球迷的運動。

球員

每個球隊可以擁有四十五名正規球員，這個數目是在 1982 年簽署的舊集體談判合約所同意的，然而現今的球員需求已經增加到五十二名球員。由於這種運動的體能要求和容易受傷的緣故，球員的職業生涯都相當短，平均每個球員只能在全美橄欖球聯盟比賽三到四年。

幾乎沒有例外，所有全美橄欖球聯盟的球員都是經由選秀（draft），由各大學挑選出來的。選秀每年舉行一次，並且決定每個新球員所分配的球隊。選秀的目的是保障聯盟中較弱的球隊，有機會從新球員中選到最好的球員。傳統上，聯盟中去年度最差戰績的球隊，就有第一順位的挑選權利，而戰績次差的球隊，就是第二順位，依此類推。這樣的選秀會進行許多輪，以使每個球隊依序行使權利，然而球隊間也可以自由地交易這些權利（也就是所謂的選秀機會），來交換其他球隊的選秀機會、有經驗的球員、或現金。

一旦球員被特定的球隊選上，球隊就擁有唯一的權利和球員談判，並簽署爲期一年的合約。假如在這段期間無法達成雙方都同意的合約，球員就可以在隔年再度成爲選秀會上的候選人。

這些合約一旦簽署，就是非常單方面的合約。球隊可以在任何時間讓渡大部份的球員而不必負任何責任，而球員在合約的期限內卻受到合約限制必須待在該球隊。

在和球隊簽署的合約期間，球員在任何時間都可以被交換或賣給其他球隊。另一方面，假使球員想轉到其他球隊，他必須先變成自由球員（free agent）才能這麼做。這些管理球員是否能成爲自由球員的規定，依各球員在全美橄欖球聯盟的年資而定。在全美橄欖球聯盟超過四年的球員，可以在合約到期後，隨時成爲自由球員；然而少於四年經驗的球員若想成爲自由球員，就必須爲原來球隊再打一年球，而這一年就稱爲選擇權之年（option year）。例如一位球員離開大學後簽了二年合約，必須替原球隊打第三年之後才夠資格成爲自由球員。

一旦球員變成自由球員之後，理論上他可以接受其他球隊提供的機會而爲他們效命，然而原來的球隊只要滿足競標價錢，就有第一順位的優先權。此外，原球隊也可以從新球隊取得很大的補償做爲回饋，這補償就是原來的選秀機會，並且依球員的薪水，有很嚴格的管理規定，例如要簽署一個年薪十四萬美元的自由球員，新球隊就必須把隔年第一輪的選秀機會讓給原球隊。

這種嚴苛的自由球員規定使球員的流通性受到很大的限制。在現行制度下，過去十年只有一位球員能夠使用這些規定轉隊。

雖然這種集體談判合約管理著所有有關球員的退休金、最低薪資、自由球員制度及選秀等事宜，然而每個球員的薪資還是因人而異，看球員和球隊的談判結果而定。在 1987 年，全美橄欖球聯盟球員的平均薪資約略估計在年薪二十三萬美元左右，當然這樣的平均薪資隱藏了很大的變數，最優秀的球員，如四分衛或後衛，通常年薪都超過一百萬美金，而一個普通防守衛的球員第一年薪資甚至只有五萬美元。

球隊老板

全美橄欖球聯盟球隊的經營權可以帶來很顯著的地位。球隊通常會在所屬的城市積極發展，而球隊老板不可避免的也會以隨之而來的公眾角色爲榮。有些球隊在全美橄欖球聯盟早期就隸屬同一家族，而其他老板則是後來才取得球隊經營權。有些早期的老板把美式足球當做主要的事業，其他企業家則是因生意上的興趣，把美式足球視爲打進高階層社會的敲門磚。

這二十八個老板組成一個經營者執委會，任何重大決定，包含新的談判合約之同意，至少都要經過二十一個老板同意，而經營權的轉移也必須經過這執委會的同意，但在過去很少發生，上兩次主要的轉移，是丹佛野馬隊和聖地牙哥閃電人隊，分別在 1984 年不同的交易中，以大約七千萬美金轉移經營權，而新英格蘭愛國者隊也在 1988 年有意以類似的價格出售。

球隊有兩種主要的收入來源，至今最賺錢的來源是出售轉播權給電視網路。這轉播權利是由全美橄欖球聯盟整個賣出去，而權利金收入則由二十八個球隊平分。在 1987 年，權利金的數目大約是每隊一千七百萬美元，這也大約佔了毛收入的 60%。

另一個主要收入來源是門票收入，這收入是依 60／40 的公式來分配，主場的球隊可以分到 60%的收入，而來訪的客隊則可分到 40%，而出租豪華包廂、場內販賣店以及停車費收入等，則歸主場球隊所有。

至今球隊主要的支出，是付給球員的薪水和補償（如退休金、醫療支出等），這些支出在 1987 年平均每隊是一千到一千五百萬美元，而其他的支出則包括體育場租金、旅行、教練團的薪水以及設備的成本等。

球隊老板間會選出一位委員長和六位執行委員來管理全美橄欖球聯盟。委員長在許多地方都擁有重要而獨立的權力，這包含所有重要的電視權利金談判以及和其他老板、教練和球員進行任何議題的討論。

全美橄欖球聯盟的勞工關係

儘管有一個鬆散的協會從1956年成立後就負責球員的權益，這協會也只處理因美國橄欖球聯盟和舊的全美橄欖球聯盟合併後所引發的任何老板和球員之間對立的問題。球員在 1967 年發起第一次集體罷工，然而這次罷工的期間，只維持兩天，並且是在定期季賽之前，然而，到了1971年球員協會就變成了合法的勞工組織。

在1974年，球員們和球隊老板們談判新的集體談判合約破裂後，就發起一次集體罷工。在這次的罷工期間，所有比賽都照常進行，球隊老板們可以再雇用其他新人如一些自由球員，以及未參加罷工的球員，因此大為降低集體罷工的效果。正規球員在罷工四十二天後返回球場，球隊老板們也沒有做任何讓步。

1982 年類似的情節再度上演，當時正好要談判另一個集體談判合約，球員提出一個分配利潤的方案，也就是55%的利潤將用來支付球員的薪水，而且薪水依年資來決定，不論球員的表現如何。球隊可以自由發放紅利，依照球隊所分配的利潤。然而球隊老板拒絕接受甚至完全不考慮這樣的提議。

另一方面，原本由球隊老板們所提供的包括增加最低工資、人壽保險、以及醫療部份，在拒絕了球隊老板的提議後，工會投票決定在1982年9月25日集體罷工，這次的罷工持續了五十七天，並且造成半數的定期季賽被迫取消，估計聯盟光在電視轉播的收入上就損失了大約二億美元，而球員則損失半數的薪水，在當時球員每年的平均薪資在十萬美元左右。

到了最後，球員們放棄了分配利潤的要求，並且接受新的合約，也就是獎勵的紅利，提高最低薪資、遣散費，以及增加在非球季時的薪水，至於自由球員的制度，則維持不變。最後的結果和罷工開始前球隊老板所主張的提議很類似，因此 1982 年的罷工事件對工會來說是一個嚴重的打擊。

就是爲了對抗這樣的歷史背景，前烏克蘭突擊者隊的球員，也是現任全美橄欖球聯盟球員協會的執行長基尼阿克蕭(Gene Upshaw)，就在 1987 年 9 月發起另一次的集體罷工。這次罷工期間所發生的事件，依時間順序列於示圖 1。

1987 年集體罷工的議題

就像任何勞資談判一樣，總是有些議題會造成問題，這次罷工的主要議題敘述如下：

1. **關於自由球員方面**：毫無疑問的，這次罷工主要的議題在於聯盟內成爲自由球員的條件。1982 年有關這方面的合約無法被球員們接受，就這一點而言，許多球員感覺自己是被工會「賣掉」，而工會的執行長愛德葛瑞(Ed Garrey)也認爲如此。儘管全美橄欖球聯盟的球員平均薪資在過去的十年間穩定成長，從 1982 年年薪九萬美元到 1987 年的二十三萬美元，這數目仍然遠落後其他的職業運動員，這部份相較於職業棒球更是明顯可見。在 1976 年，職業棒球和職業美式足球球員的平均薪資差不多相同，都是年薪五萬美元，然而到了 1977 年，因為有了受歡迎的球場規則，職棒球員可以爭取更開放的自由球員規定，因此到了 1987 年，職業棒球球員的平均薪資每年就超過四十萬美元，相對的，職業美式足球球員的平均薪資卻只有二十三萬美元。除此之外，職業美式足球球員的職業生涯，也遠比其他職業運動員短。

2. **合約的保障**：根據現有的制度，假使球員在一年內不能成為球隊的隊員上場比賽，他隨時可能被球隊「放棄」，而球隊也沒有義務繼續再支付他任何薪水。球員們要求球隊對於第二年被視為有資格成為球隊一員的球員，給予有保障的合約。根據他們的提議，球隊有義務持續支付薪水給一個簽署四年合約的球員，即使他例如說在第三年無法成為球隊的一員。因此只要他成為球隊一員超過二年，他的合約就應有保障。這樣的保障合約在其他運動（如職業棒球或籃球）上都已經被視為標準合約。
3. **薪資水準**：球員要求提高最低薪資，並且這最低薪資要隨著年資的增加而提高。
4. **退休金**：球員要求全美橄欖球聯盟對球員退休基金的提撥金額要提高為現有的二倍。球員宣稱全美橄欖球聯盟依 1982 年的合約強制提撥退休基金後，金額就從未調整過。
5. **球員人數**：工會要求在球員名冊上增加七名球員，這使得每隊球員總數變成五十二名。工會宣稱較少的球員人數，是造成球員受傷的主因，這也同時造成較短的職業生涯。

6. **藥物測試**:修改現有制度和其他職業運動一樣擁有藥物測試的規劃,並且處罰使用禁藥的球員。

7. **工會保障**:工會要求在每個球隊的工會代表都要受到保障,這個問題在新英格蘭愛國者隊引起爭議的工會代表拜安哈樂韋(Byian Holloway)被踢走之後,才浮出檯面。工會宣稱拜安哈樂韋被換掉的原因是因為管理階層反對他的工會活動。

在 1987 年集體罷工事件中關鍵的問題點,包含雙方面最初的意見,列在示圖 2。

示圖 1

有關 1987 年罷工簡短的年代紀事

4 月 20 日	工會和管理階層首先交換提議。
9 月 8 日	工會代表聚集在華盛頓，並投票暫定 9 月 22 日爲罷工日。
9 月 15 日	全美橄欖球聯盟球員協會做了一個決定性的提議，工會的執行長基尼阿克蕭也認爲這個決定具有重要意義。
9 月 16 日	管理階層執委會的領導人傑克道倫(Jack Donlan)，他也是代表球隊老板來談判的人，認爲工會的提議「令人沮喪」。
9 月 22 日	罷工開始。
9 月 24 日	全美橄欖球聯盟取消原定在下周日和下周一（9 月 27 日和 28 日）的 14 場比賽。
9 月 25 日	在歷經三天，十七個小時的對談後，工會和球隊老板的對話中止，聯盟宣稱將有取代的球隊在原定的 10 月 4 日和 5 日舉行比賽。
9 月 27、28 日	沒有舉行任何比賽。
9 月 29 日	電視網路宣稱在 10 月 4 日和 5 日會有電視轉播這兩天的比賽，儘管這些比賽是由取代或未參與罷工的球員參加。
10 月 2 日	八十六名球員跨越罷工糾察線，在球隊老板設定的截止日期前返回球隊，以便有資格領取上周的薪資，球員中還包括了達拉斯牛仔隊的明星四分衛丹尼懷特(Danny White)，他因爲沒有參加上周日的比賽而損失了四萬五千美元的薪資，這事件造成負責佈置糾察線的球員和他們所謂的「破壞罷工者」球員之間極大的衝突。
10 月 4 日	取代的比賽在罷工持續下如期上演，糾察線也很有效率地避免球迷靠近比賽。然而在大多數的城市，觀眾的參與和電視轉播收視率都慘不忍睹，超過三十萬張門票（約佔總售出門票的 35%）被退回並要求退錢，估計總數約五百萬美元。
10 月 5 日	傑西傑克森(Rev. Jesse Jackson)擔任調解仲裁人。
10 月 6 日	因爲電視轉播比賽的收視率太差，全美橄欖球聯盟被迫退還了大約三千萬美元給電視網路業者。
10 月 12 日	工會提議如果球隊老板同意在六周內重新談判所有未解決的議題，並且將剩餘議題交付有效率的仲裁，他們就會重返球場。
10 月 13 日	球隊老板同意在剩餘的球季期間，保障工會代表的地位，並且提議保留大部份 1982 年的集體談判合約。
10 月 14 日	管理階層執委會同意接受調停的提議但拒絕服從任何議題的仲裁。
10 月 19 日	在華盛頓紅人隊投票決定重返球場後，罷工正式結束。球員協會宣佈取消罷工，並在明尼帕里斯(Minneapolis)的聯邦法庭提出對全美橄欖球聯盟的反托辣斯控訴。

示圖 2

1987 年全美橄欖球聯盟罷工事件的議題

議題	現存制度	工會提議	管理階層提議
自由球員制度	如果球員合約到期，原球隊有權把他賣給其他球隊。新球隊如果簽下這名球員，就要讓出隔年的選秀權，至於是第幾輪的選秀權，則視球員的薪水而定。	所有球員在聯盟超過四年後，都可以自由地轉隊。對於未滿四年的球員轉隊，原球隊只有第一順位的拒絕權，新球隊也不用提供任何補償給原球隊。	保留第一順位的拒絕權，但不放寬從新球隊獲得補償的規定。
保障合約	幾乎沒有。只有 4%的全美橄欖球聯盟合約是保障合約。相較於職業籃球有 90%的保障合約，而職業棒球也有 50%的保障合約。	一旦球員在第二年成為球隊一員，他的合約就變成保障合約。	對於第四年的球員，在球季第三場比賽後退下來，給予保障合約。
薪資水準	對於新人最低的薪資是每年五萬美元。而聯盟的平均年薪是二十三萬美元。	對於新人最低薪資是每年九萬美元，乃至對年資十三年的球員之最低薪資提高到三十二萬美元。	對於新人最低的薪資是每年六萬美元外加選秀權紅利。例如在第一輪選到的新人，就有五萬美元的紅利。
退休金提撥	全美橄欖球聯盟每年提撥一千二百五十萬美元。	提高兩倍為二千五百萬美元。	對於十五年的球員至少二十萬美元。大約是包括退休金和解除契約金的17%。
球員人數	45 名球員	52 名球員	47 名球員
藥物測試	球季前強迫測試。但球隊可以在可能「引起問題」的前提下作更進一步的測試。	現有制度可以提昇到像全國職棒協會的規定，包括提供治療及懲戒的行動，懲戒包括被聯盟開除。	依各球隊的判斷自行隨機測試。
工會代表的保障	沒有特別規定，受制於不平等的程序。	假使球員代表被開除，球隊將被科以罰金。罰金的數目是聯盟的平均年薪，並且罰金歸該球員所有。	組成一個第三者委員會，成員包括管理階層代表、工會代表、以及中立的第三者，來審理所有糾紛事件。

談判的要點

談判是一種很普遍的活動，管理者不僅要和同儕談判，也要和部屬及上司談判。管理者通常要扮演協助者、仲裁人、和調停者等角色，來解決公司的一切爭端。

任何議案只要參與的人員超過一人，在決策的過程中，就需要一段時間，讓有潛在利益衝突的各方代表相互妥協。舉一個極端的例子，談判雙方可能有完全相反的利益衝突，例如當爭論有關價格問題時，從買方口袋所取出的每一塊錢，都會進到賣方的口袋裏。在談判的藝術和科學中，最重要的一課，就是不要把談判視爲零和的競爭，例如買方和賣方很難在一輛二手車的價格上取得共識時，如果雙方談判的項目只有價格一項，恐怕達成共識的機會就很渺茫。然而買方最關心的，可能是車子的穩定性而非價格，而賣方之所以堅持高價格，也可能因爲他知道這輛車沒有任何問題。如果藉著提供性能保證，買賣雙方很可能輕易地就達成協議。

談判的準備

談判的準備最重要的步驟就是，確定什麼提議會讓你拂袖而去。你必須清楚的了解當未達成任何協議時該怎麼做，同時你希望達到何種結果。許多人都有一種傾向，就是在面臨無法達成協議的結局之前，等著看談判過程會帶領他們走到何種結果。既然在談判中你不太可能會達到你所有的目標，先考慮你準備用來交換的項目就變得很有必要：假使議題 7 按照你的要求而解決，是否你會對於議題 4 有所讓步？

考慮對方對於談判的議題有什麼看法也很重要。他們可能想要什麼？對方的期望是什麼？在他們放棄談判而寧願離去前究竟需要些什麼？他們最有可能提出什麼來交換？

最後，事先想好一些可以在談判中提出，或談判中會需要的創意方案也很有用。有創意的解決方案常常是經由擴展討論的領域，並包含其他議題，才會產生（例如你的部屬可能會接受較低的調薪，來交換更有彈性的休假時間），或把議題延伸到相關的事項上（例如二手車性能的好壞）。

談判風格

成功的談判風格具備了許多特徵。有人提倡最直接的方式，就是一開始就提出絕不讓步的方案，其他人則相信談判雙方開始前，應該先做某種程度的客套交談，以增加談判過程的和諧。

談判過程中也存在基本的緊張氣氛，你是否會透露太多訊息而使對方佔便宜，或緊緊隱藏底牌，而冒著無法達成協議的風險。只要傾聽雙方真正的需求，通常就很有可能爲談判雙方產生很大的利益。產生共同的利益是談判最理想的方式，對此雙方都要發揮創造力來使雙方的利益變得更大。不幸的是，談判過程中雙方想要求分到的利益都是同時發生並且往往互相妨礙。

通常我們會寧願相信對你真正的目標散佈不實的訊息（例如「我並不是真的在乎錢」）會導致策略上的成功。然而當這些訊息充斥時，結果是把談判帶入更混亂的境界，或引起對方懷疑，最後導致無法達成協議。

最後，還存在著名譽的問題。假使你預期會和這個人再度碰面談判，或有關談判的訊息會在你日後談判的對手間流傳，那麼在談判過程中自己的良好行爲模式，就會得到某些利益，或在未來的談判中取得優勢。最好的名譽是建立在個人的誠實、公平以及創造力上。

戰術議題

很多因素會影響談判的動態變化。例如談判的地點在那裏舉行：你的地盤？對方的地盤？或是中立區？那些人會出現在談判桌上？誰負責發言？誰來做決定？

談判是否有時間壓力？假使對方在談判後又改變主意怎麼辦？談判中的讓步是否可縮小？你是否可以在談判達成協議後，再取消某些讓步？

有兩個因素值得深思，特別當你在談判過程中爲弱勢的一方。第一點是要求對方的立場要客觀一點。假使你要求加薪的提議被老板拒絕而你又不打算辭職，你還是可以詢問老板加薪是如何決定的。或問問爲你工作的木匠，他估計的工錢和材料費各是多少？工錢如何計價？許多人會覺得有某種義務回答這類的問題，而這些回答可以減弱強勢一方的決心。

第二點建議就是你不能一直提議或接受讓步。在談判一些小協議時，最大的困難就是彈性會降低。舉一個非常簡單的例子，假使要把二張五美元紙幣和一張棒球門票分給兩個人，若在一開始兩人各拿五美元（因爲錢是可以平分的），對於棒球門票就會陷入僵局，然而你也可以把門票分給一個人而把十美元都留給另一個人。

第三者的協助角色

一個中立的第三者可以在無法達成協議時發揮很大的作用，特別是在談判雙方缺乏互信的狀況下。這第三者可以僅在一旁協助談判雙方坐上談判桌，並且營造適當的談判氣氛。他（或她）也可以擔任調停人的角色，來幫助談判雙方找到適合的和解方案。當然他（或她）更可以擔任仲裁人的角色，在談判雙方面對面談判後，在授權下（不論自願或非自願）來決定最後的談判協定。

協定的特性

一個好的協定應該有效率且公平。假使不可能再找到另一個令談判雙方都接受的解決方案，這個協定就是有效率。假如能把談判雙方所有可能的協定之價值畫在圖上（如圖 7.1 的陰影部份），則最後的協定一定會落在右手邊上方的區域內，這區域就是有名的有效區域（efficient frontier）。假使談判雙方已經達成協定 A，而第三者在隨後找到了讓談判雙方更能接受的協定 B，那麼撕毀協定 A 再來簽署新的協定 B 是有道理的。假使談判雙方對於自己要爭取的利益了解不夠，要找到有效區域的所在就變得十分困難。

圖 7.1

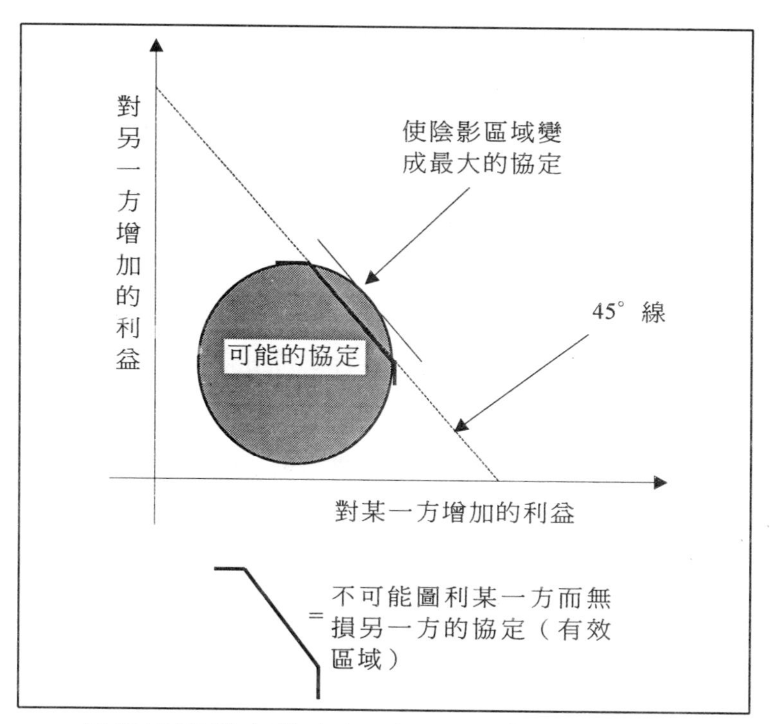

一個協定可能有效率但不公平。有些人認爲協定的公平性取決於是否提供大致相等的利益給談判雙方。或許較適當的思考方式是，依照談判雙方在協議中的相對地位來分配利益。因爲協議不成而造成損失較少的一方處於強勢地位，應獲得較多的利益。平等和公平的感覺也很重要，因爲對於某些人而言，如果覺得協議不公平，他們寧願走開；他們寧願承受未達任何協議的後果，也不願變成協議不平等的一方。最後，協定應該是可執行的，這通常會經由法律程序來達成，但不保證協定能夠順利執行，除非談判雙方有誠意按照規矩去做。協定的架構是否提供足夠的誘因能讓談判雙方履行合約，也是十分重要的。

更進一步的閱讀資料

談判是一種藝術而非科學，人的因素很重要，上述要點中的想法和議題，很值得在談判前仔細回想。下列的書籍提供更進一步的討論。

1. Roger Fisher and William Ury, *Getting to Yes*（Penguin Books, 1983）
2. Gerard Nierenberg, *Fundamentals of Negotiating*（Hawthrorn Books, 1973）
3. Howard Raiffa, *The Art & Science of Negotiation*（Harvard University Press, 1982）
4. David Lax and James Sebenius, *The Manager as Negotiator*（The Free Press, 1986）

個案　1987 年全美橄欖球聯盟罷工事件（B）：談判練習

這個談判練習是設計來協助討論上面的個案，即 1987 年全美橄欖球聯盟罷工事件。儘管數字的選擇儘可能符合環繞在罷工事件周圍的事實，但本練習完全是人造事件，同時爲了簡化，許多因素也省略掉。本練習的目標在於突顯事件底下的一些策略面向，而不是要完成一個詳細且完整的分析。

現在的情況

全美橄欖球聯盟球員協會和球隊老板的代表已經談判了好幾個月，並且計畫解決除了自由球員和最低薪資水準之外的所有議題歧見。工會提議把全聯盟的平均薪資，在未來二年內，提高到每年四十五萬美元，而資方認爲他們在其他議題已經做了足夠的讓步，因此要維持現有的水準，即每年二十三萬美元。

估計年平均薪資每調升一萬美元，球隊老板們在未來二年的支出就會增加大約三千萬美元，而在此之後，又要談判新的合約了。至於年平均薪資每調升一萬美元，全體球員在未來二年內會獲得大約二千五百萬美元。

罷工的代價

雙方都明白罷工會帶來負面的影響。罷工導致所有比賽的取消使經營者每周損失約六千萬美元，這個數字是由門票收入及電視轉播權利金計算而得，其中也包括罷工期間不必支付而省下的選手薪資。

以工會的觀點而言，以現有水準而言一個星期停發的薪資約有兩千五百萬美元。根據過去罷工的經驗來看，選手所能忍受的限度爲七個星期，屆時工會必須停止罷工，選手們也要回到球場上。

談判的法則

1. 你將被要求代表其中一方，且與代表另一方的對手談判。
2. 下列的法則已被公認有助於談判且能減低仇恨，你必須確實遵照。
3. 談判將以交替提案的方式進行（圖 7.2）。工會將在下星期一提出第一個提議（week 0），經營者有兩個選擇：可以接受工會的條件，則選手們也會立即地回到球場；假如拒絕提議，將助長罷工但談判將繼續。在此案例中，經營者有一星期的時間且將於下個星期一提出還價般的提議（week 1）。此時工會可接受這個條件或於下個星期一提出另一個提案來回應。談判將以此形式進行直到達成協議。

4. 爲達練習的目的，談判將限制在達成某個數目—也就是選手的平均薪資。因此所有的提議和反提議都只是要求與給予的薪資水準。工會目前的要求是四十五萬美元，而資方則是二十三萬美元。所有的提議將強制在此範圍內。
5. 雙方都瞭解罷工不能超過七個星期，到時工會就必須接受資方最後的提議。
6. 假如你是工會代表，你的目標就是拉大未來兩年增加的薪資與罷工的損失之間的差距。同樣地，身爲球隊擁有者，你應試著降低薪資的上升和罷工期間權利金的損失。
7. 身爲工會代表，你的目標不是比資方代表表現得更好，而是要爲己方爭取到更多。這對資方代表來說也是一樣。
8. 爲達成此練習之目的，你應忽略所有其他因素如慣例的影響和建立聲譽的重要性。

圖 7.2

協商記錄

工會代表：________________

資方代表：________________

第 0 星期　工會：　是　否

第 1 星期　資方：　是　否

第 2 星期　工會：　是　否

第 3 星期　資方：　是　否

第 4 星期　工會：　是　否

第 5 星期　資方：　是　否

第 6 星期　工會：　是　否

第 7 星期　資方：　是

個案　瓊米契爾公司

（譯注：在下面這兩個個案中，事關機密的資訊爲了討論的逼真性並沒有列於本書中。授課老師可以在這兩個個案中自行設定一些假設性資料供學生們思考與討論）

瓊米契爾公司(Joan Mitchell Stores)是一家大本營在波士頓、擁有四間商店在市郊和一間大型商店在市中心的女裝連鎖店。其經理部門正與布朗肯尼(Brown & Kenney)不動產開發公司洽租一間在新市郊購物中心內、佔地一萬五千平方呎的大型商場。此一購物中心爲布朗肯尼不動產開發公司所開發建造且地點很好。新購物中心所在的區域，瓊米契爾公司並未設有分店。此外，該地區未來十年內不會出現其他的大型購物中心，瓊米契爾公司的決策階層非常急於進駐此購物中心。

瓊米契爾公司的決策階層對於謠傳另一家大型女裝連鎖店一科尼(Kerner Stores)，也有意進駐非常在意。決策階層害怕布朗肯尼不動產開發公司將會以此爲條件來拉高租金，或租給兩家公司。第二種想法比較不可能。

布朗肯尼不動產開發公司的購物中心位於一片遼闊的土地上，開發者也會在購物中心上面，在十年內建造複合型住宅。談判前幾個星期，布朗肯尼不動產開發公司告訴瓊米契爾公司的決策階層說已有四家承租戶簽約了，包括禮品店、史地夫冰淇淋店、餐廳和電子商店，幾星期內他們還可能再和一家錄影帶/音樂帶專賣店簽約。此外，與席爾斯(Sears)的談判也正審慎進行中，後者有可能成爲主要的承租戶。

稍早，布朗肯尼不動產開發公司指出，根據人口與土地發展，以及預期的進駐住戶和鄰近城鎮與交通所作的調查，顯示消費群將會是中高收入階級。瓊米契爾公司決策階層對此感到印象深刻，認為此購物中心很有希望成功，但也可能失敗。

計畫中，此店將位於一棟一層樓的建築中，其建造成本每平方英呎約為一百一十美元。布朗肯尼不動產開發公司據傳已投資兩千五百萬美元於此地的開發，主要用於購地及興建複合式住宅的第一期工程款。

設定目標

高階決策階層對即將來臨的談判召開一連串的會議來討論談判目標。這些會議是由採購部門副總裁芭芭拉里文森(Barbara Levinson)所召開，她因有實際談判技巧而膺此重任。

經由這些會議，在目標上已大致取得共識。決策階層選出租金、租約期限、條款的更改、轉租權利、競爭租戶條款、標誌條款及因火災或其他天災時合約的中止作為特別的議題。

為有助於瞭解這些議題之間的互換(trade-offs)關係，芭芭拉和財務長賀博特博因斯丁(Herbert Bernstein)對多種可能結果採用金錢價值表達，以反映其相對重要性。這些金額將加總計算淨現值（NPV），以代表交易的價值。

確定互換關係

下列目標的敘述將被用來計算淨現值(NPV)。

租金：在契約中租金被視爲最重要的變數，每年的租金可用以下兩種方式決定，（1）採用固定比率，抑或（2）每年每平方英呎的租金與該年店面總收入的一部份，兩者取其高者。若採行後者，可使地主免受通貨膨脹之害。舉例來說，若協議採用每平方英呎十六美元或營業額的 5%，當營業額爲三百五十萬美元時何者較高呢？因 5%是十七萬五千美元，比另一方法所得的二十四萬美元爲少，年租便以二十四萬美元爲準。如果某個年度營業額爲五百萬美元，5%爲二十五萬美元比二十四萬美元爲多，該年年租便爲二十五萬美元。

以三十年租約來說，類似的購物中心租金約爲每平方英呎十六至十八美元。然而，較盛行的方式是較低的租金搭配某個比率的營業額(如每平方英呎十四美元或 8%的營業額，由較大者決定）。芭芭拉在與對方的協商者大衛肯尼(David Kenney)的幾次主要會談中注意到，布朗肯尼不動產開發公司認爲通貨膨脹將比己方的決策階層所想的更爲劇烈。而且，對方似乎也對其承租者的收益並不感到非常樂觀。在估算租約的現有價值時，芭芭拉對於每平方英呎的預期收入、通膨率、及折現率作出適當的假設。舉例來說，以現值來看，她得出以十五年的合約，每平方英呎十六美元或營業額 6%的租金，將花費公司兩百零一萬一千美元。

租約期限、更新條款和轉租權利：由於購物中心的成敗並不確定，決策階層傾向訂立十五年租約，附帶以相同條件續租十五年的選擇權（事實上，更短期的租約附帶更新的選擇權將更有利，只是芭芭拉確定布朗肯尼不動產開發公司是絕對不會同意的）。在稍早的會談中，布朗肯尼不動產開發公司屬意簽訂三十年的租約，並表示若簽訂十五年租約，寧願到期時再重新為延長的十五年重新協商各事項。

當芭芭拉提及有關轉租條款的可能性時，大衛說只有在布朗肯尼不動產開發公司有權核准轉租時，才會考慮其可能性。若芭芭拉接受此一條件，施行轉租權將能降低三十年租約的負面衝擊。關於租約與轉租權的情況形成的六種組合已經產生，其中包括對公司的利弊（請授課老師假設）。

競爭租戶條款：瓊米契爾公司的決策階層希望在租約中附加條文以限制布朗肯尼不動產開發公司與其他女裝連鎖店訂立超過一萬平方英呎的租約，藉此將其他大型競爭者排除在外，並將小型競爭者控制到最少。布朗肯尼的經理人知道聯邦交易委員會（Federal Trade Commission）不樂見此類條款，他們本身也不願意接受。然而，如果接受了，就必須信守承諾。不管如何，在招商出租的初期階段，限制租戶並非明智之舉。（有關此部份條款的價值請授課老師假設）。

標誌條款：瓊米契爾公司想使用與其餘五家商店同樣龐大、高雅的標誌。但布朗肯尼不動產開發公司拒絕，因為一開始便已計畫在商場中使用相同大小的標誌。決策階層覺得標誌如同商標，強烈希望能使用，但開發商認爲太大的標誌會破壞整體感。（這部份芭芭拉評估的損失請授課老師假設）。

天災解約條款：大約五年前，瓊米契爾公司在市郊的一家分店因火災而損失慘重，地主卻沒有很快地將其修復。因此，瓊米契爾公司不但損失了收入，更失去競爭的地位。決策階層從此事學到教訓，故希望能在自己的商店因火災、水災或其餘天災損失超過 15%，或整個購物中心損失超過 30%（如減少商機）時能終止租約。如瓊米契爾公司決定續約，希望能在修復完成前降低租金。開發商認爲發生這些情形的可能性很小，因爲有防範災難的各種良好設備；此外，他們也會花一點小錢買火險。（這部份芭芭拉評估的損失請授課老師假設）。

即將來臨的協商

當芭芭拉檢視她的目標時，她對布朗肯尼不動產開發公司會如何看待這份租約感到疑惑。她也開始考慮可能的協商策略，即利用她的計價系統來指引互換關係與評估布朗肯尼不動產開發公司提出的條件。她以 Lotus 1-2-3 試算表收集了所作的評估並開始計算各種情況的價值。

當她爲談判會議做準備時，芭芭拉明白淨現值評估法應該會使她從容地面對協商，因爲她對於公司的取捨已很清楚。她希望能打一場漂亮的仗，但布朗肯尼不動產開發公司向來以難以協商聞名。公司決策階層一方面鼓勵她盡力而為，但也提醒她最後成交底線不能超過另一個位於那斯華(Nashua)之取代方案成本的 25%。（這次交易她需要協商的目標請授課老師假設）。

個案　布朗肯尼不動產開發公司

布朗肯尼不動產開發公司(Brown & Kenny Developers)投資兩千五百萬美元在購買與初步開發位於波士頓市郊的遼闊土地。除了分配部份土地於複合型住宅（將在十年內分階段完成）之外，大部份的土地將用來發展大型購物中心。五份租約已簽妥：一家餐廳、禮品店、史地夫冰淇淋店、電子產品商店和一家錄影帶/音樂帶專賣店，而另一個與席爾斯(Sears)的租約協商才剛完成。正尋求租約的有一家電影院、大型女裝店、鞋店、珠寶店、賀卡店、家具店和書店。

根據對人口與土地發展，以及居住人口和鄰近城鎮及交通所作的調查，顯示未來的消費群將會是中高收入階級，而且購物中心很有希望成功。

約三星期前，公司開始與一家以波士頓為基地的女裝連鎖店瓊米契爾公司開始洽談合作事宜，後者想租一萬五千平方英呎的商店賣場。對方另有四間在其它郊區大小相近的賣場和市中心一間最大的賣場，但在新購物中心附近卻沒有任何分店。對方有意在一棟每平方英呎約花費一百一十美元建造的一層樓建築中承租店面。

布朗肯尼不動產開發公司也非常屬意與瓊米契爾公司簽約，因爲它認爲此舉將可吸引顧客至購物中心消費。此外，它認爲有席爾斯(Sears)與瓊米契爾公司的租約將會吸引其他承租戶。

先前與一家全國性女裝連鎖店科尼公司的協商已在上星期宣告失敗。令人惋惜的是：科尼公司卓越的信用評定和長期的合約將更有助於取得更好的抵押條件（瓊米契爾公司的信用評定爲良好，但比不上科尼公司的 AAA 評價）。而且，科尼公司更能吸引顧客上門。

設定目標

布朗肯尼不動產開發公司是由一對合作了十二年的夥伴成立的，在協議開始前都會將每件協商作徹底的演練—無論是和售地的地主、承包商、資金提供者或潛在的承租戶。他們會擬出一份目標和協議策略的報告書。大衛肯尼掌管公司的財務，經常負責細節的分析和實際的協商。

此項特別協商有一項附加的構面。麻省理工學院畢業的大衛肯尼在第二十五屆的同學會中遇見了理查懷特婁(Richard Whitelaw)。理查懷特婁是一位專精於如何在進入協商之前將交易釐清的專家。

研究的重點包括指出重要的條件（如每年租金、租約期限），接著對多種可能的結果指派金錢價值以反映其相對重要性與優劣。這些價值將加總得出一個分數，代表此交易令人感興趣的指標。

大衛肯尼策劃將邀請他的朋友參與即將和瓊米契爾公司進行的協商。理查懷特婁與布朗肯尼公司的相關人員談了兩次，以確認協商的目標及釐清各項條件之間的取捨關係。

確定互換關係

布朗肯尼不動產開發公司選出租金、租約期限、條款的更改、轉租權利與競爭租戶條款爲較重要的部份。租戶還希望將標誌條款，及因火災或其他天災時合約的中止納入討論。經過相當多的討論後，理查懷特婁將目標列出如下：

租金：在契約中租金被視爲最重要的變數。每年的租金可採以下兩種方式：（1）採用固定比率，或(2)每年每平方英呎定若干租金與該年店面總收入的某一比例，兩者取其高者。若採行後者，將可使地主免受通貨膨脹之苦。舉例來說，若協議採用每平方英呎十六美元或營業額的 5% 時，當營業額爲三百五十萬美元時何者較高呢？因 5%是十七萬五千美元，比另一算法的二十四萬美元少，年租便是二十四萬美元。如果某個年度營業額爲五百萬美元，5%爲二十五萬美元。比二十四萬美元多，該年年租便爲二十五萬美元。

根據布朗肯尼不動產開發公司的調查，以三十年租約來說，類似的購物中心租金約爲每平方英呎十六至十八美元。然而，較盛行的作法是較低的租金搭配某個比率的營業額（如每平方英呎十四美元或 8%的營業額，兩者取其高者）。

理查懷特婁開始計算以十五年的租約計算租金與銷售額組合的淨現值(NPV)。他對於每平方英呎的預期營收、通膨率及合理的折現率作出適當的假設（參考示圖 1）。舉例來說，他得出十五年的合約，每平方英呎十七美元與營業額 5%之價值爲一百二十六萬元。在三星期前的幾次稍早的會談中，顯示瓊米契爾公司預測通貨膨脹將會較低而且預估營收也高於布朗肯尼不動產開發公司的評估。

租約期限、更新條款和轉租權利：基於抵押的約束，開發者傾向訂立三十年租約；然而，在稍早的會議中，瓊米契爾公司決策階層表達訂立十五年租約附帶以相同條件續租十五年的選擇權之意願。布朗肯尼不動產開發公司則表示若簽訂十五年租約，寧願到期時再重新爲延長的十五年重新協商各事項（當然三十年租約會更好）。當討論到有關轉租權利時布朗肯尼不動產開發公司表示在有權核准轉租時才會考慮接受，考慮的六種可能及價值（請授課老師假設）。

競爭租戶條款：瓊米契爾公司的決策階層對於購物中心租給另一家女裝公司的發展非常關心，並希望在租約中能附加條文以阻止布朗肯尼不動產開發公司與其他女裝連鎖店訂立超過一萬平方英呎的租約。他們希望能藉此將其他大型競爭者排除在外，並能維持自己對小型競爭者的優勢。布朗肯尼不動產開發公司明白聯邦交易委員會（Federal Trade Commission）不樂見此類條款，而且他們也不甚願意。但是如果他們允諾了，則必定會遵守承諾。

不管如何，在招商的初期，他們並不想放棄與誰簽約的彈性。（有關此部份條款的價值請授課老師假設）。

標誌條款：瓊米契爾公司想使用與其餘五家商場同樣龐大、高雅的標誌。但布朗肯尼不動產開發公司拒絕，因爲一開始它便已計畫各商家中使用大小相同的標誌。瓊米契爾公司的決策階層覺得標誌如同商標，強烈希望能使用，但布朗肯尼不動產開發公司則認爲過大的標誌將會影響賣場的整體性。（這些標誌造成的損失價值請授課老師假設）。

天災解約條款：大約五年前，瓊米契爾市郊的一家分店因火災而損失慘重，地主卻沒有馬上修復。因此，瓊米契爾公司不但損失可觀的收入，在該區的競爭能力也一落千丈。故瓊米契爾公司希望能在整個購物中心因火災、水災或其餘天災（因而減少商機）造成的損失超過 30%或自己的商店損失超過 15%時能終止租約。如瓊米契爾公司決定續約，並希望能在修復完成前給予租金減免。由於建築物本身的防火特性，布朗肯尼不動產開發公司則認爲這種可能性不大。此外，他們也能以非常低的費用購買火險。(這部份的損失布朗肯尼不動產開發公司所評估的價值請授課老師假設)。

即將來臨的協商

當大衛肯尼檢視公司的目標時，他對瓊米契爾公司會如何看待這份租約感到疑惑；他也開始考慮可能的協商策略，並利用他的淨現值計價系統來指引與評估對方提出的條件。他與其他夥伴已將許多想法加入系統中，他覺得已能正確地反映各重點的相對重要性。雖然他已算出交易的最低值足以將債務打平，但是他的目標卻是設法獲得更多利益（這次交易他的協商目標請授課老師假設）。然而，他也記起與科尼公司詳協商時，因爲他不肯讓步導致交易失敗。爲協助準備工作的進行，大衛肯尼將各目標所需的成本以試算表登錄。他拿出攜帶型電腦並開始擬定與瓊米契爾公司副總裁芭芭拉進行協商的策略，第二天兩人將會面。

個案　東南電力公司（B）

下面這個例子是東南電力公司與RCI公司在1993年協議購買蒸氣的狀況。第一部份是雙方都知道的資訊，第二部份則是東南電力公司內部不對外公佈的資料。將這件案例當作練習，並請忽略稅賦的影響和金錢的時間價值。

第一部份

RCI 公司是一家設於 30 年代、擁有五十年歷史、從投資油井開發（已收手許久）事業上發跡的多角化經營公司。目前 RCI 公司對石油開採並無興趣，轉而專注於生產能源方面的事業。根據經營策略，RCI 公司已經同意在西布魯(Westborough Country)興建並且經營一間資源回收工廠。待完工之後，工廠就可以收集所有西布魯住宅區與工商業所產生的垃圾，將有用物質回收售給資源再生工廠，並將沒用的廢物加以焚燒—既可以節省垃圾掩埋場的面積，又可以出售燃燒所產生的蒸氣。

假設你在 1993 年，被委派負責與 RCI 公司簽訂購買蒸氣的合約。自 1994 年 1 月 1 日起，東南電力公司將完全從石油燃燒發電轉換為核能發電而不需要再利用到蒸氣。RCI 公司未能為此資源回收工廠從銀行取得貸款，但該公司內部似乎將自行出資。這與 RCI 公司對有潛力之計畫進行投資時的作風相符。當工廠完工進度為 20%、40%、60%、80%、100%時，西布魯與 RCI 公司的合約要求前者分別支付一千萬。你自 RCI 公司方面得知整個興建工程將花費五千萬美元的費用和一年的興建時間（從 1992 年 1 月 1 日開始）。顯然地，RCI 公司將所有營建利益轉為取得工廠所有衍生產品的獨佔權利(包括蒸氣)。當工廠正式運作後，每年產生可用的蒸氣能源相當於十萬桶的石油。

你已知阿卡米公司已向 RCI 公司在冬季的六個月（11 月到 4 月）以每年 1 月 1 日石油市價的八折購買蒸氣。任何東南電力公司與 RCI 公司在 1993 年的協議在往後的日子並不影響前述的交易。

阿卡米公司希望能將蒸氣直接用在內部加熱系統，而東南電力公司需要的是電力，並且必須在 RCI 工廠附近設置轉換蒸氣爲電力的設備。這樣的設備需花費一百萬美元和一年的時間。這個設備的位置和設計除了東南電力公司之外沒有其他用處，如此一來對於 RCI 公司便沒有任何回收的價值。

行事曆

1991 年 10 月 1 日	「現在」
1992 年 1 月 1 日	資源再生工廠動工，必要的話，發電設備也開始興建
1993 年 1 月 1 日	如果工廠開始運作，蒸氣視情況供應給阿卡米公司或東南電力公司
1994 年 1 月 1 日	蒸氣只在冬季供應給阿卡米公司

個案 RCI 公司（B）

以下是 RCI 公司與東南電力公司於 1993 年協議購買蒸氣的狀況。第一部份的資訊為雙方都所知，而第二部份則為 RCI 公司內部不外流的資料。將這件案例當作練習，並請忽略稅賦的影響和金錢的時間價值。

第一部份

RCI 公司是一家以挖掘油井起家的公司，創立於 1930 年代，假設你現在身為研發部門的副總裁。油井開採方面已收手，目前沒有任何產油設備，而以前開發油井所賺的資金幫助公司成長為一家大型多角化經營公司，但事業仍然主要專注在生產能源上。你最近洽談了一筆為西布魯建造與營運資源再生工廠的合約。工廠可收集所有西布魯住家與商業區所產生的垃圾，將有用物質回收並出售，並將其餘廢物加以焚燒—兼具節省垃圾掩埋場的面積和可產生蒸氣來出售的好處。

你確定整個興建工程自 1992 年 1 月 1 日起，將耗費一年的時間興建，並花費五千萬美元。RCI 公司因其規模大且有經驗而在投標時佔了優勢，因為其餘小公司未必能克服工廠周邊複雜環境的設計，所以得不到金融貸款。RCI 公司決定自公司盈餘中籌措資金。西布魯依照合約逐次支付一千萬，當工廠完工進度為 20%、40%、60%、80%、100%。RCI 公司將所有營建利益轉為取得工廠所有衍生產品的獨佔權利，包括回收後的物質和蒸氣。

正式運作後（1993 年 1 月 1 日），工廠每年產生的可用蒸氣能源相當於十萬桶的石油。你找到了兩位可能會對蒸氣有興趣的客戶。阿卡米公司同意在 11 月至 4 月六個月的冬季時段中，以每年 1 月 1 日石油市價的八折購買蒸氣。在 1993 年 1 月 1 日或 1994 年 1 月 1 日對方應該會很樂意簽訂這份合約。

而東南電力公司則是很主動地商討有關購買 1993 年 RCI 公司全部的蒸氣輸出量。但是從 1994 年 1 月 1 日起，東南電力公司將完全從燃燒石油發電換爲核能發電而不再利用到任何蒸氣。假如東南電力公司同意購買蒸氣，則必須要在 RCI 工廠附近設置發電設備，將蒸氣轉換成電力。設置這樣的設備需一年的時間與一百萬的經費。這設備的位置和設計除了東南電力公司之外，其他公司都無法利用，而且也沒有任何回收的價值。

行事曆

1991 年 10 月 1 日	「現在」
1992 年 1 月 1 日	資源再生工廠動工，必要的話，發電設備也開始興建
1993 年 1 月 1 日	如果工廠開始運作，蒸氣視情況供應給阿卡米公司或東南電力公司.
1994 年 1 月 1 日	蒸氣只在冬季供應給阿卡米公司

第八章

策略性決策

在最後這一章中，你所遭遇到的狀況將運用到最複雜的思考形式。其實協商通常都是面對面舉行，大部份的競爭也都是在咫尺間進行。如果你不被允許與其他對手溝通，那麼你如何在複雜的局面中創造「雙贏」的結果？本章中你將學習如何做到這點，最起碼你可以察覺有哪些陷阱正等著你。

個案　囚犯的兩難與其他的遊戲

捷瑞公司

捷瑞公司(Jerry)考慮進軍某個產業，該產業現僅存在一家壟斷的供應商—湯姆公司。捷瑞公司之決策的重要關鍵在於預測湯姆公司可能的回應：湯姆公司是否會壓低價錢以阻礙捷瑞公司的進入？或者會以「我存人存」的精神維持原價？

如果捷瑞公司進入這個產業，而且湯姆公司能容許捷瑞公司進入，那麼捷瑞公司預期總利潤將達五千萬美元。另一方面，如果湯姆公司以壓低價格來懲戒新加入者，捷瑞公司預期的損失金額總數將達一億美元。

經過數次研究湯姆公司的財務狀況，捷瑞公司作出以下的估計。現在（在捷瑞公司進入之前）湯姆公司在這個產業的經營可獲利五億美元。如果湯姆公司容許捷瑞公司進入，這個數字將降至四億美元。與新加入者作戰，湯姆公司將花費二億美元。

在捷瑞公司總裁作出進入此產業的最後決定前不久，他接到一通從競爭對手湯姆公司來的擾亂電話，並得到明確的訊息：如果捷瑞公司進入的話，湯姆公司將降低產品價格。捷瑞公司損失一億美元之後可能會一蹶不振。捷瑞公司該進入這個產業嗎？

慈善家的遊戲

一個慈善家想要捐贈一千萬美金給兩家知名的職業學校當中的一家，但是他還在東方職業學校（EBS）或西方職業學校(WBS)之間抉擇，尚未確定捐贈給哪一家。為了解決兩難的局面，他從每個學校找了一個代表，說明他計畫進行的程序。開始他先放了一張一百萬美元的支票在桌面上。東方職業學校的代表可選擇拿走它或留下它。如果支票留在桌子上，這位慈善家會用另一張二百萬美元的支票代替，再讓西方職業學校的代表選擇拿走它或留下它。如果兩百萬美元的支票仍舊沒有被取走，則他再換成三百萬美元的支票，而東方職業學校的代表可選擇拿走它或留下它，這個過程會在任何一張支票被取走的同時終止。如果最後的支票——一千萬美元沒有被取走，慈善家將會收回支票，並且厭惡地遣走兩位代表。

東方職業學校的代表是否該拿走最初的一百萬元支票？或者他該存著西方職業學校的代表也會同樣放棄二百萬支票的希望，將它留在桌子上？之後他該怎麼做？

囚犯的兩難

兩個嫌疑犯甲和乙被逮補，並關在兩個分開的牢房。地方檢查官確定他們在某項犯案上有罪，卻沒有足夠的證據在審判中起訴他們。所以，他輪流探訪兩個嫌疑犯，告知囚犯說他們有兩種選擇：向警政單位承認他們犯下的罪行，或者不認罪。如果兩個嫌疑犯都沒有人承認這項罪行，該檢查官恐嚇他們，要將這件案子記在他們頭上。如果兩個嫌疑犯都認罪了，他們將被起訴，但是該檢查官表示會從輕量刑。如果其中一個認罪而另一個不認，認罪者將可轉為州證人而獲得釋放，另一個則以重刑起訴。

上述問題可以用「結果矩陣」（見圖 8.1）的形式來表示。

圖 8.1

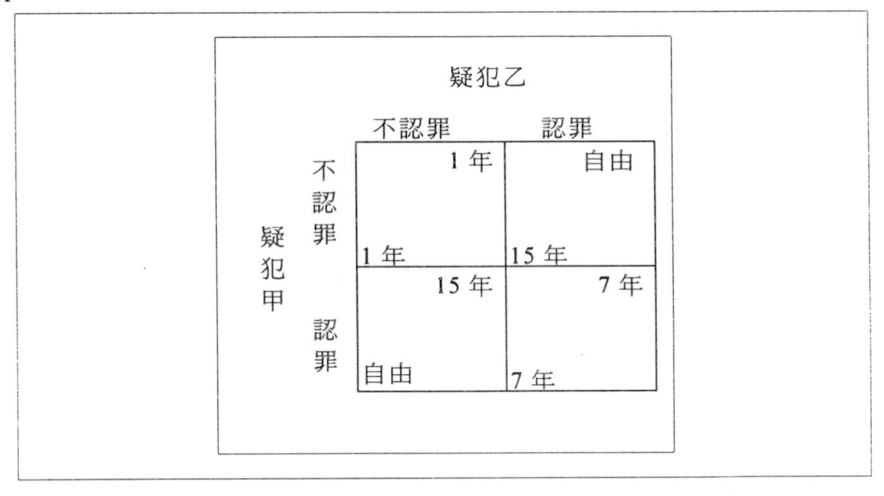

圖 8.1 中，列代表嫌疑犯甲所面對的選擇，欄代表嫌疑犯乙所面對的選擇。矩陣中的每一格顯示，左下方為嫌疑犯甲的結果，而右上方則為嫌疑犯乙的結果。例如，左手邊最下面那一格顯示，疑犯乙不認罪時，如果疑犯甲認罪，那麼疑犯甲將獲得自由，而疑犯乙被判處十五年的刑期。如果你是疑犯甲，你會怎麼做？

期。如果你是疑犯甲，你會怎麼做？

另一個囚犯兩難的版本（最後的結果是美元而不是在監獄坐牢）如圖 8.2 所示。

圖 8.2

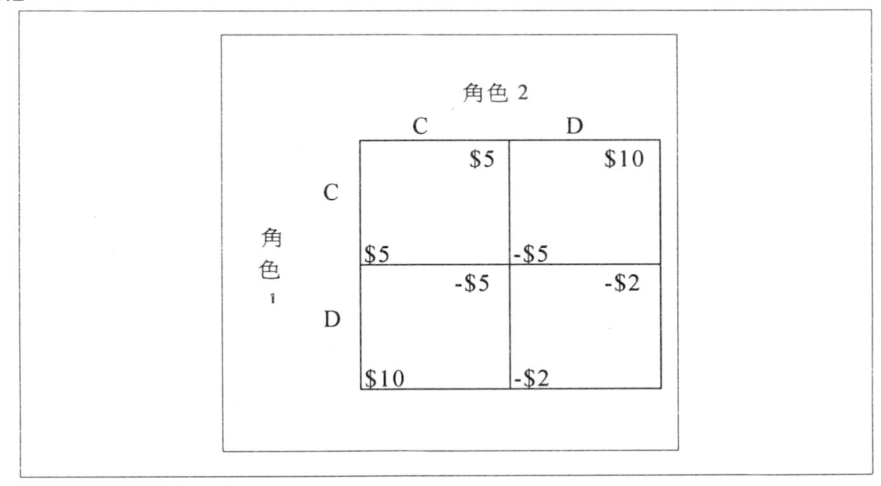

同樣地，每個遊戲者有兩種策略的選擇：C（合作）和 D（防禦）。遊戲者分別作他們的選擇—並不知道對方的選擇。如果兩個都選 C，那麼兩個人都得到$5。如果遊戲者甲選擇 C、遊戲者乙選擇 D，那麼結果是-$5（表示損失$5）和$10。如果遊戲者甲選 D、遊戲者乙選 C，則得到類似的結果。如果兩個人都選 D，那麼兩個人的結果都是-$2。

假設後面的這個遊戲不是只有一次，而是一再重複。每次重複時（一個回合），每個遊戲者都需同時下決定，再根據結果得到獎金或罰金。如果遊戲重複（a）十次（b）

個案　喬治雅公司與道譜特公司

湖上礦區（Lake Superior Mining District，LSMD）包含了密西根、明尼蘇達、威斯康辛州的主要鐵礦區域。湖上礦區生產的鐵礦佔了美國產量的主要部份，且大多採用開放礦坑的採礦方式。鐵礦石是在角岩的狹長地層中發現的；角岩是一種特別堅硬的石頭，大部份均無法以機械的方式弄碎。一般採礦的方式是挖掘出柵欄狀的垂直小洞(一般爲四十呎深、直徑爲九至十二吋)，將這些洞填滿炸藥，然後引爆一整層的岩石。因爲洞內通常會充滿了水，因此炸藥必須防水；在所有的礦區所採用的主要炸藥爲水膠（watergel）。

湖上礦區每年水膠的使用量大約爲一百萬噸。這些用量完全由喬治雅公司(CGE)和道譜特公司(DOWPONT)所供應，這兩家公司都有生產水膠的設備在湖上礦區，並都擁有一隊幫浦卡車，以幫浦將水膠灌進洞裡。喬治雅公司和道譜特公司這兩家公司均有相當嚴重的產能過剩情形，事實上，任何一家都可以獨力供應這個區域的全部所需，而毋須增加設備。但是兩家公司均希望變成這個礦區的獨佔製造商。這種情況造成嚴重的相互競爭，最近更掀起了猛烈的價格戰爭。因爲炸藥大約僅佔鐵礦製造成本的 1%，因此水膠的價格戰對湖上礦區來說並不會因此而刺激對水膠的需求，而僅會降低喬治雅公司和道譜特公司這兩家公司的收益。

因爲最近的價格戰是如此嚴重，使得現在的水膠都是以變動成本之上的微小毛利販售。喬治雅公司的變動成本爲$6.00／噸，而道譜特公司的變動成本則爲$6.30／噸。喬治雅公司原本希望藉此成本優勢能迫使道譜特公司退出這個市場，或者降低道譜特公司的供應量，成爲本區水膠的第二來源。雖然喬治雅公司持續壓低價錢，但是道譜特公司並沒有退出湖上礦區市場的徵兆。事實上，道譜特公司對於每次喬治雅公司所挑起的價格變動均能予以還擊。道譜特公司並不想比喬治雅公司更低價，只是盡可能保護自己的佔有率。現在，道譜特公司的價格大約爲$6.75／噸，而喬治雅公司則想要重新訂定一套新的價格策略。

雖然喬治雅公司和道譜特公司兩家公司的水膠產品在使用效率上並沒有實質上的不同，但是如果把整個湖上礦區市場想成總是偏好低價格產品，也未免太天真了。首先，不同的採礦業者在認知上存在著主觀的偏好：有些比較喜歡道譜特公司，有些則對喬治雅公司的水膠極爲心服。第二，在不同的艱困時期裡存在著歷史性的淵源、私人友誼，和信用的延伸（或拒絕）等記憶。而且，道譜特公司向某些擁有礦區的鋼鐵公司購買大量的產品（表示道譜特公司具有較好的貿易關係）。最後，許多礦坑想要分散風險，以確保在危機發生時有第二來源的供應。據估計，在水膠相同價格時，道譜特公司佔有 55%的市場；價差達$1.00／噸時，25%的顧客會被較低價的製造商吸引。換句話說，如果喬治雅公司比道譜特公司便宜$1.00／噸，喬治雅公司可佔有 70%的市場。反過來說，如果喬治雅公司比道譜特公司貴上$1.00／噸，則喬治雅公司預期將佔有 20%的市場。總結而言，如果道譜特公司標價 P_D，喬治雅公司標價

P_C，則每家公司的銷售量爲：

道譜特公司：　　　　$550{,}000+250{,}000\ (P_C-P_D)$ 噸
喬治雅公司：　　　　$450{,}000-250{,}000\ (P_C-P_D)$ 噸

表 8.1 和 8.2 爲「模擬」各種價格策略之工作底稿。表 8.3 和 8.4 代表在各種價格組合之下，喬治雅公司和道譜特公司個別的結果之範圍。

表 8.1

	道譜特公司價格	喬治雅公司價格	道譜特公司佔有率	喬治雅公司佔有率
1.	6.75			
2.				
3.				
4.				
5.				
6.				
7.				
8.				
9.				
10.				

表 8.2

	喬治雅公司價格	道譜特公司價格	喬治雅公司佔有率	道譜特公司佔有率
		6.75		
1.				
2.				
3.				
4.				
5.				
6.				
7.				
8.				
9.				
10.				

表 8.3

喬治雅公司的總利潤($000)

喬治雅的價格 道譜特的價格	$6.75	7.00	7.25	7.50	7.75	8.00	8.25	8.50	8.75	9.00	9.25	9.50	9.75	10.00	10.25	10.50
$10.50	750	1000	1250	1500	1750	2000	2250	2375	2441	2475	2478	2450	2391	2300	2178	2025
10.25	750	1000	1250	1500	1750	2000	2138	2219	2269	2288	2275	2231	2156	2050	1913	1744
10.00	750	1000	1250	1500	1750	1900	1997	2063	2097	2100	2072	2013	1922	1800	1647	1463
9.75	750	1000	1250	1500	1663	1775	1856	1906	1925	1913	1869	1794	1688	1550	1381	1181
9.50	750	1000	1250	1425	1553	1650	1716	1750	1753	1725	1666	1575	1453	1300	116	900
9.25	750	1000	1188	1331	1444	1525	1575	1594	1581	1538	1463	1356	1219	1050	850	619
9.00	750	950	1109	1238	1334	1400	1434	1438	1409	1350	1259	1138	984	800	584	338
8.75	713	888	1031	1144	1225	1275	1294	1281	1238	1163	1056	919	750	550	319	56
8.50	666	825	953	1050	1116	1150	1153	1125	1066	975	853	700	516	300	53	0
8.25	619	763	875	956	1006	1025	1013	969	894	788	650	481	281	50	0	0
8.00	572	700	797	863	897	900	872	813	722	600	447	263	47	0	0	0
7.75	525	638	719	769	788	775	731	656	550	413	244	44	0	0	0	0
7.50	478	575	641	675	678	650	591	500	378	225	41	0	0	0	0	0
7.25	431	513	563	581	569	525	450	344	206	38	0	0	0	0	0	0
7.00	384	450	484	488	459	400	309	188	34	0	0	0	0	0	0	0
6.75	338	388	406	394	350	275	169	31	0	0	0	0	0	0	0	0

表 8.4

道譜特公司的總利潤($000)

喬治雅的價格 道譜特的價格	$6.75	7.00	7.25	7.50	7.75	8.00	8.25	8.50	8.75	9.00	9.25	9.50	9.75	10.00	10.25	10.50
$10.50	0	0	0	0	0	0	0	210	473	735	998	1260	1523	1785	2048	2310
10.25	0	0	0	0	0	0	198	444	691	938	1185	1432	1679	1926	2173	2419
10.00	0	0	0	0	0	185	416	648	879	1110	1341	1573	1804	2035	2266	2498
9.75	0	0	0	0	173	388	604	819	1035	1251	1466	1682	1898	2113	2329	2544
9.50	0	0	0	160	360	560	760	960	1160	1360	1560	1760	1960	2160	2360	2560
9.25	0	0	148	332	516	701	885	1069	1254	1438	1623	1807	1991	2176	2360	2544
9.00	0	135	304	473	641	810	976	1148	1316	1485	1654	1823	1991	2160	2329	2498
8.75	123	276	429	582	735	888	1041	1194	1348	1501	1654	1807	1960	2113	2266	2419
8.50	248	385	523	660	798	935	1073	1210	1348	1485	1623	1760	1898	2035	2173	2200
8.25	341	463	585	707	829	951	1073	1194	1316	1438	1560	1682	1804	1926	1950	1950
8.00	404	510	616	723	829	935	1041	1148	1254	1360	1466	1573	1679	1700	1700	1700
7.75	435	526	616	707	798	888	979	1069	1160	1251	1341	1432	1450	1450	1450	1450
7.50	435	510	585	660	735	810	885	960	1035	1110	1185	1200	1200	1200	1200	1200
7.25	404	463	523	582	641	701	760	819	879	938	950	950	950	950	950	850
7.00	341	385	429	473	516	569	604	648	691	700	700	700	700	700	700	700
6.75	248	276	304	332	360	388	416	444	450	450	450	450	450	450	450	450

個案　打進市場的藝術

本練習是爲了要探討領導廠商和打算進入市場的非主流競爭者之間的策略性互動關係。決定進入市場的關鍵在於固守原領域的廠商可能採取的行動。只有在原有廠商採取「容納」的態度下才値得進入。當面對此種狀況時，什麼才是好的進入策略呢？爲了更詳細地檢視這個問題，讓我們詳細地說明市場結構。

假設某個市場的需求估計爲：

銷售量=12-價格

這之間的關係可以很容易地解釋爲，有十二個潛在的消費者，每個都只想購買一單位的產品。無論如何，每個消費者都有不同的「購買意願」。如果現在的價格爲一假設$4，那麼只有 8（=12-4）個消費者願意購買這個產品。

潛在的新加入者—E 廠商，可供應與原有廠商 I 完全相同的產品。競爭的關鍵爲每個公司對這項產品的標價。消費者總是希望向較低價格的廠商購買。因此，如果原有廠商的價格低於新加入者的標價，則市場仍屬於原來的廠商。如果新加入者的價格較低，消費者就會倒向新廠商。但是，仍存在著某種程度的「品牌忠誠度」。如果兩家廠商的價格完全相同，消費者會傾向忠於原有廠商 I。

成本

原有廠商 I 公司另有一項優勢。因爲規模經濟和學習效果，所以它的成本會較 E 廠商來得低。假設廠商 I 的單位成本爲二美元，廠商 E 則可能爲三美元。

現在的狀況

現在，廠商 I 是唯一在市場上運作的公司，其建立的市場價格爲七美元。當然，如果廠商 E 進入市場且殺價競爭，廠商 I 將會競爭性地反應，以迎戰廠商 E 的價格。因爲存在著品牌忠誠度，通常市場的需求都會傾向於原有廠商。而且，廠商 I 具有成本優勢和足夠的產能（十二單位）能滿足整個市場所需。廠商 E 能賺錢的任何價格（三美元以上），廠商 I 都能輕易地迎戰。從廠商 E 的角度可明顯看出，預期賺錢的門檻似乎相當嚴苛。

問題

1. 假設廠商 E 以產能爲 9 單位（每單位成本爲三美元）的工廠進入這個市場。原有的廠商會如何反應？廠商 E 是否值得進入？
2. 接著，考慮加入者採取「小就是美」的策略。新加入者有計畫性地選擇只有一單位產能的「小」工廠，且以四美元的標價（原有廠商建立的市場價格爲七美元）對原有廠商進行削價競爭。但是，因爲廠商 E 只有有限的產能，不是所有的消費者都能以四美元買到這項產品，因此其餘的消費者確定將回流至廠商 I。讓我們更仔細地看這個問題。有 8（=12-4）個消費者想買四美元的產品，但是廠商 E 只供應一個「幸運」的消費者，因此，七個未買到產品的消費者，只好別無選擇地向廠商I購買，或者不買。當然，那些超過七美元仍有購買意願的消費者會向廠商I購買。假設這個以四美元的低價買得這項產品的幸運消費者，是從八個想要以四美元價格購買的消費者中隨機選出。這表示八個想要以四美元價格購買的消費者中的任何一個之機率爲 1／8。因此，以平均值來算，廠商I的剩餘市場縮減爲原來的 7／8。以另一種方式來描述這件事，對廠商 I 的剩餘市場需求可寫成下列式子：

廠商I的預期銷售量= 7／8×原來需求
= 7／8 ×（12-廠商I的價格）

例如，如果廠商I將價錢降低至五美元，以回應廠商E的進入，則其預期銷售量爲(7／8)×(12-5)=6.125。回應「小就是美」的策略，廠商I有兩種選擇：

a. 繼續以七美元標價，然後如前所述，供應廠商E餘留下來的消費者之需求。這種稱爲容納性的回應。
b. 將自己的價錢降至四美元以迎戰廠商E，以捍衛自己的勢力範圍。這種稱爲侵略性的回應。新加入者會預期採取哪一種回應？「小就是美」的策略看起來真的「美」嗎？

3. 如果不採取隨機方式，而是以一種「可讓渡」的折價券代替，擁有折價券的人可從新加入廠商處，以四美元的價格購買一單位的產品。那麼你會如何改變問題 2 的答案？（提示：因爲折價券是可讓渡的，即可販售的，那

2 的答案？（提示：因爲折價券是可讓渡的，即可販售的，那麼它的價格會賣多少，以及這會對廠商 I 的需求造成什麼影響？如同這個例子，你也許會想到航空公司發行的可讓渡折價券）

4. 新加入者會傾向於販售它的折價券嗎？
5. 原來的廠商是否會有興趣對於持有新加入者販售之折價券者，給予同樣的禮遇？

個案　福拉克礦物&金屬公司

福拉克礦物&金屬公司(FOURAKER MINING & METALS)是美國西部一家開採鉬礦的中型公司。雖然擁有複雜的技術背景，但是獲利來源仍集中在鉬礦石的產製。爲了提高營運利潤，福拉克公司與賽捷爾公司簽訂獨力供應合約，即福拉克公司向賽捷爾公司採購一種以生化方式製成、稱爲「Flozyme」的材料，它可大大提高每一噸原礦中鉬礦石的採收量。福拉克公司簽下的合約是以賽捷爾公司每星期設定的價格，每星期採購小量的此種添加劑。福拉克公司的採購經理華特賴達(Walter Lightdale)正爲新的合約考量採購策略。

福拉克公司

福拉克公司是在 1952 年，由地質顧問福拉克(L. Fouraker)先生和冶金研究學家亨力賀邁斯(Henry Holmes)博士共同設立。它的成立是爲了要開發大量、低等級的鉬礦，由福拉克先生持有開礦權及採用亨力賀邁斯博士率先發展的化學製程。接下來的六年，他們努力供給資金在實驗工廠的營運和礦石的提煉上。直到 1958 年，製程已經通過足夠的測試，而且採礦作業也已經擴充至公司幾乎可達收支平衡的規模。

爲了更完全地提煉礦石，以及擴充工廠至最具效率的規模，福拉克公司以 45%的股份，向一家國際性的採礦公司交換一千六百萬美元的資金。亨力賀邁斯和福拉克每人各擁有 10%的股份，其餘的股份分散在一些個人身上，他們都曾在過去的十年間給予福拉克公司資金上的援助。六千萬美元的資本額是由銀行和不同的設備供應商提供。雖然後來幾年在生產規模上有顯著增加，但是公司勉強賺錢（1973 年的營業額三千七百七十萬美元，稅前盈餘只有一百二十萬美元）。

賽捷爾公司

賽捷爾公司是一家西海岸專賣碳酸氫衍生物的小型製造商，這些衍生物係用在某些食品和藥物的製造上。此公司是在第二次世界大戰後不久，由一個年輕的生化學家西德尼賽捷爾(Sydney Siegel)所創立，以便將他在新生化活性物質上所獲得的專利，加以商品化。

賽捷爾公司雖然製造規模小而且型態簡單，但是最近幾年來由於特殊性的高單價產品市場漸成氣候，使得賽捷爾公司有相當不錯的獲利。以周密的時程和獨立的批次製造，大部份的產品都是專賣給單一使用者一賽捷爾公司過去就是以此種聯盟方式尋得研究計畫的財源。基本上，這種聯盟方式的合約可使賽捷爾公司在資助者有權獨佔性使用和／或配銷產品之下，仍能保有專利，並有權利製造任何衍生產品。

Flozyme

雖然鉬元素的提煉過程已經廣為人知且受到廣泛的運用，但福拉克公司已經成功地運用諸如使用特殊添加物等技術，大大增進產出量。一直有一些研究指出，使用 Flozyme 可有效增進鉬礦石的提煉，一旦導入製程，在相同速率下每星期甚至可多生產好幾百磅的數量。

Flozyme 相當輕而且是化學性質相當不穩定的粉末；是一種在複雜的生化有機化學製程下的副產品。亨力賀邁斯博士從一本專業期刊簡短的製程描述中，得知 Flozyme 的表面活性反應。在經過一些實驗室的測試之後，亨力賀邁斯便建議福拉克公司著手進行大規模的 Flozyme 製程測試，如此便可確認 Flozyme 的效果與製程應有的規模。

爲了取得賽捷爾公司所有 Flozyme（需證明可成功地應用）產出的獨佔權，福拉克公司同意資助一項研究計畫，進行 Flozyme 之製造和應用的研究。數年後在偶然中成功地證明了 Flozyme 的效果可以滿足福拉克公司的需求。

因爲 Flozyme 是副產品，所以製程中主產品的產出大大地受到 Flozyme 數量之影響。唯有花大錢再循環主產物，大量製造 Flozyme 才可能達成。福拉克公司得知 Flozyme 的製造將增加整體製程的成本—當 Flozyme 的產出量增加時，成本的增加量會變得更大。在販賣 Flozyme 之前，任何副產品都如廢物般丟棄。

採購合約

因爲除了福拉克公司之外，Flozyme 別無其他市場，賽捷爾公司決定每個星期對此試劑訂出適當的單價，再讓福拉克公司根據此價錢下訂單。賽捷爾公司希望價錢和數量都處於雙方都能接受的穩定狀態。爲了達成上述過程，福拉克公司將採購任務交給採購經理華特賴達先生。華特賴達先生需根據福拉克公司的製造監督者、製程總工程師和福拉克本人對 Flozyme 做最後測試時所定出的利潤表（示圖 1），作每星期的決策。

相同地，賽捷爾公司也將收益增加量作成圖表，如示圖 2 所示，這是根據總結測試結果的化學家所提出之報告得出的。它被認爲非常可靠，而且無疑地會被賽捷爾公司用作決定價錢的依據。報告中包含示圖 1 的資訊。

基於會對主要製程造成重大影響的考量下，西德尼賽捷爾決定親自掌控 Flozyme 的販售，以監督合作過程和產生的經濟效益。每星期，賽捷爾先生傳真每磅多少美元的價錢給福拉克公司，接著福拉克公司再傳真兩個星期後生產所需之訂單量，數量是以二十磅一桶為單位。福拉克公司接到的建議是每星期訂購二十桶的批量，每批的有效使用期最多為十天。這表示在交貨後十天內就必須使用，否則只能作廢。

示圖 1

福拉克公司的利潤(爲價格與數量的函數)

格價 \ 數量	1	2	3	4	5	6	7	8	9	10	11	12	13	14	15	16	17	18	19	20
1	160	570	960	1,330	1,680	2,010	2,320	2,610	2,880	3,130	3,360	3,570	3,760	3,930	4,080	4,210	4,320	4,410	4,480	4,530
2	140	530	900	1,250	1,580	1,890	2,180	2,450	2,700	2,930	3,140	3,330	3,500	3,650	3,780	3,890	3,980	4,050	4,100	4,130
3	120	490	840	1,170	1,480	1,770	2,040	2,290	2,520	2,730	2,920	3,090	3,240	3,370	3,480	3,570	3,640	3,690	3,720	3,730
4	100	450	780	1,090	1,380	1,650	1,900	2,130	2,340	2,530	2,700	2,850	2,980	3,090	3,180	3,250	3,300	3,330	3,340	3,330
5	80	410	720	1,010	1,280	1,530	1,760	1,970	2,160	2,330	2,480	2,610	2,720	2,810	2,880	2,930	2,960	2,970	2,960	2,930
6	60	370	660	930	1,180	1,410	1,620	1,810	1,980	2,130	2,260	2,370	2,460	2,530	2,580	2,610	2,620	2,610	2,580	2,530
7	40	330	600	850	1,080	1,290	1,480	1,650	1,800	1,930	2,040	2,130	2,200	2,250	2,280	2,290	2,280	2,250	2,200	2,130
8	20	290	540	770	980	1,170	1,340	1,490	1,620	1,730	1,820	1,890	1,940	1,970	1,980	1,970	1,940	1,890	1,820	1,730
9	0	250	480	690	880	1,050	1,200	1,330	1,440	1,530	1,600	1,650	1,680	1,690	1,680	1,650	1,600	1,530	1,440	1,330
10	-20	210	420	610	780	930	1,060	1,170	1,260	1,330	1,380	1,410	1,420	1,410	1,380	1,330	1,260	1,170	1,060	930
11	-40	170	360	530	680	810	920	1,010	1,080	1,130	1,160	1,170	1,160	1,130	1,080	1,010	920	810	680	530
12	-60	130	300	450	580	690	780	850	900	930	940	930	900	850	780	690	580	450	300	130
13	-80	90	240	370	480	570	640	690	720	730	720	690	640	570	480	370	240	90	-80	-270
14	-100	50	180	290	380	450	500	530	540	530	500	450	380	290	180	50	-100	-270	-460	-670
15	-120	10	120	210	280	330	360	370	360	330	280	210	120	10	-120	-270	-440	-630	-840	-1,070
16	-140	-30	60	130	180	210	220	210	180	130	60	-30	-140	-270	-420	-590	-780	-990	-1,220	-1,470
17	-160	-70	0	50	80	90	80	50	0	-70	-160	-270	-400	-550	-720	-910	-1,120	-1,350	-1,600	-1,870
18	-180	-110	-60	-30	-20	-30	-60	-110	-180	-270	-380	-510	-660	-830	-1,020	-1,230	-1,460	-1,710	-1,980	-2,270
19	-200	-150	-120	-110	-120	-150	-200	-270	-360	-470	-600	-750	-920	-1,110	-1,320	-1,550	-1,800	-2,070	-2,360	-2,670
20	-220	-190	-180	-190	-220	-270	-340	-430	-540	-670	-820	-990	-1,180	-1,390	-1,620	-1,870	-2,140	-2,430	-2,740	-3,070

示圖 2

賽捷爾公司的利潤(爲價格與數量的函數)

格價 \ 數量	1	2	3	4	5	6	7	8	9	10	11	12	13	14	15	16	17	18	19	20
1	7.5	10	7.5	0	-12.5	-30	-52.5	-80	-112.5	-150	-192.5	-240	-292.5	-350	-412.5	-480	-552.5	-630	-712.5	-800
2	27.5	50	67.5	80	87.5	90	87.5	80	67.5	50	27.5	0	-32.5	-70	-112.5	-160	-212.5	-270	-332.5	-400
3	47.5	90	127.5	160	187.5	210	227.5	240	247.5	250	247.5	240	227.5	210	187.5	160	127.5	90	47.5	0
4	67.5	130	187.5	240	287.5	330	367.5	400	426.5	450	467.5	480	487.5	490	487.5	480	467.5	450	427.5	400
5	87.5	170	247.5	320	387.5	450	507.5	560	607.5	650	687.5	720	747.5	770	787.5	800	807.5	810	807.5	800
6	107.5	210	307.5	400	487.5	570	647.5	720	787.5	850	907.5	960	1,007.5	1,050	1,087.5	1,120	1,147.5	1,170	1,187.5	1,200
7	127.5	250	367.5	480	587.5	690	787.5	880	967.5	1,050	1,127.5	1,200	1,267.5	1,330	1,387.5	1,440	1,487.5	1,530	1,567.5	1,600
8	147.5	290	427.5	560	687.5	810	927.5	1,040	1,147.5	1,250	1,347.5	1,440	1,527.5	1,610	1,687.5	1,760	1,827.5	1,890	1,947.5	2,000
9	167.5	330	487.5	640	787.5	930	1,067.5	1,200	1,327.5	1,450	1,567.5	1,680	1,787.5	1,890	1,987.5	2,080	2,167.5	2,250	2,327.5	2,400
10	187.5	370	547.5	720	887.5	1,050	1,207.5	1,360	1,507.5	1,650	1,787.5	1,920	2,047.5	2,170	2,287.5	2,400	2,507.5	2,610	2,707.5	2,800
11	207.5	410	607.5	800	987.5	1,170	1,347.5	1,520	1,687.5	1,850	2,007.5	2,160	2,307.5	2,450	2,587.5	2,720	2,847.5	2,970	3,087.5	3,200
12	227.5	450	667.5	880	1,087.5	1,290	1,487.5	1,680	1,867.5	2,050	2,227.5	2,400	2,567.5	2,730	2,887.5	3,040	3,187.5	3,330	3,467.5	3,600
13	247.5	490	727.5	960	1,187.5	1,410	1,627.5	1,840	2,047.5	2,250	2,447.5	2,640	2,827.5	3,010	3,187.5	3,360	3,527.5	3,690	3,847.5	4,000
14	267.5	530	787.5	1,040	1,287.5	1,530	1,767.5	2,000	2,227.5	2,450	2,667.5	2,880	3,087.5	3,290	3,487.5	3,680	3,867.5	4,050	4,227.5	4,400
15	287.5	570	847.5	1,120	1,387.5	1,650	1,907.5	2,160	2,407.5	2,650	2,887.5	3,120	3,347.5	3,570	3,787.5	4,000	4,207.5	4,410	4,607.5	4,800
16	307.5	610	907.5	1,200	1,487.5	1,770	2,047.5	2,320	2,587.5	2,850	3,107.5	3,360	3,607.5	3,850	4,087.5	4,320	4,547.5	4,770	4,987.5	5,200
17	327.5	650	967.5	1,280	1,587.5	1,890	2,187.5	2,480	2,767.5	3,050	3,327.5	3,600	3,867.5	4,130	4,387.5	4,640	4,887.5	5,130	5,367.5	5,600
18	347.5	690	1,027.5	1,360	1,687.5	2,010	2,327.5	2,640	2,947.5	3,250	3,547.5	3,840	4,127.5	4,410	4,687.5	4,960	5,227.5	5,490	5,747.5	6,000
19	367.5	730	1,087.5	1,440	1,787.5	2,130	2,467.5	2,800	3,127.5	3,450	3,767.5	4,080	4,387.5	4,690	4,987.5	5,280	5,567.5	5,850	6,127.5	6,400
20	387.5	770	1,147.5	1,520	1,887.5	2,250	2,607.5	2,960	3,307.5	3,650	3,987.5	4,320	4,647.5	4,970	5,287.5	5,600	5,907.5	6,210	6,507.5	6,800

個案 賽捷爾公司

賽捷爾公司剛與福拉克公司簽訂一項不尋常的合約，供應對方一種稱爲「Flozyme」的製程特殊添加物。此添加物經證明可有效增加福拉克公司對鉬礦石的提煉，因此被認爲對此採礦公司的整體獲利會有重要的助益。但是Flozyme只是副產品，因爲生產過程中會被主要產物干擾而變得不容易分離出Flozyme。需要以成本較高的回收方式得到兩種產物所需的數量。因此，決定Flozyme適當的價格成爲賽捷爾公司目前頗爲重要的問題。

賽捷爾公司

賽捷爾公司是一家西海岸專賣碳酸氫衍生物的小型製造商，這些衍生物係用在某些食品和藥物的製造上。此公司是在第二次世界大戰後不久，由一個年輕的生化學家西德尼賽捷爾(Sydney Siegel)所創立，以便將他在新生化活性物質上所獲得的專利，加以商品化。

賽捷爾公司雖然製造規模小而且型態簡單，但是最近幾年來由於特殊性的高單價產品市場漸成氣候，使得賽捷爾公司有相當不錯的獲利。以周密的時程和獨立的批次製造，大部份的產品都是專賣給單一使用者—賽捷爾公司，過去就是以此種聯盟方式尋得研究計畫的財源。基本上，這種聯盟方式的合約可使賽捷爾公司在資助者有權獨佔性使用和／或配銷產品時，仍能保有專利，並有權利製造任何衍生產品。西德尼賽捷爾先生對於採用簽訂專賣合約和少量生產的方式非常滿意，因爲這樣可讓他專心於研發，也可以讓他免於背負費時且無趣的行銷責任。

福拉克公司

福拉克礦物&金屬公司是美國西部一家開採鉬礦的中型公司。雖然擁有複雜的技術背景，但是獲利來源仍集中在鉬礦石的產製。爲了提高營運利潤，福拉克公司與賽捷爾公司簽訂獨力供應合約，即福拉克公司向賽捷爾公司採購一種以生化方式製成、稱爲「Flozyme」的材料，它可大大提高每一噸原礦中鉬礦石的採收量。福拉克公司簽下的合約是以賽捷爾公司每星期設定的價格，每星期採購小量的此種添加劑。

福拉克公司是在 1952 年，由地質顧問福拉克(L. Fouraker)先生和冶金研究學家亨力賀邁斯(Henry Holmes)博士共同設立。它的成立是爲了要開發大量、低等級的鉬礦，由福拉克先生持有開礦權及採用亨力賀邁斯博士率先發展的化學製程。接下來的六年，他們努力供給資金在實驗工廠的營運和礦石的提煉上。直到 1958 年，製程已經通過足夠的測試，而且採礦作業也已經擴充至公司幾乎可達收支平衡的規模。

爲了更完全地提煉礦石，以及擴充工廠至最具效率的規模，福拉克公司以 45%的股份，向一家國際性的採礦公司交換一千六百萬美元的資金。亨力賀邁斯和福拉克每人各擁有 10%的股份，其餘的股份分散在一些個人身上，他們都曾在過去的十年間給予福拉克公司資金上的援助。

Flozyme

雖然鉬元素的提煉過程已經廣爲人知且受到廣泛的運用，但福拉克公司已經成功地運用諸如使用特殊添加物等特殊技術，大大增進產出量。一直有一些研究指出，使用 Flozyme 可有效增進鉬礦石的提煉，一旦導入製程，在相同速率下每星期甚至可多生產好幾百磅的數量。

Flozyme 相當輕而且是化學性質相當不穩定的粉末；是一種在複雜的生化有機化學製程下的副產品。亨力賀邁斯博士從一本專業期刊簡短的製程描述中，得知 Flozyme 的表面活性反應。在經過一些實驗室的測試之後，亨力賀邁斯便建議福拉克公司著手進行大規模的 Flozyme 製程測試，如此便可確認 Flozyme 的效果與製程應有的規模。

爲了取得賽捷爾公司所有 Flozyme(需證明可成功地應用）產出的獨佔權，福拉克公司同意資助一項研究計畫，進行 Flozyme 之製造和應用的研究。數年後在偶然中成功地證明了 Flozyme 的效果可以滿足福拉克公司的需求。

因爲 Flozyme 是副產品，所以製程中主產品的產出大大地受到 Flozyme 數量之影響。唯有花大錢再循環主產物，大量製造 Flozyme 才可能達成。福拉克公司得知 Flozyme 的製造將增加整體製程的成本一當 Flozyme 的產出量增加時，成本的增加量會變得更大。在販賣 Flozyme 之前，任何副產品都如廢物般丟棄。

採購合約

因為除了福拉克公司之外，Flozyme 別無其他市場，賽捷爾公司決定每個星期對此試劑訂出適當的單價，再讓福拉克公司根據此價錢下訂單。賽捷爾公司希望價錢和數量都處於雙方都能接受的穩定狀態。

為了引導價格決策，西德尼賽捷爾先生以每星期不同的製造數量繪出一張 Flozyme 的利潤表（示圖 3）。每星期依批量販賣此產品可使 Flozyme 和主產品依照排程一起製造。每星期，賽捷爾先生傳真每磅多少美元的價錢給福拉克公司，接著福拉克公司再傳真兩個星期後生產所需之訂單量，數量是以二十磅一桶為單位。福拉克公司接到的建議是每星期訂購二十桶的批量，每批的有效使用期最多為十天。這表示在交貨後十天內就必須使用，否則只能作廢。

西德尼賽捷爾另有一份如同他自己的利潤表，是由福拉克公司的工程和採購團隊作出來的（參見示圖 4）。這個圖表是 Flozyme 測試結果和經濟效益報告書的一部份，此報告亦包含示圖 3 的資訊。

示圖 3

賽捷爾公司的利潤(爲價格與數量的函數)

價格 \ 數量	1	2	3	4	5	6	7	8	9	10	11	12	13	14	15	16	17	18	19	20
1	7.5	10	7.5	0	-12.5	-30	-52.5	-80	-112.5	-150	-192.5	-240	-292.5	-350	-412.5	-480	-552.5	-630	-712.5	-800
2	27.5	50	67.5	80	87.5	90	87.5	80	67.5	50	27.5	0	-32.5	-70	-112.5	-160	-212.5	-270	-332.5	-400
3	47.5	90	127.5	160	187.5	210	227.5	240	247.5	250	247.5	240	227.5	210	187.5	160	127.5	90	47.5	0
4	67.5	130	187.5	240	287.5	330	367.5	400	426.5	450	467.5	480	487.5	490	487.5	480	467.5	450	427.5	400
5	87.5	170	247.5	320	387.5	450	507.5	560	607.5	650	687.5	720	747.5	770	787.5	800	807.5	810	807.5	800
6	107.5	210	307.5	400	487.5	570	647.5	720	787.5	850	907.5	960	1,007.5	1,050	1,087.5	1,120	1,147.5	1,170	1,187.5	1,200
7	127.5	250	367.5	480	587.5	690	787.5	880	967.5	1,050	1,127.5	1,200	1,267.5	1,330	1,387.5	1,440	1,487.5	1,530	1,567.5	1,600
8	147.5	290	427.5	560	687.5	810	927.5	1,040	1,147.5	1,250	1,347.5	1,440	1,527.5	1,610	1,687.5	1,760	1,827.5	1,890	1,947.5	2,000
9	167.5	330	487.5	640	787.5	930	1,067.5	1,200	1,327.5	1,450	1,567.5	1,680	1,787.5	1,890	1,987.5	2,080	2,167.5	2,250	2,327.5	2,400
10	187.5	370	547.5	720	887.5	1,050	1,207.5	1,360	1,507.5	1,650	1,787.5	1,920	2,047.5	2,170	2,287.5	2,400	2,507.5	2,610	2,707.5	2,800
11	207.5	410	607.5	800	987.5	1,170	1,347.5	1,520	1,687.5	1,850	2,007.5	2,160	2,307.5	2,450	2,587.5	2,720	2,847.5	2,970	3,087.5	3,200
12	227.5	450	667.5	880	1,087.5	1,290	1,487.5	1,680	1,867.5	2,050	2,227.5	2,400	2,567.5	2,730	2,887.5	3,040	3,187.5	3,330	3,467.5	3,600
13	247.5	490	727.5	960	1,187.5	1,410	1,627.5	1,840	2,047.5	2,250	2,447.5	2,640	2,827.5	3,010	3,187.5	3,360	3,527.5	3,690	3,847.5	4,000
14	267.5	530	787.5	1,040	1,287.5	1,530	1,767.5	2,000	2,227.5	2,450	2,667.5	2,880	3,087.5	3,290	3,487.5	3,680	3,867.5	4,050	4,227.5	4,400
15	287.5	570	847.5	1,120	1,387.5	1,650	1,907.5	2,160	2,407.5	2,650	2,887.5	3,120	3,347.5	3,570	3,787.5	4,000	4,207.5	4,410	4,607.5	4,800
16	307.5	610	907.5	1,200	1,487.5	1,770	2,047.5	2,320	2,587.5	2,850	3,107.5	3,360	3,607.5	3,850	4,087.5	4,320	4,547.5	4,770	4,987.5	5,200
17	327.5	650	967.5	1,280	1,587.5	1,890	2,187.5	2,480	2,767.5	3,050	3,327.5	3,600	3,867.5	4,130	4,387.5	4,640	4,887.5	5,130	5,367.5	5,600
18	347.5	690	1,027.5	1,360	1,687.5	2,010	2,327.5	2,640	2,947.5	3,250	3,547.5	3,840	4,127.5	4,410	4,687.5	4,960	5,227.5	5,490	5,747.5	6,000
19	367.5	730	1,087.5	1,440	1,787.5	2,130	2,467.5	2,800	3,127.5	3,450	3,767.5	4,080	4,387.5	4,690	4,987.5	5,280	5,567.5	5,850	6,127.5	6,400
20	387.5	770	1,147.5	1,520	1,887.5	2,250	2,607.5	2,960	3,307.5	3,650	3,987.5	4,320	4,647.5	4,970	5,287.5	5,600	5,907.5	6,210	6,507.5	6,800

示圖 4

福拉克公司的利潤(爲價格與數量的函數)

價格 \ 數量	1	2	3	4	5	6	7	8	9	10	11	12	13	14	15	16	17	18	19	20
1	160	570	960	1,330	1,680	2,010	2,320	2,610	2,880	3,130	3,360	3,570	3,760	3,930	4,080	4,210	4,320	4,410	4,480	4,530
2	140	530	900	1,250	1,580	1,890	2,180	2,450	2,700	2,930	3,140	3,330	3,500	3,650	3,780	3,890	3,980	4,050	4,100	4,130
3	120	490	840	1,170	1,480	1,770	2,040	2,290	2,520	2,730	2,920	3,090	3,240	3,370	3,480	3,570	3,640	3,690	3,720	3,730
4	100	450	780	1,090	1,380	1,650	1,900	2,130	2,340	2,530	2,700	2,850	2,980	3,090	3,180	3,250	3,300	3,330	3,340	3,330
5	80	410	720	1,010	1,280	1,530	1,760	1,970	2,160	2,330	2,480	2,610	2,720	2,810	2,880	2,930	2,960	2,970	2,960	2,930
6	60	370	660	930	1,180	1,410	1,620	1,810	1,980	2,130	2,260	2,370	2,460	2,530	2,580	2,610	2,620	2,610	2,580	2,530
7	40	330	600	850	1,080	1,290	1,480	1,650	1,800	1,930	2,040	2,130	2,200	2,250	2,280	2,290	2,280	2,250	2,200	2,130
8	20	290	540	770	980	1,170	1,340	1,490	1,620	1,730	1,820	1,890	1,940	1,970	1,980	1,970	1,940	1,890	1,820	1,730
9	0	250	480	690	880	1,050	1,200	1,330	1,440	1,530	1,600	1,650	1,680	1,690	1,680	1,650	1,600	1,530	1,440	1,330
10	-20	210	420	610	780	930	1,060	1,170	1,260	1,330	1,380	1,410	1,420	1,410	1,380	1,330	1,260	1,170	1,060	930
11	-40	170	360	530	680	810	920	1,010	1,080	1,130	1,160	1,170	1,160	1,130	1,080	1,010	920	810	680	530
12	-60	130	300	450	580	690	780	850	900	930	940	930	900	850	780	690	580	450	300	130
13	-80	90	240	370	480	570	640	690	720	730	720	690	640	570	480	370	240	90	-80	-270
14	-100	50	180	290	380	450	500	530	540	530	500	450	380	290	180	50	-100	-270	-460	-670
15	-120	10	120	210	280	330	360	370	360	330	280	210	120	10	-120	-270	-440	-630	-840	-1,070
16	-140	-30	60	130	180	210	220	210	180	130	60	-30	-140	-270	-420	-590	-780	-990	-1,220	-1,470
17	-160	-70	0	50	80	90	80	50	0	-70	-160	-270	-400	-550	-720	-910	-1,120	-1,350	-1,600	-1,870
18	-180	-110	-60	-30	-20	-30	-60	-110	-180	-270	-380	-510	-660	-830	-1,020	-1,230	-1,460	-1,710	-1,980	-2,270
19	-200	-150	-120	-110	-120	-150	-200	-270	-360	-470	-600	-750	-920	-1,110	-1,320	-1,550	-1,800	-2,070	-2,360	-2,670
20	-220	-190	-180	-190	-220	-270	-340	-430	-540	-670	-820	-990	-1,180	-1,390	-1,620	-1,870	-2,140	-2,430	-2,740	-3,070

弘智文化事業出版品一覽表

弘智文化事業有限公司的使命是：

出版優質的教科書與增長智慧的軟性書。

心理學系列叢書

1. 《社會心理學》
2. 《金錢心理學》
3. 《教學心理學》
4. 《健康心理學》
5. 《心理學：適應環境的心靈》

社會學系列叢書

1. 《社會學：全球觀點》
2. 《教育社會學》

社會心理學系列叢書

1. 《社會心理學》
2. 《金錢心理學》

教育學程系列叢書

1. 《教學心理學》
2. 《教育社會學》
3. 《教育哲學》
4. 《教育概論》
5. 《教育人類學》

心理諮商與心理衛生系列叢書

1. 《生涯諮商：理論與實務》
2. 《追求未來與過去：從來不知道我還有其他的選擇》
3. 《夢想的殿堂：大學生完全手冊》

4. 《健康心理學》
5. 《問題關係解盤：專家不希望你看的書》
6. 《人生的三個框框：如何掙脫它們的束縛》
7. 《自己的創傷自己醫：上班族的職場規劃》
8. 《忙人的親子遊戲》

生涯規劃系列叢書

1. 《人生的三個框框：如何掙脫它們的束縛》
2. 《自己的創傷自己醫：上班族的職場規劃》
3. 《享受退休》

How To 系列叢書

1. 《心靈塑身》
2. 《享受退休》
3. 《遠離吵架》
4. 《擁抱性福》
5. 《協助過動兒》
6. 《迎接第二春》
7. 《照顧年老的雙親》
8. 《找出生活的方向》
9. 《在壓力中找力量》
10. 《不賭其實很容易》
11. 《愛情不靠邱比特》

企業管理系列叢書

1. 《生產與作業管理》
2. 《企業管理個案與概論》
3. 《管理概論》
4. 《管理心理學：平衡演出》
5. 《行銷管理：理論與實務》

6. 《財務管理：理論與實務》
7. 《重新創造影響力》
8. 《國際企業管理》
9. 《國際財務管理》
10. 《國際企業與社會》
11. 《全面品質管理》
12. 《策略管理》

管理決策系列叢書

1. 《確定情況下的決策》
2. 《不確定情況下的決策》
3. 《風險管理》
4. 《決策資料的迴歸與分析》

全球化與地球村系列叢書

1. 《全球化：全人類面臨的重要課題》
2. 《文化人類學》
3. 《全球化的社會課題》
4. 《全球化的經濟課題》
5. 《全球化的政治課題》
6. 《全球化的文化課題》
7. 《全球化的環境課題》
8. 《全球化的企業經營與管理課題》

應用性社會科學調查研究方法系列叢書

1. 《應用性社會研究的倫理與價值》
2. 《社會研究的後設分析程序》
3. 《量表的發展：理論與應用》
4. 《改進調查問題：設計與評估》
5. 《標準化的調查訪問》

6. 《研究文獻之回顧與整合》
7. 《參與觀察法》
8. 《調查研究方法》
9. 《電話調查方法》
10. 《郵寄問卷調查》
11. 《生產力之衡量》
12. 《抽樣實務》
13. 《民族誌學》
14. 《政策研究方法論》
15. 《焦點團體研究法》
16. 《個案研究法》
17. 《審核與後設評估之聯結》
18. 《醫療保健研究法》
19. 《解釋性互動論》
20. 《事件史分析》

瞭解兒童的世界系列叢書

1. 《替兒童作正確的決策》

觀光、旅遊、休憩系列叢書

1. 《觀光行銷學》

資訊管理系列叢書

1. 《電腦網路與網際網路》

統計學系列叢書

1. 統計學

衍生性金融商品系列叢書

1. 期貨
2. 選擇權

3. 風險管理
4. 新興金融商品
5. 外匯

不確定情況下的決策

原者／David E . Bell‧Arthur Schleifer, Jr.
譯 者／李茂興、劉原彰
執行編輯／吳玟蓁
出版者／弘智文化事業有限公司
登記證／局版台業字第 6263 號
地 址／台北市吉林路 343 巷 15 號 1 樓
電 話／（02）23959178‧23671757
傳 真／（02）23959913‧23629917
發行人／邱一文
總經銷／揚智文化事業股份有限公司
地 址／台北市新生南路三段 88 號 5 樓之 6
電 話／（02）23660309
傳 真／（02）23660310
製 版／信利印製有限公司
版 次／1999 年 9 月初版一刷
訂 價／390 元
ISBN／957-97910-4-X

本書如有破損、缺頁、裝訂錯誤，請寄回更換！

國家圖書館出版品預行編目資料

不確定情況下的決策 / David E. Bell, Arthur
Schleifer, Jr. 著 ; 李茂興，劉原彰譯.--
初版. 臺北市 : 弘智文化, 1999〔民 88〕
面 ; 公分.--(管理決策系列)
譯自 : Decision Making Under Uncertainty
ISBN 957-97910-4-X (平裝)

1. 決策管理 - 個案研究

494.1 88012390